동물과의 대화

샬럿 울렌브럭 지음 | 양은모 옮김

문학세계사

Talking with Animals

Charlotte Uhlenbroek

옮긴이 양은모
서울에서 태어남. The Korea Herald에 근무.
방송통신대학 영문학과를 졸업하고
성균관대학교 영한번역전문가 양성과정을 수료했다.
번역서로는『동물백과』『반쪽짜리 육아는 버려라』『투탕카멘의 예언』
『최악의 상황에서 살아남는 법』1,2,3권 등이 있다.

동물과의 대화
샬럿 울렌브럭 지음

초판 1쇄 발행일   2005년 2월 18일

옮긴이 · 양은모
펴낸이 · 김종해
펴낸곳 · 문학세계사
주소 · 서울시 마포구 신수동 345-5(121-110)
대표전화 · 702-1800
팩시밀리 · 702-0084
이메일 · mail@msp21.co.kr
www.msp21.co.kr
www.ozclub.co.kr(오즈의 마법사)
출판등록 · 제21-108호(1979.5.16)

값 26,000원

ISBN 89-7075-279-X   03490
ⓒ 문학세계사, 2005

동물과의 대화

1 동물의 세계

2 음파

3 시각적인 신호

4 화학적인 의사소통

5 진동, 전기, 그리고 접촉

6 학습, 유연성과 속임수

동물의 세계

세상이 시작된 이래
솔로몬과 같은 왕은 없었다.
솔로몬은 사람에게 이야기하듯
나비에게 말을 걸었다.
── 키플링

깊고 흐릿한 푸른 물 속에서 거대한 형체가 어렴풋이 모습을 나타냈다. 몇 미터 앞에서 어마어마하게 큰 벽같이 느껴지는 고래가 지나가는 동안 나는 꼼짝도 하지 않고 숨을 죽였다. 아드레날린이 내 혈관으로부터 솟구쳤지만 가슴을 깊게 울리는 콧노래를 감지할 수 있었다 ── 혹등고래가 노래를 부르고 있었다.

앞면 | 호랑이는 나무 껍질이 깊이 갈라진 틈에 자신의 냄새가 배어들게 해서 영역을 표시한다.

전설에 의하면 솔로몬 왕은 동물들의 언어를 이해하고 말할 수 있는 마법의 반지를 가지고 있었다고 한다. 이런 이야기가 우리의 상상력을 이처럼 강하게 자극하는 이유는 무엇일까? 우리가 동물들의 언어를 이해할 수만 있다면 대양을 떠돌아다니는 거대한 고래나 꽃 위를 훨훨 나는 나비, 또는 어두운 숲에서 먹이에게 살금살금 다가가는 재규어의 마음이 어떠할지를 어렴풋이나마 슬쩍 들여다볼 수 있기 때문일 것이다. 우리는 다른 생물들과 물질 세계를 공유하고 있지만 완전히 다른 세계를 지각하면서 살고 있다. 거미는 미세한 거미줄 위에서 탭댄스를 추고, 코끼리는 멀리서 전해지는 진동을 발로 느끼고, 물고기는 이웃과 대화하기 위해 전기를 이용한다. 우리 주위에는 우리가 맡을 수 없는 냄새, 들을 수 없는 소리, 느낄 수 없는 진동, 그리고 감지할 수 없는 전류가 가득한 또다른 우주가 있다.

그러나 기술이 발달하면서 우리는 동물들의 그러한 감각적인 세계를 들여다보기 시작하였다. 얼마 전에 나는 아주 특별한 대화를 엿들을 기회가 있었다. 작은 노린재 암컷이 나뭇가지를 통해서 아주 미세한 진동으로 수컷을 부르는 소리였다. 아주 최근까지 이런 대화의 채널은 우리에게 막혀 있었다. 하지만 이제는 이런 작은 진동을 레이저빔으로 포착하고 컴퓨터로 확대해서 우리가 들을 수 있는 에너지의 형태로 바꿀 수 있다. 나는 덩굴식물의 잎에 앉은 작은 녹색 곤충을 지켜보다가 헤드폰을 썼을 때 마치 유리 칸막이가 제거된 것 같은 느낌이 들었다. 갑자기 그 작은 벌레의 세계로 들어간 것이다. 다섯 번 박박 긁는 소리가 난 후 잠시 쉬는 사이에 수컷으로부터 대답이 오는 매우 규칙적인 리듬이 반복되었다. 부드러운 소리 뒤에 소란스러운 버스럭거림이 들렸다. 요컨대 노린재가 대화하는 소리였다. 기술의 발달로 이보다 한 단계 더 나아갈 수도 있다. '미니쉐이커' 라고 불리는 정교한 도구를 사용해서 사람이 직접 나뭇잎에 같은 형태의 작은 진동음을 내도록 두드릴 수 있게 된 것이다. 나 역시 다른 노린재를 부를 수 있었다.

모든 동물들은 서로 연락을 취한다. 의사소통은 모든 상호작용과 관계의 근거가 되고 '생존' 을 삶으로 바꾼다. 바다표범 새끼가 혼잡한 해변에서 어미를 부르고 늑대가 덤불을 뿌려서 영역을 표시하는 것이든, 농게(꽃발게)가 암컷의 관심을 끌기 위해 거대한 집게발을 흔드는 것

덩굴 식물의 잎에 앉은 작은 녹색 곤충을 지켜보다가 헤드폰을 썼을 때 마치 유리 칸막이가 제거된 것 같은 느낌이 들었다.

이든, 상호간에 적절하게 반응하고 가능한 많은 정보의 혜택을 얻을 수 있으려면 서로를 완전히 알아야만 한다.

　동물들의 움직임 상태나 겉모습은 다른 동물들에게는 하나의 정보가 된다. 관심 있게 살펴보는 포식자에게 병들어 보이는 영양은 먹기 좋은 허약한 사냥감임을 스스로 말해주는 것이다. 반면에 표범이 남긴 발자국은 그의 희생자에게 다가올 위험을 알려주는 경보가 된다. 그러나 이런 것들은 정보를 전달하기 위해 의도적으로 만들어낸 신호라기보다는 우연히 드러난 표시에 지나지 않는다. 특정 신호를 사용하여 정보를 전달하는 것을 동물들의 의사소통이라 정의할 수 있다. 시간이 지나면서 동물의 평범한 행동이나 해부학적인 구조는 명확한 신호로 정보를 교환하기 위해 의식화儀式化되거나 과장되었다. 우리가 특정 시간에만 동물들을 보고 그 신호가 의미하는 것을 이해하려고 하는 것이 사실이지만, 분명한 것은 동물들의 의사소통 체계는 역동적이며 그 신호와 의미 모두는 계속해서 진화한다는 것이다.

　동물들이 전달해야 하는 가장 기본적인 메시지는 자신이 누구인지를 알리는 것이다. 그들은 적절한 배우자를 발견하고 자손을 기르고 자신의 영역과 짝을 지키고 무리를 지어 협동하면서 생활해야 한다. 그러나 만약 동물들이 의사소통하는 이유가 그런 생존적인 이유뿐이라면 왜 그렇게 놀랄 만큼 다양한 종류의 신호가 있는 것일까? 이것을 이해하기 위해서는 동물들이 사는 세계를 이해해야 한다.

야생의.세계

엄청난 거리를 가로질러 자신의 뜻을 전할 수 있다는 것은 매력적인 일이다. 북극은 텅 비어 보인다. 경계표지도 없고, 얼마나 넓은지 도대체 알 수가 없고, 수천 킬로미터를 가도 얼음과 눈이 쌓여 있을 뿐이다. 북극의 곰들은 대개 혼자 돌아다니는데, 먹이를 찾기 위해 하루에 20킬로미터 이상 이동할 수 있다. 3월초가 되면 암곰들의 번식기가 되지만 그렇게 먼 거리를 돌아다니는 암곰을 수곰은 어떻게 찾는 것일까? 곰들은 눈 속에서 완전히 위장할 수 있고 시력이 우리보다 훨씬 나쁘기 때문에 먼 거리에서 암곰을 발견하는 것은 거의 불가능하다. 또 서로 수백 킬로미터나 떨어져 있을 때가 있어 아무리 크게 외쳐도 북극의 바람이 낚

북극곰들은 대개 혼자 돌아다니는데
얼어붙은 북극해를 가로질러 1년에
1천 킬로미터 이상 이동한다.
이것은 짝을 찾는 것이 쉽지 않음을
의미한다.

아채 갈 수 있기 때문에 소리도 멀리 전해질 수 없다. 이런 환경에서 수 컷을 암컷에게 안내할 수 있는 최고의 방법은 바로 냄새를 남겨 그것을 추적하게 만드는 것이다.

동물들은 흔히 먹이나 다른 자원을 놓고 벌어지는 경쟁을 피하기 위해 흩어지지만 여전히 서로 연락을 유지하는 것이 필요하다. 포유동물은 물론 파충류와 곤충들도 냄새 메시지를 널리 사용하는데, 이것은 동물이 신체적 크기에 비해 넓은 지역을 자기 영역으로 삼기 위한 방법인 것이다. 사막의 이구아나는 혼자 살면서 100제곱미터의 영토를 방어하는데 이것은 사람으로 치자면 혼자 도보로 115제곱킬로미터의 지역을 순찰하는 것에 해당된다. 이구아나가 자신의 영역을 가장 잘 방어할 수 있는 방법은 '출입금지' 라고 말하는 냄새 표시를 남기는 것이다. 그러나 어려운 문제가 있다. 냄새는 덥고 건조한 상태에서 아주 빨리 증발한다. 이구아나는 밀랍으로 덮개를 만들어 냄새 표시를 보호함으로써 이 문제를 해결했다. 이구아나에게 더 다행인 것은 자외선을 볼 수 있는 특별한 시력을 가지고 있다는 것이다. 그래서 사막의 이구아나에게 냄새 표시는 횃불처럼 빛난다(4장, p.138).

넓은 세계에 사는 작은 동물이라면 메시지를 전달하기 위해 환경을 이용하는 것이 좋은 방법이다. 냄새는 장소에 구애받지 않는 신호이다. 많은 곤충들이 수컷을 유혹할 때 강력한 유인물질인 페로몬이 묻은 깃털을 공기의 흐름을 이용해서 먼 거리로 가볍게 날려보낸다. 페로몬은 동물이 분비하는 화학물질로서, 다른 동물의 행동에 강력한 영향력을 행사한다(4장, p.126). 누에 과科의 어떤 수컷 나방은 48킬로미터나 떨어진 암컷의 페로몬 흔적을 따라간다고 한다. 그러나 이 신호들은 조건이 맞지 않으면 쉽게 사라진다. 더욱이 유인하는 화학물질이 분비된 정확한 장소에 접근하는 것은 쉬운 일이 아니다. 노린재 수컷도 암컷을 유혹하기 위해 페로몬을 사용하지만 서로의 위치를 정확하게 알기 위해 매우 특이한 방식을 사용한다. 그들은 식물을 이용하는 일종의 식물학적 전신電信 시스템을 이용한다. 나뭇잎을 두드려서 내는 작은 진동이 초당 30~100미터의 속력으로 줄기를 타고 내려가 서로 얽혀 있는 뿌리를 통과하는 나뭇가지 네트워크를 통해 신호가 전해지는 것이다. 다른 노린재들은 이 진동을 발로 듣고 신호의 강도를 평가함으로써 소리가 나는 근원지를 향해 이동한다(5장, p.184)

신호를 널리 퍼뜨릴수록 더 많은 청중이 들을 수 있지만 어떤 경우에는 특정한 개체에게만 메시지를 전하는 것이 실용적일 수도 있다. 새는 처음에 가능하면 멀리 메시지를 전달하지만 메시지를 듣는 새들 중 하나에게 매력을 느끼면 메시지가 그 새에게 곧장 전해지도록 한다. 희뿌옇게 먼동이 트는 하늘 아래 50여 마리나 되는 뇌조(들꿩)들이 모여 암컷들을 번식 장소로 부르기 위해 함께 소리를 높인다. 미국 북서부에 있는 거대한 초원지대의 넓은 계곡은 저주파 음을 멀리 전한다. 주위를 둘러싸고 있는 언덕들이 천연의 원형 경기장 역할을 하기 때문이다.

모든 수컷들이 똑같이 암컷을 유혹하는 것처럼 보이지만 실제로 수컷들은 자신의 암컷만을 부른다. 소리가 가진 문제의 하나는 직접적이지 않다는 것이다. 그러나 뇌조 수컷은 이것을 극복하는 방법을 발견했다. 그들은 가슴에 한 쌍의 큰 공기 주머니를 가지고 있는데 그것을 팽창시켰다가 찌그러뜨리면서 각기 다른 '펑' 소리를 낸다. 수컷은 암컷

어떤 수컷 나방은 48킬로미터나 떨어진 암컷의 페로몬 흔적을 따라간다고 한다.

앞에서 뽐내듯 몸을 움직이며 '펑' 소리를 낮게 혹은 높게 낼 수 있고, 심지어 방향을 조절할 수도 있다. 옆으로 몸을 돌려 화려한 흰줄무늬 꼬리깃털을 드러내 보이기도 하고, 암컷이 있는 곳까지 소리가 닿도록 음량을 높일 수도 있다. 또한 암컷에게 자신의 뒷모습을 보일 때, 뒤쪽으로부터 가장 커다란 소리를 내게 된다. 이 독특한 소리 시스템은 분명 뇌조 암컷에게 구애하는 것이지만 모든 것이 잘 드러나 보이는 넓고 탁 트인 공간에서 큰 소리를 내면 불리한 점도 있다. 그들의 신호소리가 검독수리와 같은 포식자의 주의를 끌 수도 있기 때문이다.

야외에서 관심을 끌면 위험할 수도 있지만, 사회적인 집단을 이루어 사는 동물들은 함께 움직이거나, 위험이 다가오고 있음을 경고하기 위해 자주 소리를 지른다. 프레리도그(역자 주 : 쥐목(Rodentia) 다람쥐과에 딸린 설치동물. 북아메리카 대초원지대에 서식한다.)에게는 적이 많다. 그들은 지하의 미로 같은 터널에서 사는데 먹이를 구하기 위해 대초원으로 나오는 순간 공격의 대상이 되기 쉽다. 프레리도그는 비상신호를 완전한 어휘로 발전시켜서 어떤 위험이 얼마나 빨리 접근하고 있는지를 서로에게 정확히 알려줄 수 있다(2장, p.69). 한 마리가 내는 소리는 멀리 가지 못하지만 한 동물에서 다음 동물로 비상신호를 전하는 릴레이 시스템으로 아주 멀리 떨어진 곳까지 메시지를 전한다.

육지에 사는 동물 중에서 인간 외에 가장 광범위한 의사소통 네트워크를 가지고 있는 동물은 아마 코끼리일 것이다. 코끼리들은 몇 킬로미터에 이르는 사바나(역자 주 : 아프리카 동부, 미국 동남부처럼 (아)열대 지방의 나무가 없는 대초원) 지역이나 삼림을 넘어 거의 텔레파시 수준의 방법으로 서로 연락을 계속하면서 이동을 조정한다. 코끼리들은 날카로운 냄새 감각으로 새 소식을 알기 위해 코를 공중에 들어올린다. 하지만 연구자들은 최근 지금까지 숨겨져 있던 코끼리들의 또 다른 메시지 교환 방법을 발견했다. 그들은 우리가 들을 수 없지만 아주 멀리까지 이동할 수 있는 매우 낮은 소리를 낸다(2장, p.33). 더욱이 최근의 연구에 의하면 코끼리들은 저주파가 전해질 수 있는 것보다 훨씬 더 먼 거리에서 지면을 통해 전해지는 진동을 감지함으로써 소식을 주고받는다고 한다. 이것은 코끼리가 의사소통 범위를 훨씬 더 멀리까지 확대할 수 있는 방법이다(5장, p.188).

앞면 | 수컷 뇌조는 가슴에 있는 공기주머니를 부풀려서 '펑' 소리를 낸다. 구애하는 수컷은 이 독특한 소리 시스템을 통해 특정 암컷을 가리키는 신호와 음량을 조절할 수 있다.

사회적인 집단을 이루고 사는 동물들은 함께 이동하거나 곧 닥칠 위험을 경고하기 위해 서로 신호를 보낸다.

북아메리카의 광활한 초원에 사는 프레리도그는 포식자들의 눈에 아주 잘 보인다. 이런 환경에서 살아남기 위해 프레리도그는 임박한 위험을 서로 알리는 정교한 비상신호를 개발했다.

밀림의 세계

숲에는 많은 생명체들이 살고 있지만 무성한 잎들이 엉켜 있기 때문에 동물들은 눈에 잘 띄지 않는다. 많은 종들이 함께 사는 숲에서 친족 관계의 동물들은 스스로를 알리기 위해 잘 보이는 신호가 필요하다. 그러나 눈에 잘 띄는 동물은 어느 것이나 손쉽게 다른 동물의 먹이가 될 수 있다.

늑대거미들은 포착하기 어려운 메시지를 서로 주고받으면서 낙엽 속을 돌아다닌다. 시조코사 오크레타(Schizocosa ocreata)종種의 암컷 거미들은 짝짓기를 할 준비가 되면 거미줄에 자신의 냄새를 남겨서 수컷에게 알린다. 이 메시지를 받은 수컷은 암컷의 흔적을 좇는데 낙엽이 쌓인 곳에서 암컷을 추적하는 일은 위험하다. 수컷은 암컷의 사냥 본능을 무력하게 만들기 위해 짝짓기 직전까지 앞다리의 특수 기관들로 사포처럼 박박 긁는 듯한 진동을 보낸다. 접근할 때까지는 조심스럽게 연락을 주고받았지만 일단 암컷에게 접근한 수컷은 격렬하게 춤을 추기 시작한다. 신시내티 대학교의 조지 우츠와 그의 팀은 컴퓨터가 만든 수컷 거미를 이용해서 거미의 춤동작을 다양하게 바꿔서 실험한 결과, 수컷이 암컷에게 구애하는 동작을 정확하게 알 수 있었다. 이 종의 수컷들은 다리에 특유의 털뭉치를 가지고 있는데 털뭉치가 크고 동작이 빠를수록 암컷의 관심을 더 끌었다. 짝짓기하는 동안 수컷 거미의 춤은 종종 파멸을 초래하는데 이는 다리의 털뭉치와 정열적인 동작이 거미를 잡아먹는 두꺼비의 관심도 끌기 때문이다.

늑대거미 암컷은 짝짓기할 준비가 되었을 때 거미줄에 냄새가 스며들게 한다. 수컷은 거미줄을 조사하고 암컷을 발견하면 그가 적절한 짝이라고 말하는 특별한 패턴의 진동을 보내면서 탭댄스를 춘다. 다리의 털 크기도 그가 꼭 맞는 짝이라는 것을 알리는데 중요하다.

숲에서 몸을 드러내는 것이 위험하다면 왜 많은 새들과 원숭이들이 그처럼 화려한 색깔을 갖는 것일까? 꼭 필요한 관심과 피해야 할 관심 사이에는 항상 불가피한 타협점이 있다. 무성한 나뭇잎 때문에 시야가 불량하고, 시각에 크게 의지해야 하는 동물들은 서로에게 뚜렷하게 보이기 위해 화려한 색채를 띨 필요가 있다. 많은 새들이 화려한 깃털과 볏을 접음으로써 불필요한 관심을 끌지 않으며, 선명한 색깔의 얼굴을 가진 거농원숭이(guenon monkey)들은 위험한 표시를 만나면 얼굴을 돌려 뒤쪽의 칙칙한 색을 내민다. 포식자들이 별로 없는 동물들은 동료들에게 잘 보이려고 노력한다. 서아프리카에 사는 맨드릴원숭이의 황홀한 색깔은 실제로 어두운 숲에서 빛을 발한다. 다음 장에서 보겠지만 이것은 우연이 아니고 숲 자체에 의해 만들어진다(3장, p.82). 호주와 뉴기니에 사는 화려한 풍조과의 새들도 포식자가 거의 없기 때문에 수컷들은 아름다운 깃털을 마음껏 자랑한다. 가장 놀라운 것은 이들과 같은 과에 속하는 바우어새(bower bird)는 주변의 다른 것들의 색을 이용한다는 것이다. 수컷들은 암컷의 관심을 끌기 위해 자신의 화려한 차림

맨드릴의 선명한 빨간 코는 높은 수치의 테스토스테론(남성 호르몬의 일종)에 의한 것으로 우월함을 나타내는 표시다.

새 대신 빨간 열매, 노란 나뭇잎, 푸른 깃털, 하얀 달팽이 껍질, 혹은 죽은 곤충의 무지개색 뼈대와 같은 밝고 예쁜 물건들을 모아서 작은 가지로 만든 자신의 집을 특별하게 장식한다(3장, p.120).

그러나 아무리 화려하게 치장해도 무성하게 자라는 식물들 때문에 쉽게 가려진다. 자신들의 메시지를 보다 널리 퍼뜨리고 싶은 동물들은 소리를 이용한다. 숲에 사는 몇몇 영장류는 목소리로 유명하다. 중남미에 사는 고함원숭이(울음원숭이)들의 큰 울부짖음은 3킬로미터 이상 전해지면서 다른 무리들에게 일정한 거리 안에 들어오지 말라고 경고한다. 한편 동남아시아의 긴팔원숭이가 부르는 서정적인 노래는 소유권을 알리는 동시에 부부의 단결을 보여주는 멋진 이중주이다.

삼림지대와 숲 어디서나 귀에 익은 소리들이 있다. 동틀 무렵과 땅거미 질 무렵 숲은 온통 새들의 노래로 가득 찬다. 이때는 소리가 가장 잘 전달되는 시간이긴 하지만 합창을 할 때는 한 가지 문제가 생긴다. 많은 종들이 한꺼번에 노래하면 그들 중 하나에게 특별한 메시지는 어떻게 전달되는가? 앞으로 보겠지만(2장, p.39) 새들이 노래하는 방법은 숲의 환경뿐만 아니라 누가 노래하는가에 따라서 다르다.

떠들썩한 삼림에서 많은 동물들은 자신의 목소리가 확실하게 들리도록 다른 종들뿐 아니라 같은 종의 동물들과도 경쟁한다. 미주리주 남부의 습지에서는 밤이 되면 시끄러운 소리로 귀가 먹먹하다. 청개구리들이 암컷을 놓고 경쟁하는 소리 때문이다. 그러나 암컷들은 실제로 깊은 목소리에 끌리기 때문에 가장 큰 소리로 외치는 수컷이 항상 승자가 되는 것은 아니다(2장, p.56).

숲의 야행성 동물들에게 소리는 특히 중요하다. 박쥐는 서로의 의사소통을 위해서는 물론 주위환경을 생생하게 느끼기 위해서도 소리를 이용한다. 숲에서는 항상 누군가 신호를 포착할 위험이 도사리고 있다. 대부분의 경우 이것은 먹히는 쪽에 문제가 되지만 가끔 역할이 바뀌기도 한다. 초음파로 먹이를 추적하던 박쥐는 교묘하게 행동하는 나방에게 무심코 자신의 의도를 알려줄 수도 있다. 박쥐는 나방을 먹고 살지만 불나방은 한 걸음 더 나아가 자신이 고주파음을 발산하여 박쥐의 공격을 중단시킨다(2장, p.32).

일반적으로 맹수들은 아주 조심스럽게 자신의 위치를 감추는데 호랑이는 가장 숨기를 잘하는 동물이다. 호랑이는 무리지어 살지 않으므로 개별적으로 만나는 일은 드물지만 나무에 표시를 해서 서로 신호를 남긴다(4장, p.139). 호랑이는 갈고리발톱으로 나무 껍질의 깊은 틈에 냄새 자국을 남기는데 이 자국은 주로 안전한 장소에서 발견된다. 발톱 표시에다 오줌을 뿌리는 경우도 발견되고 있다. 냄새가 스며든 나무는 호랑이에 관한 엄청난 정보를 가지고 있는 셈이다. 그러므로 나무들은 메시지를 전하는 중계국으로서 동물의 세계에서 없어서는 안될 중요한 역할을 한다.

수생 세계

우리에게 바다는 아직도 매우 낯선 영역이다. 나는 잠수복을 입고, 부력 조절 장치, 공기 탱크, 마스크와 웨이트 벨트를 착용할 때, 우주 여행을 위한 복장을 갖춘 것 같은 생각이 들곤 한다. 사실 우리는 우주에 관해 아는 것보다 바다에 대해 잘 모를 수도 있다. 그리고 우리가 알아낸 것이 과학 소설보다 더 낯선 것임을 발견한다. 물 속으로 잠수하면 화려한 산호와 물고기들의 신비한 세계가 펼쳐진다. 먹이는 대부분 해변의 모래톱 근처에 있으므로 동물들은 그곳에서 함께 살고 있다. 그래서 식량과 짝을 찾기 위해 격렬한 다툼이 일어난다. 누구와 경쟁하고 누구와 짝짓기할 것인지 어떻게 아는 것일까? 물이 맑고 거리가 가까우면 뚜렷한 무늬와 색채를 보고 즉시 알아차릴 수 있기 때문에 요란한 색깔 경쟁이 발생한다. 색깔은 다른 종의 관심을 끌 수도 있지만, 구혼기간 동안에만 아주 선명한 색을 내보이는 동물들도 있다.

　푸른입술비늘돔은 스치고 지나가는 암컷에게 덤벼들 때만 금빛, 핑크, 푸른빛, 그리고 녹색의 네온을 번쩍이고는 곰치나 다른 포식자에게 발견되는 것을 피하기 위해 재빨리 칙칙한 회색으로 원상 복귀한다. 산호초 주위의 물고기들만 화려한 신호를 사용하는 것은 아니다. 오징어와 갑오징어는 훨씬 더 특이한 시각적 신호를 과시한다. 커다란 갑오징어(3장, p.89)는 얼룩무늬를 번쩍거리고 깃발과 같은 긴 촉수를 활짝 펴서 녹색과 진홍색을 띠면서 경쟁자들에게 경고한다.

비늘돔은 암컷을 유혹하기 위해 무지개색 비늘을 번쩍이면서 매력을 발산하지만 약탈자가 근처에 있을까봐 곧 칙칙한 회색으로 돌아간다.

　많은 물고기들이 구혼기간이 되면 둥지 근처에서 자신을 과시하거나 부드럽게 서로 쿡쿡 찌르면서 서로 잘 아는 방법으로 대화를 나눈다. 암수가 각각 한 마리씩 짝을 지을 때 정성들인 신호를 교환하는 것이 특히 중요하다. 해마처럼 배우자에게 완전한 정절을 바치는 생물은 보기 드물다(3장, p.116). 꽃, 리본 따위로 장식한 5월제(메이폴)*의 기둥처럼 생긴 해초를 돌면서 춤을 추고 서로의 꼬리를 잡고 나란히 수영하는 모습은 내가 본 가장 감동적인 장면 중 하나였다.

　어둡고 흐릿한 물에 사는 물고기는 화려한 색깔과 요란한 디스플레이가 소용없으므로 의사소통을 위해 다른 수단을 찾아내야 한다. 어떤 것들은 육감六感, 즉 전기감각을 사용한다. 전기 물고기들은 주위에 3차원적인 전기장을 만들면서 전류를 발산한다. 피부의 감각기관들은 전기장에 들어오는 어떤 변화도 감지할 수 있고, 또 주위에 영향력을 갖는다. 전기를 생산하고 감지하는 이 능력은 의사소통 수단을 발달시켰으며 중남미의 강과 호수에는 물고기들이 내는 전기 에너지로 윙윙거리는 소리가 들린다. 강둑을 따라 난 식물 사이에 숨어 있는 핀테일 나이프피시(pintail knifefish 5장, p.176)는 대소동을 벌이면서 구혼기

* 메이폴(maypole)은 5월의 막대기란 뜻으로, 중세 유럽에서는 5월이면 마을 광장에 알록달록한 줄을 이어놓은 막대를 세워놓고 빙빙 돌면서 춤을 추었는데 그것을 5월제라 한다.

간을 시작한다. 수컷과 암컷이 둥글게 빙빙 돌면서 수컷이 규칙적이고 강한 충격으로 물에 전기를 흐르게 한다. 우리는 몇몇 물고기들이 고도의 전극을 이용함으로써 짝짓기가 준비된 것과, 그들 사이의 사회적인 지위뿐만 아니라 경쟁자들에게 경고하는 전기적인 어휘를 사용한다는 것을 알 수 있다.

빛이 없을 때 의사를 소통하는 또 다른 해결책은 자신의 전기를 만드는 것이다. 햇빛은 해수면에서 200미터 이상 뚫고 내려가지 못하지만 2,500미터 아래의 칠흑 같은 어둠 속에서도 반짝이는 빛들과 길게 이어지는 선명한 빛들을 발견할 수 있다. 해양 생물의 80%는 생물발광체이고 수많은 작은 플랑크톤과 갑각류들이 인광을 발산하는데, 수면에서 수영하는 사람도 이것을 경험할 수 있다. 하지만 작은 생물들과 함께 수영하는 사람은 생물들이 만들어내는 빛이 사람들의 움직임에 반응하는 비상신호라는 것을 알아차리지 못한다.

색깔과 전기와 생물발광은 아주 가까운 범위에서만 작용한다. 사람은 물 속에서 잘 듣지 못하지만 소리는 물에서 아주 잘 전달된다. 미국 해군은 세계 제2차 대전 동안 바닷물에서 소리가 예민하게 전달된다는 것을 알아냈다. 작은 새우들의 휙, 탁, 펑하는 소리부터 물고기들의 끙끙, 찍찍, 컹컹거리는 소리, 돌고래의 높은 휘파람소리, 그리고 잊을 수 없는 고래의 아름다운 노래는 해양 동물들이 서로 메시지를 전하기 위해 사용하는 소리들이다.

바다에는 이상한 생물들이 많이 발견된다. 이 피낭동물 혹은 멍게는 탁트인 바다에 많다.

무리지어 사는 세계

해가 넘어가면서 엷게 물든 붉은 하늘을 배경으로 수천 개의 검은 점들이 퍼졌다가 다시 하나로 형체를 바꾼다. 하늘에 여러 모양의 아름다운 무늬를 만들며 흐르는 듯한 유기체로 보이는 것은 사실 땅에 내려앉으려는 한떼의 찌르레기들이다. 이런 신비한 광경은 많은 곳에서 볼 수 있지만 가장 인상적인 곳의 하나는 영국 남단 브라이턴의 황량한 웨스트 피어에서 볼 수 있는 장관이다.

다른 많은 새들처럼 찌르레기는 떼를 지어 움직이는데, 가장 규모가 큰 것은 수백만 마리로 구성되는 경우도 있다. 동물들은 여러 가지 이유 때문에 함께 모여 산다. 짝짓기나 넉넉한 자원을 이용하려는 것일 수도 있지만, 무엇보다도 가장 중요한 것은 방어를 위한 것이다. 수천 혹은 수백만 마리의 동물들이 모이면 잠재적으로 혼란이 일어날 수 있는데 거대한 새떼나 물고기떼는 철저히 훈련받은 것처럼 일사불란하게 움직인다. 찌르레기들이 내려오는 광경은 신이 무리를 통제하는 것처럼 보이지만 사실 새들은 줄을 서고 모이는 단순한 규칙을 따름으로써 공중에서 충돌을 피하고 있는 것이다(3장, p.88).

동물들은 대개 영구적으로 큰 집단을 이루는 것은 아니고 연중 번식

찌르레기들이 내려앉는 신비한 광경은 신이 공중에서 교통정리를 하는 것처럼 보이지만 사실 새들은 단순한 규칙을 따르는 것이다.

기라든지 혹은 특수한 상황이 되는 특별한 시기에 큰 떼를 이룬다. 어떤 동물들은 갑자기 모이기도 한다. 며칠 내에 200제곱킬로미터를 뒤덮는 10억 마리가 넘는 메뚜기떼가 갑자기 나타나기도 한다. 일단 집단이 만들어지면 메뚜기는 한 가지 목표, 즉 먹이를 찾아 땅을 휩쓸고, 지나간 자리에는 황폐와 기근을 남긴다. 그러면 그 거대한 무리는 어떻게 시작되는 것일까? 최근의 한 환상적인 연구(5장, p.172)는 메뚜기가 무수히 모이게 만드는 저항할 수 없는 신호를 보여준다. 사실 그것은 너무 강력해서 글자 그대로 하나의 메뚜기를 다른 생물로 변화시킨다.

거대한 수의 동물들이 모였을 때 짝을 찾고, 부모와 자식을 식별하고, 다른 개체에게 정보를 전달하기 위해서는 의사소통이 필요하다. 주위의 수많은 동물들이 신호를 주고받는 가운데 어떤 동물이 주의를 끌기가 어려

누구 집게발이 가장 클까? 농게 수컷은 암컷을 감동시키기 위해 집게발을 크게 흔들면서 경쟁한다.

울 수도 있다. 호주 동부의 락햄프톤 근처의 해변은 농게(꽃발게)의 천국이다. 다양한 종의 수천 마리 농게들이 조수가 물러가면 구멍에서 급히 나와 평평한 개펄에서 먹이를 찾기 시작한다. 먹이를 먹는 동안 수컷들은 주기적으로 울긋불긋한 집게발을 흔들어서 암컷들에게 예비교섭을 하거나 경쟁자들을 위협한다. 1제곱미터당 약 200마리의 게들이 있으니까 집게발을 미친 듯이 흔들어대는 것은 사람의 관점에서 보면 좀 멍청한 짓이다. 그러나 게의 관점에서는 아주 다르다. 커다란 집게발을 흔드는 게가 그렇게 많다는 것은, 집게발이 남보다 커야 하고 수평선을 가릴 만큼 아래위로 흔들어야 주위의 관심을 끈다는 것을 의미한다(3장, p.96).

수많은 동물 중에 독특하게 보이고 싶고, 또 어떤 상대방의 관심을 끌고 싶으면 어떻게 할 것인가? 7월이 되면 수천 마리의 북방 물개들이 번식을 위해 베링해의 프리빌로프 군도에 도착한다. 수컷들이 도착하고 자기 영역을 확보하기 시작하면 해변은 물개 냄새와 시끄러운 소리 때문에 난장판이 된다. 어미와 새끼는 떨어져 있을 때 온갖 소음 속에서도 서로 부르는 소리를 들으면 즉시 달려올 수 있다는 것이 여러 실험 결과 입증되었다(2장, p.63). 그것은 '칵테일 파티 효과'와 어느 정

뒷면 | 알래스카 프리빌로프 군도의 해안에서는 물개 암컷이 수천 마리의 물개 중에서 자신의 새끼를 찾아야 한다.

도 같다고 할 수 있다. 사람이 많이 모여 떠드는 방에 들어가면 당신은 소리에 둘러싸일 것이다. 그러나 작은 소리지만 누군가 당신의 이름을 부르면, 그 소리는 시끄러운 소음을 뚫고 당신의 귀에 들리고 당신은 곧 그 특별한 소리를 향해 돌아서는 것과 같다.

물개는 공동체 정신이 별로 없거나 아예 없지만 육지에서 번식해야 할 필요성 때문에 함께 모인다. 그러나 다른 동물들은 서로 협력하기 위해 떼를 지어 산다. 이런 공동체에서 좋은 의사소통 기술은 매일의 생활에 없어서는 안 되는 부분이다. 호주에 사는 큰진흙집새(white-winged chough)는 어린 새끼를 키우기 위해 대가족이 함께 산다. 그런데 맡은 역할을 다하지 못하는 새에게는 '욕하고 창피주기'라는 응징 방법을 발달시켰다. 새들은 가혹한 환경에서 생활한다. 그러므로 집단의 모든 구성원이 알을 품고, 어린 새끼를 지키고, 무엇보다도 새끼들을 먹이는 일을 도와야 한다. 그들의 도움에 의지해서 어린것들은 기술을 익히고 결국 그 영토를 물려받을 수 있게 된다. 그런데 먹을 것이 궁핍한 시기에는 나중에 자신들이 먹기 위해 새끼들에게 먹이를 주는 체하는 속임수가 관찰되기도 한다. 그러나 새들은 단속하는 시스템을 만들고 속이는 것이 들통난 새는 '창피주기'를 당한다. 어떤 새가 속이는 것을 보면 다른 새들은 깃털을 부풀리고 꼬리 깃털을 천천히 흔든다. 곧 그 집단의 모든 구성원들이 합류해서 차츰 날개를 활짝 펼치고 부리를 천천히 벌렸다가 닫는다. 마지막 굴욕은 믿을 수 없게도 그 새의 눈을 빼서 커다란 주홍색 안구를 드러내는 것이다. 누구든 다시는 속일 생각을 못할 만큼 충분히 무서운 벌이지만 몇몇 간교한 젊은 새들은 여전히 일을 저지르고 어떻게든 벌을 받지 않는다.

수천 마리의 개체가 기막히게 조화를 이루고 단결해서 함께 사는 사회가 있다. 그들은 완벽하게 질서를 지키는 개미와 벌들이다. 그들의 세계에서 페로몬은 중요한 의사소통 수단이다. 하나의 신호가 동시에 수천 마리의 개체에게 영향을 줄 수 있기 때문이다. 그런데 개미가 인간의 귀에 들리지 않는 다양한 소리를 낸다는 것은 최근까지 알려지지 않고 있었다. 개미는 인간처럼 공기의 압력이 흔들리는 것을 듣기보다는 공기 입자가 이동하는 진동을 감지한다. 개미로서는 소리를 멀리 전할 필요도 없고 개미에게는 들리지 말아야 하는 세상의 소음도 완벽하게 차단할 수 있기 때문에 아주 편리한 의사소통 시스템이라고 할 수 있다.

우리에게 익숙한 시각적인 신호들은 사회생활을 하는 다른 동물들에게도 중요하다. 가까운 곳에서 살면 얼굴을 자주 보게 된다. 그래서 의사소통의 수단으로 얼굴을 이용하지 않는 것은 낭비로 보일 것이다. 히말라야원숭이(Rhesus macaque)는 영토를 지키기 위해 떼를 지어 협력한다. 그들은 집단 내의 복잡한 일을 조정하고 관계를 바꾸기 위해 약 40가지의 얼굴 표정을 지을 수 있고 다양한 신호소리와 자세를 사용한다(3장, p.103). 가장 일반적인 것으로는 공포로 얼굴을 일그러뜨리는 것이다. 그것은 긴장을 푸는 하나의 방법이고 흔히 초조한 원숭이가 높은 계급의 원숭이를 달래기 위해 사용한다. 우리 인간의 미소가 어쩌면 비슷한 기원을 가지고 있는지도 모른다(3장, p.105). 입맛을 쩍쩍 다시는 것 역시 또 다른 달래기 신호다. 그것은 작은 동작으로 공중에 키스하는 것과 관련이 있다. 아마 원숭이들이 서로 몸단장할 때 입술로 하는 동작에서 발전했을 것이다. 집단내의 젊은 원숭이들은 종종 나이 많은 원숭이들을 달래기 위해 입맛을 다신다. 나는 내가 입맛을 쩍쩍 다시면 원숭이가 어떻게 반응할 것인지 궁금했다. 어린 원숭이는 나를 강렬하게 바라보고는 대답으로 재빨리 입맛을 다시더니 급히 얼굴을 돌렸는데 짧지만 기억할 만한 교류였다.

동물들의 세계를 올바르게 평가하기 시작하면 얼마 지나지 않아 왜 그처럼 신호들이 다르고 놀라운 배열을 가지게 됐는지 이해할 수 있다. 우리가 발견한 것들 중에는 아주 낯설고 괴상한 것들도 있지만 많은 소리와 색깔과 태도와 표현들이 우리에게도 의미 있는 것임을 알 수 있다. 그것들은 우리의 진화론적인 과거에 뿌리를 두고 있기 때문이다. 나는 동물들의 다양한 의사소통의 세계를 이 책에 소개하기 위해서 종종 우리 자신의 삶과 비슷한 면을 찾으려고 했는데 인간의 경험을 참고함으로써 동물들의 행동을 더 쉽게 이해할 뿐만 아니라 가끔 흥미로운 유사점을 발견할 수 있기 때문이다.

내가 입맛을 쩍쩍 다시면 어린 원숭이가 어떤 반응을 보일지 궁금했다.

27

2

음파

늑대의 울부짖는 소리든 돌고래의 휘파람소리든, 소리는 가장 침투력이 좋고 설득력 있는 의사소통의 형태이다. 소리는 잠시 동안 남의 이목을 끌면서 관심을 모았다가 곧 사라진다. 그리고는 다시 누가 소리냈는지 알 수 없게 된다. 실제로 소리는 순간적이다. 공기 중에서는 초속 340미터를 이동하지만 물 속에서는 거의 네 배나 빨리 전달된다. 소리의 종류는 가히 환상적이라 할 만큼 다양하다. 바닷속에는 물고기떼를 겨냥하는 귀청을 찢을 듯한 돌고래의 날카로운 외침이 있는가 하면, 아프리카의 광대한 사바나 지역에는 땅을 진동시키는 코끼리들의 깊고 굵은 외침이 있다. 시간의 길이에도 큰 차이가 있다. 나이팅게일은 10분의 1초에 한 음절을 노래한다. 속도를 늦춰야만 우리가 알아들을 수 있는 놀라운 속도로 섬세한 노래를 부르는 것이다. 반면 흰긴수염고래는 한 음절을 내는데 20-30초가 걸리고 그 소리는 7~8시간 후에 수백 킬로미터 떨어진 목적지에 도달할 수 있다.

앞면 Ｉ 코끼리떼를 이끄는 늙은 여족장은 경험과 기억에 의지하여 가족을 이끌고 먹이와 물을 찾는다.

사자의 성대는 기타 줄처럼
공기를 통해 전해지는
압력의 파동을 만든다.

소리

의 패턴은 거의 무한하다. 그러므로 신호소리는 가장 단순한 것부터 복잡한 것까지 엄청난 정보를 발신할 수 있다. 동물들은 짝을 발견하고, 새끼를 보살피고, 경쟁자를 물리치고, 먹이가 있는 곳을 알아내거나 위험을 경고하기 위해 소리를 이용한다. 그리고 과학자들이 전에 알고 있던 것보다 훨씬 더 세부적이고 섬세한 메시지를 보낼 수 있다. 그러나 소리도 다른 의사소통 수단처럼 결점을 가지고 있다. 소리는 바람, 초목, 습도의 방해를 받기 쉽고, 친구는 물론 적의 관심도 끈다. 그래서 동물들은 독특한 환경에서 자신이 원하는 상대에게 메시지가 들리도록 하는 교묘한 방법을 개발해야만 했다.

소리의 스펙트럼

나는 브리스톨의 새 아파트에서 깊고 쉰 목소리의 사자가 포효하는 소리에 한밤중 잠이 깼던 것을 기억한다. 자는 것도 아니고 깬 것도 아닌 어정쩡한 상태에서 나는 아프리카에 있는 것으로 착각했다. 몇 분간 혼란스러운 시간이 지난 후에 비로소 내가 들은 소리가 진짜라는 것을 깨달았다. 실제로 나는 브리스톨에 있었고, 우리 집에서 약 1.6킬로미터 떨어진 동물원으로부터 사자의 포효하는 소리를 들은 것이다.

사자의 성대는 기타의 줄처럼 공기를 통해 전해지는 압력의 파동을 만들어 에너지를 전달한다. 에너지는 공기의 입자를 교란시키고 우리 고막은 이 파동을 입수해서 소리로 전환시킨다. 출처와 관계없이 파동의 비율, 혹은 초당 진동수는 우리가 듣는 소리의 주파수나 소리의 높이를 결정한다. 이것을 헤르츠(Hz)로 측정하는데 1초에 한 번 진동하는 것을 1헤르츠라고 한다. 높은 비명소리는 매우 빠른 진동에 의해 만들어진다. 이때 작용하는 에너지의 강도는 낮은 비명보다 크지만 초당 진동수는 같다.

인간의 귀는 약 20헤르츠에서 2만 헤르츠까지의 주파수를 받아들일

수 있지만 많은 동물들이 그것보다는 훨씬 더 큰 범위의 소리를 감지할 수 있다. 예를 들어 개는 약 4만5천 헤르츠까지 들을 수 있다. 우리 집 콜리가 다른 개의 휘파람소리를 듣고 언덕을 넘어 달려가는 것을 보면 놀라지 않을 수 없다. 나는 그 소리를 거의 들을 수 없기 때문이다. 고양이들은 더 높은 주파수 — 8만5천 헤르츠 — 를 탐지하고, 박쥐와 돌고래는 10만 헤르츠가 넘는 초음파를 사용한다.

박쥐는 깜깜한 어둠 속에서 놀라운 묘기를 보인다. 박쥐가 어둠 속에

사자는 다른 수컷에게 자신의 영역과 암컷에게 접근하지 말라고 포효한다.

서 날아다닐 수 있고 날개에 앉은 미세한 곤충들을 잡고, 장애물을 쉽게 피하는 것은 오랫동안 완전한 미스터리로 여겨졌다. 1930년대가 되어서야 하버드 대학교에서 함께 연구하던 저명한 생물학자 도날드 그리핀(Donald R. Griffin : 나중에 동물 인식 분야의 선구자가 됨)과 로버트 갤럼보스가 어둠 속에서 박쥐가 어떻게 물체를 식별하는지 알아냈다. 특수 마이크로폰을 사용한 그리핀은 박쥐가 사람이 들을 수 없는 초음파를 만들고 물체의 위치를 파악하기 위해 그들이 내는 소리의 메아리를 이용한다는 것을 발견했다. 그리핀은 소리를 이용하는 이 항법을 설명하기 위해 '반향탐사'(역자 주 : 물체에 부딪친 후 되돌아오는 메아리로 그 물체의 위치, 모양, 크기 등을 알아내는 방법)라는 용어를 만들었다. 우리로서는 상상하기 어려운 청각의 세계인 것이다. 어떤 박쥐들은 화재경보만큼 큰 소리를 낸다는 실험 결과도 있지만 우리는 그 소리를 전혀 들을 수 없다.

반향탐사는 어둠 속에서 물체를 탐지하고 먹이의 위치를 정확히 가리키거나, 주위 환경에 관한 정보를 얻는 데 매우 효과적이지만 결점도 가지고 있다. 박쥐들이 주위를 탐색하면서 내는 강하고 높은 소리는 먹이에게 박쥐들의 위치를 알려주거나 눈에 띄게 만들 수도 있다. 그러므로 많은 곤충의 귀가 박쥐가 내는 파동에 민감한 것은 놀라운 일이 아니다. 이 안티-박쥐 시스템은 다가오는 위험에 대한 조기경보를 발한다. 박쥐의 중요한 먹이인 나방은 포식자의 초음파 신호를 쉽게 포착하는 청취영역을 가지고 있다. 사실 나방은 지금까지 동물의 세계에서 발견된 가장 높은 청취범위인 24만 헤르츠의 높은 소리를 들을 수 있다. 그런데 불나방(tiger moth)은 나름대로의 방어기제를 가지고 있다. 흉부에 있는 특수한 구조의 기관으로부터 딸깍거리는 초음파를 발산하는데 박쥐의 음파 탐지기의 소리와 매우 비슷하다. 그 소리는 나방이 박쥐의 반향탐사 시스템을 방해하고 놀라게 하는 것이라거나 혹은 그 나방은 독이 있고 맛이 없는 식사라는 사실을 광고하는 것이라는 논쟁이 여전히 계속되고 있지만, 우리가 아는 것은 불나방이 이 딸깍거리는 신호를 발산하면 공격하던 박쥐는 목표물을 낚아채는 대신 느닷없이 방향을 바꾼다는 것이다.

소리 스펙트럼의 다른 쪽 끝에는 매우 낮은 저주파로 7~8킬로미터

실험에 의하면
어떤 박쥐들은
화재경보만큼 큰 소리를
낸다.

떨어진 거리에서 의사소통을 하는 코끼리가 있다. 동아프리카의 광대한 사바나 지역에 사는 코끼리떼는 대개 몇 마리의 암컷과 그들의 새끼, 그리고 새끼에서 성체가 된 암컷들과 그 새끼들로 구성된다. 이 코끼리떼는 대개 가장 나이 많은 암컷인 여족장이 인도하는데 이 코끼리가 하는 일은 가족을 지키고 헤어지지 않도록 리더십을 발휘하는 것이다. 코끼리들을 지켜보면 가족간의 유대가 매우 강하다는 것을 곧 알 수 있다. 코끼리의 코는 음식을 먹고 냄새를 맡기 위해 사용될 뿐 아니라, 코를 뻗어서 다정하게 새끼들을 다독이고 이끌고, 헤어졌다가 만난 후 서로를 안심시키거나 반가움을 표현하는 역할을 훌륭하게 해낸다(5장, p.164). 코끼리는 또 서로 연락을 유지하고 무언가 잘못된 것이 있으면 경고하기 위해 외치는 소리를 많이 가지고 있다. 나팔부는 것 같은 소리를 내는 것은 코끼리가 흥분해서 내는 소리다. 놀랐거나 경고의 외침일 수도 있고 도움을 청하는 소리일 수도 있다. 또는 공격하기 전에 내는 소리일 수도 있다. 여족장은 항상 민첩하다. 어떤 종류의 위협을 감지하면 즉시 방어적인 자세를 취하고 가족을 지키는 모습은 자연계에서 가장 경외심을 불러일으키는 광경 중 하나다. 두 귀를 펄럭이고 코를 하늘로 쭉 뻗어 올리면서 분노한 울부짖음과 나팔 소리를 낸다. 하지만 이것으로 위험을 막아내는 데 충분하지 않다 싶으면 3천 킬로그램의 거구를 시속 40킬로미터의 속도로 돌진시킨다.

리더십과 경험은 중요한 역할을 한다. 코끼리 암컷은 매우 보기 드문 특징을 인간과 공유하고 있다. 번식할 수 있는 나이보다 더 오래 사는 능력이다. 코끼리의 다른 구성원들은 암컷 족장의 지도력에 지나칠 정도로 크게 의지한다. 이를테면 여족장이 밀렵꾼의 총에 맞는 일이 생기면 나머지 코끼리들은 그 암컷의 몸 주위를 빙빙 돌면서 완전히 방향감각을 잃는다. 여족장을 포기하기보다는 무리 전체가 위험에 빠질 수도 있는 행동을 한다. 동료들은 심지어 암컷을 일으켜 세우려고 하거나 족장이 아직 살아 있으면 안전하게 데리고 가기 위해 양쪽에서 각각 부축하려고 한다.

평화로운 시기에 자주 사용되는 신호는 나지막하고 굵은 소리인데 먹이를 먹는 코끼리들이 수목 때문에 잘 보이지 않는 지역에서 연락을 지속하기 위한 것이다. 이것은 저주파의 높은 에너지를 가진 소리들로

뒷면 | 코끼리가 낮은 주파수로 우르릉거리는 소리는 우리가 들을 수 있는 범위 아래일 수도 있다. 코끼리는 이 그림이 보여주는 것처럼 넓은 사바나를 가로지르며 이동한다.

3천 킬로그램의 성난 코끼리
여족장은 무서운 가족애를
자랑한다.

서 코끼리가 연락하는 소리를 가까운 곳에서 듣는 것은 스릴 넘치는 경험이다. 5미터 떨어진 곳에서 약 95데시벨로 들리는 소리는 디젤 기관차가 달리는 소리를 듣는 것과 흡사하다. 사실 우리는 그 신호소리의 일부만을 들을 수 있다. 인간이 들을 수 있는 가장 낮은 소리는 약 20헤르츠이지만 코끼리들은 '초저주파 불가청음'이라고 알려진 8헤르츠만큼 낮은 소리를 낼 수 있다.

초저주파의 들을 수 없는 소리를 사용하는 것은 겉으로 보기에 널리 흩어져 있는 코끼리들이 서로 연락하며 이동하는 텔레파시적인 방법이라고 할 수 있다. 저주파음은 고주파음보다 훨씬 더 먼 거리를 이동할 수 있다. 박쥐의 초음파는 10미터 미만의 거리를 이동하지만 정상적인 사람의 목소리는 최대한 약 20미터의 거리에서 알아들을 수 있다.

반면 코끼리들의 깊고 낮은 신호는 이보다 100배나 더 멀리 전해질 수 있다. 우리가 친구, 가족, 그리고 친지들의 목소리를 아는 것처럼 코끼리들은 주위 약 100여 마리의 다른 코끼리 목소리를 인식하고 2킬로미터 내에서 그들의 소리를 구별할 수 있다. 그것을 인간적인 기준으로 생각한다면 작은 읍의 반대쪽에 있는 친구의 목소리를 듣는 것과 같다고 할 수 있다. 사실 그 신호는 훨씬 더 멀리 전해질 수도 있다. 우리가 정확한 정보를 입수할 수는 없지만 밤이 되어 공기가 식고 습도가 낮아졌을 때는 대략 10킬로미터 떨어진 곳에서도 서로의 외침을 알아들을 수 있을 것이다.

장거리 의사소통이 특히 중요해지는 시기는 코끼리가 번식하는 기간이다. 수컷은 청년기가 되면 점차 가족을 떠난다. 얼마 동안은 종종 무리의 주변을 어슬렁거리고 엄마, 할머니, 그리고 이모 코끼리들의 뒤를 따라다닌다. 그리고 15살이 되면 독립하는데 그 후에는 일시적으로만 암컷 집단이나 다른 수컷들과 어울리고 대개는 혼자 떠돌아다닌다. 그러나 수컷들은 주기적으로 테스토스테론 수치가 극적으로 증가하는 '발정기'에 들어간다. 그러면 발정한 암컷을 적극적으로 찾아 나선다. 그러나 암컷을 발견하는 것은 쉬운 일이 아니다. 보통 코끼리 가족들이 이동하는 범위는 물과 먹이를 얻을 수 있느냐에 달려 있는데, 강우량이 많은 지역은 15제곱킬로미터, 사막에서는 2천 제곱킬로미터에 이르기까지 다양하다. 전에는 수컷들이 우연히 발정한 암컷들을 발견하거나, 가장 멀리까지 이동하는 수컷이 짝짓기 기회를 가장 많이 얻는 것으로 생각되었다. 그러나 지금은 발정기의 수컷들이 발정한 암컷들의 부름을 끊임없이 듣고 있다는 사실을 알게 되었다. 암컷들은 멀고 넓은 사바나를 가로질러 수컷들을 끌어들인다. 게다가 어떤 저주파음은 공기를 통해서 전해질 뿐 아니라 지면을 통해서도 전달된다. 코끼리들은 공기로 전달되는 것보다 훨씬 더 멀리서 전해지는 것을 발로 감지할 수 있다(5장, p.188).

낮고 굵게 울리는 소리와 나팔부는 듯한 소리 외에 코끼리들은 고함을 지르고, 콧김을 뿜고, 으르렁거리고, 울부짖는 다양한 소리를 낸다. 케냐의 암보셀리 국립공원에서 25년 이상 코끼리를 연구해온 조이스 풀에 의하면 코끼리들은 각기 다른 상황에서 사용하는 70여 가지의 발

코끼리들은 다른 코끼리들의 목소리를 알아듣고 2킬로미터 거리에서 그들의 소리를 구별할 수 있다.

성을 가지고 있다고 한다. 우리는 이들 중 많은 소리들을 들을 수 있으나 가까운 거리, 특히 암컷과 새끼들 사이의 매우 낮은 저주파음은 거의 알아들을 수 없다. 코끼리들에 둘러싸여 조이스와 함께 앉아 있던 나는 처음에는 거의 아무것도 들을 수 없었으나, 그녀의 안내를 받은 후 나는 신경을 곤두세워 코끼리들의 소리에 다이얼을 맞추기 시작했다. 실제로는 코끼리가 발성을 멈춘 후에야 알아듣게 되는 웅얼거리는 소리였다. 코끼리들의 각기 다른 소리에 관해서, 특히 먼 거리에서 연락하는 낮게 울리는 소리에 관해서는 아직도 알아낼 것이 많지만 이 은밀하게 숨겨진 대화를 해독하는 것은 큰 도전이 아닐 수 없다.

덩치 큰 코끼리들이 매우 낮은 소리를 내고 박쥐와 나방처럼 작은 동물들은 높은 소리를 내는 것은 우연의 일치가 아니다. 어떤 오케스트라든지 가장 깊은 소리를 내는 악기들이 가장 크다. 일반적으로 동물이 내는 소리는 몸 크기에 의해 결정된다. 몸 크기는 소리의 고저뿐만 아니라 음량도 결정한다.

그러면 작은 생물들은 시끄러운 세상에서 어떻게 자신의 소리가 들리게 하는가? 개미굴이 있는 땅에 귀를 대보면 아무것도 듣지 못할 것이다. 그러나 개미들은 시끄럽게 떠든다. 우리가 들을 수 없는 소리라서 조용하게 느껴질 뿐이다. 미시시피 대학교 국립음향센터의 로버트 힉클링과 펭리는 해답을 발견했는데 바로 녹음실이다. 이 작은 방은 벽들과 바닥 그리고 천장에 방음장치를 해서 반향이 없는 방이다. M.C. 에서가 그린, 시각을 완전히 혼란시키는 그림으로 걸어 들어가는 것처럼 그 방에서는 특별한 기하학적 효과를 얻을 수 있다. 문이 닫혀 있을 때는 더 이상한 효과도 있다. 녹음실은 소리를 흡수한다. 평소 우리가 말하는 소리는 주위의 표면에 부딪치고 우리 귀로 돌아온다. 그러나 그 방에서는 벽을 향해 말하는 사람이 벽에서 2미터 떨어져 있어도 소리가 차츰 작아지면서 사라진다. 개미가 말하는 것을 듣고 그것을 녹음하기 위해 매우 조용한 장소가 필요하다면 녹음실이 이상적일 것이다.

개미들은 일련의 돌기를 배에 대고 비벼서 소리를 낸다. 곤충, 거미, 그리고 갑각류 동물과 같은 많은 절지동물들이 특수한 부속기관이나 단단한 외부 골격의 일부를 비벼서 찌르륵 소리를 낸다. 문질러서 소리를 내는 것이다. 로버트 힉클링은 지금까지 검은불개미들이 문지르며 내는 네 '단어' 혹은 명령어를 해석했다. 굴이 붕괴하는 것과 같은 비상 사태에서는 평소 조용히 찌르륵거리던 신호가 비상 신호로 변한다. 실제로 굴이 붕괴하는 곳에서 잡힌 개미들은 다른 소리를 낸다. 고통스러운 신호인데 흔히 강력한 화학적 신호인 페로몬이 결합되어 근처의 개미들에게 구조를 요청하는 소리다. 그 외에 가령 사람의 발과 같은 위험한 요소가 발견되면 네번째 명령, 즉 공격하라는 신호가 내려진다.

평소에는 내지 않는 이 독특한 신호들은 '현장 부근에서 나는 소리'인데 실제로 인간의 귀에는 들리지 않는다. 개미는 사람이나 다른 동물처럼 공기의 압력 파동을 듣지 못하는 대신 공기 입자가 움직이는 실제 진동을 감지한다. 현장 근처의 소리는 매우 가까운 범위에서만 들리는데 소리를 멀리까지 전달할 필요가 없는 개미로서는 훌륭한 의사소통 시스템이 아닐 수 없다. 개미가 듣지 말아야 할 자동차의 경적, 발자국 소리, 혹은 음악소리와 같이 멀리서 발생하는 소음은 전혀 들리지 않는다. 대신 그들은 오직 동료 개미들이 말하는 것에만 귀를 기울인다.

대단히 많은 동물들이 압력 파동을 감지하고 중간 주파수의 소리를 낸다. 이 주파수는 이용하는 동물들이 많아서 전파가 매우 복잡하지만, 그래도 동물들은 자신들의 메시지가 상대방에게 이해될 수 있는 확실한 방법을 찾아낸다.

개미는 공기 입자가 움직이는 실제 진동을 감지한다.

메시지 이해하기

5월초의 이른 새벽 영국의 숲에는 새들의 노래 소리가 한창이다. 새벽의 합창은 '새벽을 찬미'하는 것으로 묘사되어 왔고 아침 햇살이 비치기 시작할 때 수많은 새들이 아름다운 소리를 높여 지저귀는 것은 숲속을 거니는 사람에겐 천사들의 합창처럼 들릴 수 있다. 그러나 실제로 이 새들은 새벽을 찬양하는 것이 아니다. 자기들의 영역에 낯선 녀석들은 들어오지 말라고 경고하는 수컷 새들의 외침인 것이다. 그러면 새들은 왜 별로 중요하게 여겨지지 않는 새벽과 저녁에 노래를 부르는 것일까? 아마 여러 가지 이유가 있을 것이다. 새벽은 춥기도 하거니와 돌아다니면서 먹이를 찾기에는 빛이 충분하지 않다. 게다가 새들이 먹는 곤충이 아직 활동을 시작하지 않고 있으므로 그 시간에 노래하는 편이 나을 수도 있다. 수컷들은 밤새 호르몬이 쌓여 테스토스테론 수치가 가장 높은 새벽에 짝을 찾거나 영토를 방어하는 데 적극적이다. 새들이 새벽에 노래하는 마지막 이유로는 소리가 가장 잘 전달되는 시간이기 때문이다. 새벽은 기온이 서늘하고 바람이 거의 불지 않으며 배경 소음이 가장 낮다. 새들의 노래는 정오보다 새벽에 20배 더 잘 전해지는 것으로 보인다.

그렇다고 해도, 많은 새들이 한꺼번에 노래하면 개별 메시지가 잘 전달되지 않는다고 생각할 수도 있다. 다른 새의 방해를 피하기 위한 한 가지 방법은 별개의 라디오 방송국처럼 다른 주파수로 소리를 보내는 것이다. 영국의 숲에 사는 노래지빠귀(song thrush)는 보통 정도로, 산비둘기(wood pigeon)는 더 낮은 주파수로, 흰눈썹솔새(firecrest)는 가장 높은 8킬로헤르츠의 음을 낸다.

새들의 신호가 뒤섞이는 것을 피하는 또 다른 방법은 다른 시간대를 이용하는 것이다. 비록 확고하게 정해진 순서는 아니지만 다른 새들보다 더 일찍 노래를 부르는 종들이 있다. 노래지빠귀는 대개 새벽 직전에 노래를 시작하고 붉은가슴울새(robin), 굴뚝새(wren), 검정지빠귀(blackbird)가 그 뒤를 잇는다. 그리고 해가 뜨면서 정원솔새(garden warbler), 솔새(chiffchaff), 유럽바위종다리(hedge sparrow), 그리고 푸른머리되새(chaffinch)가 여기에 합류한다. 브리스톨 대학교의 로브 토마스와 그의 동료들은 순서가 이렇게 되는 이유를 연구했다. 그들은 새들의 눈 크기와 순서가 관계가 있다는 것을 발견했다. 즉 일찍 노래하는 새들은 늦게 노래하는 새보다 눈이 큰 편이었다. 새가 하루의 활동을 시작할 수 있는 시기의 선택은 빛을 얼마나 이용할 수 있느냐에 달려 있다. 기본적으로 새들의 시각체계는 주간에 적합하게 되어 있기 때문이다. 더 큰 눈을 가진 새들은 덜 밝은 곳에서도 잘 볼 수 있으므로 암컷을 유인하고 영역을 방어하는 새벽 합창을 일찍 시작할 수 있다.

복잡한 노래가 간단한 노래보다 더 많은 정보를 전한다는 증거는 없지만 암컷은 정교한 노래에 더 끌린다는 증거가 있다. 너무 복잡한 노래들은 잘 전달되지 않을 수도 있으므로 적당해야 한다. 소리는 근원에서 멀어질수록 조용해지는데 에너지의 세기가 줄어들기 때문이다. 이것은 정상적인 감소 과정이다. 그러나 초목, 바람, 습도, 그리고 기온과

굴뚝새는 8초에 103음을 내면서 숲을 노래로 가득 채운다.

같은 요소들이 과잉 감소를 만들어 파동의 진전을 방해한다. 숲을 통해서 이동하는 음파는 나무와 나뭇잎들에 의해 분산되고 복잡한 고음은 저음보다 훨씬 더 쉽게 감소된다. 열대의 숲에서는 이것이 중요한 문제가 되는데, 매우 울창하고 반짝이는 표면을 가진 열대의 나뭇잎들이 소리를 반사하기 때문이다. 이런 이유들 때문에 열대의 숲에 사는 새들은 푸른 초목들 속에서 메시지가 혼동되지 않도록 낮고 단순하고 반복적인 소리를 내는 경향이 있다. 온대의 숲, 특히 널따란 삼림지대의 새들이 더 자유롭게 노래한다. 굴뚝새는 $8\frac{1}{4}$초의 짧은 순간에 103음절을 노래한다.

땅에 사는 동물들의 경우엔 추가적인 복잡한 문제가 있다. 저주파는 일반적으로 고주파보다 훨씬 더 잘 이동하지만 매우 낮은 주파수의 소리는 지면에 흡수된다. 이것은 '소리의 창'이라는 주파수 영역이 있는 것을 의미하는데 소리가 흩어지고 방해를 받아 정상적으로 감소되는 고주파음과 지면에 흡수되어 감소되는 저주파음 사이를 말한다. 이 '창'의 범위를 넘지 않는 소리가 가장 잘 전달된다. 침팬지들은 사회적인 상호작용을 위해 광범위한 신호를 사용하지만 '헐떡거리며 우우하는 소리'(역자 주 : pant hoots, 점점 높은 음의 소리와 비명을 지르는 크고 열정

침팬지는 자신들의 영역을 돌아다니는 동안 공동체의 다른 구성원들과 연락을 유지하기 위해 '헐떡거리며 우우하는 소리'를 낸다.

적인 외침)는 어떤 거리든 연락을 유지하기 위해 가장 중요하다. 이런 유형의 소리 중 하나는 침팬지들이 여행할 때 내는 것으로 이 외침의 주파수는 소리의 창 안에 완벽하게 들어맞는다.

환경은 음파를 방해할 수도 있고, 동물들이 메시지를 전파하는 것을 도울 수도 있지만, 가장 놀라운 소리의 채널은 바다 밑에서 발견되었다. 그것은 수백, 수천 킬로미터 떨어진 곳에서 의사를 소통할 수 있는 독특한 현상이다.

바다 밑의 소리들

샌프란시스코의 소살리토 만灣에 있는 하우스보트에 입주한 사람들은 벽과 바닥을 통해 윙윙거리는 소리가 들린다고 불평하기 시작했다. 주민들은 그 지역의 관청에 진정서를 냈지만 공공기관에서도 소리의 근원을 찾아내지 못했다. 편집증적인 확신을 가진 거주민들은 음모이론을 들고 나왔고 감시 장비를 테스트하는 정부의 비밀 계획이 있는 것이라고 단정지었다. 많은 성가신 일들이 일어나고 광범위한 조사가 실시된 후에 원인이 마침내 밝혀졌다. 범인은 미드쉽맨(midshipman)이라는 작고 눈이 볼록 나온 물고기였다.

사람들은 오랫동안 소란스러운 해수면에 비해 바다 밑은 평안하고 조용할 것이라고 생각해왔다. 그것은 전설적인 자크 쿠스토(역자 주 : 유명한 해양학자, 40년에 걸쳐 5대양을 탐사했고 저서로 『침묵의 세계』가 있음)가 굳게 믿은 생각이었다. 그는 심해의 비밀을 소개했고, 우리는 바다 밑을 수영하면서 스스로 그것을 증명했다. 그러나 이 모든 것은 사람이 물 속에서 잘 듣지 못하기 때문에 일어난 일이었다. 공기 중에서 진동을 느끼도록 만들어진 사람의 중이中耳는 외이外耳에 물이 가득 찼을 때는 효과적으로 작용하지 못한다. 그러나 만약 배에서 수중 마이크로폰(수중청음기)을 물 속에 넣고 스피커를 통해 들으면 갑자기 물 속은 펑, 끙끙, 삐걱, 우르르, 탁탁, 찍찍, 윙, 그리고 노래하는 소리로 떠들썩한 세계라는 것을 알게 될 것이다.

많은 잠수부들의 묘사처럼 찰각, 탁, 펑 혹은 베이컨을 지지는 듯한 지지직 하는 다양한 소리는 바다에 사는 갑각류들이 내는 놀라울 정도로 큰 소리들이다. 유럽갈색새우(Crangon), 알피우스(Alpheus, 딱총새

우류의 일종), 시날피우스(Synalpheus)속의 딱총새우(snapping shrimp)
는 집게발이 특수하게 진화된 '손가락'으로 소리를 만들어서 그런 이
름으로 불린다. 이 손가락은 삐죽 나온 단단하고 작은 마디를 가지고
있는데 새우는 그것을 작은 홈이 있는 구멍 비슷한 집게발에 대고 빠르
게 꽉 오므린다. 마디가 구멍을 칠 때 물이 홈 바깥으로 분사되면서 날
카로운 딱소리를 낸다. 우리가 열대나 아열대의 물에서 들을 수 있는
시끄러운 소리의 대부분이 수백만 마리의 새우가 손가락을 가지고 딱
소리를 내기 때문이라고 생각하면 정말 희한한 일이 아닐 수 없다!

　1960년대가 되어서야 과학자들은 처음으로 어류가 소리를 통해 의사
소통을 한다는 사실을 알게 되었다. 아더 미어버그는 중앙 아메리카에
사는 담수어로 새끼를 극진히 돌보는 컨빅트(convict cichlid)를 연구함
으로써 뛰어난 해양 생체음향학 학자로서 생애를 시작했다. 어느 날 맥
스-플랭크 행동 생리학 연구소에서 수조水槽의 물고기 한 쌍을 지켜보
는 동안 그는 이상한 것을 알아차렸다. 부지런히 알에게 부채질을 해주
는 암컷에게 헤엄쳐 간 수컷이 갑자기 돌아서서 수조의 다른 쪽 끝에
있는 자신의 보금자리로 급히 돌아가는 일을 되풀이하는 것이었다. 당
시 기술 조교로 일하는 에른스트 크레이머와 팀을 이루고 있던 미어버
그는 곧 수중청음기, 앰프, 테이프리코더, 그리고 오실로스코프(전류, 전
압 따위의 변화를 가시 곡선으로 기록하는 장치)를 급히 준비해서 무슨 일이
벌어지고 있는지를 관찰했다. 수컷이 자신의 보금자리에서 나와서 암
컷이 있는 곳 45센티미터 안에 들어갈 때마다 암컷은 몸을 돌리면서
'브르르……' 소리를 냈는데 분명 수컷을 황급히 물러나게 만드는 경
고였다.

　어류는 펑, 꿍꿍, 브르르, 그리고 찍찍 등의 소리를 내는데 그 소리들
이 전부 의사소통에서 중요한 역할을 하는 것으로 보인다. 그러나 소리
는 어떻게 내는 것일까? 어류가 소리를 내는 중요한 도구는 대개 가스
가 차 있는 부레인데, 그것은 아래위로 이동하면서 부력을 조절하는 것
을 돕는 기관이다. 메기와 그물쥐치류의 두세 종류는 등뼈처럼 생긴 돌
기를 몸에 대고 두드림으로써 부레를 진동시키고 북처럼 울리는 소리
를 낸다. 그러나 대부분의 물고기는 부레에 붙어 있는 근육을 수축시켜
서 소리를 낸다. 부레의 생김새와 근육의 배열, 그리고 수축하는 비율

43

생물학자인 칼 폰 프리쉬는 휘파람을 불어 물고기들이 그에게 모여들게 할 수 있었다.

이 소리의 길이와 높이를 결정한다.

물고기들이 펑, 찍찍, 윙윙, 우르르 하는 소리를 낼 수 있다는 것을 알기 전에 물고기가 들을 수 있는지에 관한 논쟁이 있었다. 여러 종류의 물고기에게 인위적인 소리를 들려주는 시험을 했을 때 물고기들은 반응을 보이지 않았다. 그래서 인위적인 소리는 실제로 반응을 일으킬 수 없다는 주장이 나왔다. 그 소리가 물고기들에게 아무 의미도 없기 때문이라는 것이다. 꿀벌의 흔드는 춤에 대한 선구적인 연구로 유명한 독일의 위대한 생물학자 칼 폰 프리쉬(5장, p.201)는 마침내 간단한 방식으로 그 문제를 멋지게 해결했다. 물고기가 그의 휘파람을 먹이와 관련지어 생각하게 훈련시킴으로써 그는 물고기가 들을 수 있고, 자극을 주면 반응한다는 것을 완벽하게 보여주었다. 그가 휘파람을 불면 물고기들은 급히 그에게 모여들었다. 그는 어쩌면 연못의 잉어에게 먹이를 주고 싶으면 종을 울려서 잉어를 불렀다는 중세의 수도승들이 사용했던 방법을 재발견했다고도 할 수 있다.

우리는 차츰 물고기의 어휘를 꿰어 맞추고 있다. 푸에르토리코 해안에서는 몇 미터만 잠수해도 아주 조용한 장면을 만난다. 바다채찍산호(seawhip), 시핑거(seafingers), 그리고 심해 고르곤(gorgonians) 산호들이 넘실거리는 물 속에서 부드럽게 앞뒤로 흔들리고 비늘돔류와 양놀래기과의 물고기들이 유유히 헤엄치거나 작은 산호섬 사이에 숨는다. 하지만 어떤 물고기 한 마리는 이런 평화로움과 전혀 어울리지 않게 미친 것처럼 돌진한다. 그것은 두 가지 색을 가진 자리돔(damselfish)으로 손가락 길이만하다.

자리돔이 이렇게 미쳐 날뛰는 이유는 수컷들이 자기 영역에 매우 민감하고 둥지를 포함한 사방 약 1제곱미터의 지역을 방어하는 데 대단히 적극적이기 때문이다. 자리돔의 둥지는 고둥이 자주 깨끗하게 청소하는 구역인데, 수컷은 깨끗한 말(조류)이나 해초의 끝을 잘라내어 둥지를 준비한다. 자리돔 수컷은 대개 몸을 약 40도 기울이고 헤엄치다가 갑자기 수직으로 잠수하면서 작게 찍찍 소리를 내며 구애를 시작한다. 암컷이 접근하면 잠수하는 횟수가 급격히 증가하고 몸색깔이 '검은 가면'을 쓴 것처럼 변한다. 수컷은 암컷을 쿡쿡 건드리며 둥지로 안내한다. 그리고 꼬리를 허풍스럽게 움직이며 가끔 '브르르' 소리를 낸다.

암컷이 수컷을 따라 곧장 둥지로 가기도 하는데 수컷은 찍찍 소리를 길게 내며 물구나무서기를 하고 몸을 떨기 시작한다. 그리고 나서 둘은 둥지 주위를 빠르게 헤엄쳐 다닌다. 둘은 거의 몸을 붙이고 다닌다. 마침내 수컷이 산란 예정지로 가서 고둥 위를 빙빙 맴돌면 암컷도 산란 장소로 가서 몸을 떨면서 알을 낳기 시작한다. 암컷이 1, 2분 동안 자리를 떠나면 수컷이 와서 알을 수정시키고 다시 암컷이 돌아와 알 낳기를 계속한다. 이렇게 알 낳는 일은 2시간이 걸릴 수도 있는데 암컷이 알을 낳는 동안 수컷은 둥지 주위를 순찰하면서 움직이는 것은 어떤 것이나 모두 공격한다. 일단 알을 다 낳으면 수컷은 알의 보호자가 되고 암수가 함께 알에게 부채질을 해주고 부화할 때까지 철저히 보호한다.

자리돔은 알이 부화하는 동안 어떤 종의 물고기든 둥지 2미터 안에 들어오는 것은 우럭이나 물퉁돔류 같은 제 몸크기의 10배가 넘는 물고기라도 격렬하게 싸워서 쫓아낸다. 잠수부들도 이 공격에서 예외가 아니다. 우리는 자리돔 한 마리가 카메라 렌즈에 비친 자신의 모습을 계속 공격하는 것을 촬영했다. 카메라맨 피터 스쿤즈와 나는 몇 번이나 사나운 공격을 받았고 우리의 적이 더 큰 물고기가 아닌 것을 고맙게

이중색을 띤 수컷 자리돔은
구애하는 동안 특히
'검은 가면'을 쓴 것처럼 변한다.

생각하지 않을 수 없었다! 물 속에서 잘 듣지 못하기 때문에 전부 알아차린 건 아니지만 이렇게 정면으로 대드는 경우 대개는 펑하는 폭발음이 함께 났다.

바다에서 소리가 광범위하게 사용되는 것을 우연히 발견한 사람들은 생물학자들이 아니라 미국 해군이다. 해군은 2차 대전 동안 독일 잠수함의 공격을 먼저 포착하기 위해 미국 동해안의 바닷물 속에 마이크로폰 네트워크를 설치했다. 그후 얼마 안 있어 체서피크만(역자 주 : 미국 매릴랜드 주와 버지니아 주에 걸친 만)에 설치한 마이크로폰들에서 적들이 접근하는 것을 알리는 '붐 붐 붐' 하는 불길한 소리가 포착되기 시작했다. 미해군은 최고의 경계 상태에 돌입해서 미친 듯이 독일 잠수함을 수색하기 시작했으나 아무것도 발견하지 못했다. 다음 2년 동안 하나의 패턴이 드러나기 시작했다. 이 소음들은 5월과 6월에 가장 많이 들렸고 자정 직후에 소리의 강도가 절정에 달했다. 오랜 조사 끝에 해군 전문가들은 마침내 소음의 정체를 알아냈다. 그것은 거대한 살기(역자 주 : grayling, 연어과의 물고기)떼가 산란하는 동안 내는 소리였다.

1950년대 중반 이후 미국 해군은 잠수함을 추적하기 위해 SOSUS(음향감시시스템)라는 수중 감시 시스템을 도입했다. 대양의 소리를 도청하는 동안 해군은 어떤 특별한 소리들, 그들의 표현으로는 '생물학적인 소리'를 입수했고, 완전히 새로운 세계인 바다 밑 세계를 우리 앞에 펼쳐놓았다. 바다 밑에서는 규칙적으로 큰 소리가 많이 들린다. 이 소리 중 하나가 '웬즈 보잉'인데 1950년대말 웬즈라는 이름을 가진 해군 전문가에 의해 처음으로 묘사된 이상한 기계음이다. 그 소리는 하와이 근처에서 매년 겨울에 들리는데 30년이 지나도 어떤 종류의 동물이 그 소리를 내는지 정확하게 아는 사람이 없다.

해양 생체음향학 연구를 돕는 것은 이제 미국 해군의 중요한 업무가 되었다. 해군의 감시작전이 부분적으로 해양 동물의 소리에 의한 방해를 받기 때문이다. 이를테면 대형 민어과의 물고기가 내는 쿵 하는 소리는 분명 잠수함이 국제적인 조난신호를 발신하는 것으로 들린다. 해양 생체음향학은 특히 해군 자체의 감시기능과 수중음파탐지 장비의 향상을 위한 군사적인 용도를 가지고 있다. 돌고래가 연구의 조력자로서 리스트의 상단을 차지한다.

돌고래와 고래들의 음악

돌고래들은 주변 환경을 감지하기 위해서 크게 딸깍 하는 소리를 내고 그 소리의 반향음을 듣는다. 이 반향탐사 능력은 놀랍기 그지없다. 가령, 병코돌고래(bottlenose dolphin)들은 수영장 정도의 크기 안에서 직경이 3센티미터짜리 둥근 쇠조각을 탐지할 수 있다. 소리는 돌고래들이 서로 의사를 소통하는 중요한 수단이다.

돌고래 수컷들은 동맹을 맺을 때 개인적인 휘파람소리를 모아서 같은 팀의 신호소리를 만든다.

  병코돌고래들은 매우 사회성이 높지만 안정된 집단을 이루며 살지는 않는다. 오히려 수시로 '분열—융합' 하는 사회를 이루며 산다고 할 수 있다. 집단의 구성원은 시간마다, 분마다 바뀐다. 돌고래들은 서로 만나고 헤어지지만 특별히 평생 계속되는 강한 유대를 갖기도 한다. 돌고래들은 서로 대화하면서 꽥, 찍찍, 짖는 소리와 날카로운 비명 소리 등 수많은 소리들을 만들지만 이처럼 유동적인 사회에서 접촉을 유지하기 위해서는 하나의 발성이 특히 중요하다. 돌고래는 각기 다른 돌고래에게 자신이 누구임을 드러내는 독특한 억양을 가진 높은 음의 서명 휘파람(signature whistle)을 가지고 있다. 야생에서 어느 동물이 휘파람 소리를 내는지 확인하기 어려웠지만 연구자들은 돌고래의 머리에 작

은 흡입컵에 든 수중청음기를 일시적으로 부착해 이 문제를 극복했다.

야생 돌고래들은 두 살이 될 무렵 자신의 독특한 휘파람소리를 개발하는데 가끔은 서로의 휘파람을 빌리는 것으로 보인다. 스코틀랜드 세인트 앤드류스 대학교의 해양생물학자 빈센트 재닉은 모레이 퍼스에서 병코돌고래를 연구해 왔다. 그는 돌고래 한 마리가 자신의 서명 휘파람을 불 때 다른 돌고래들이 대답으로 그 휘파람을 흉내내는 것을 발견했다. 아마 그 특정한 돌고래와 관계를 유지하기 위해 이름을 부르는 것 같았다.

이 흉내내기와 표현의 융통성은 돌고래들이 언어의 기초가 되는 두뇌 능력을 가지고 있다는 것을 암시한다. 서로의 휘파람을 사용하는 것은 어떤 돌고래들이 자기들은 특별한 관계임을 광고하는 방법일 수도 있다. 미시간 대학교의 돌고래 의사소통 전문가인 레이첼 스몰커와 존 페퍼는 호주 서부 샤크베이에서 동맹을 맺은 세 마리의 수컷 돌고래를 추적했다. 몇 년 동안 그들의 휘파람을 분석한 연구자들은 수컷들이 점점 더 협력하고 가까워지면서 개인적인 휘파람이 비슷해지는 것을 발견했다. 나중에는 결국 구별할 수가 없었다. 그들은 개인적인 서명 휘파람 대신 단일 팀의 휘파람을 개발한 것이다. 스몰커와 페퍼는 팀의 소리를 갖는 것은 서로를 묶는 방법일 뿐 아니라 경쟁적인 수컷들을 불안하게 만들고 어쩌면 암컷 돌고래를 유혹하는 힘을 가짐으로써 관심을 끄는 것이라고 말한다.

다른 해양 포유동물들은 노래를 불러서 암컷을 유인하는 것으로 생각된다. 10월이 되면 이동하는 혹등고래들이 호주 동해안을 매우 가깝게 지나간다. 호주 뉴사우스웨일즈 서전 크로스 대학교의 기술 매니저인 맥스 이건의 도움을 받은 우리는 바이런 만 근처로 혹등고래를 촬영하러 나갔다. 수평선에서 고래가 무심코 내뿜는 작은 물보라를 발견하는 것은 믿을 수 없을 만큼 짜릿한 경험이었다. 고래는 시속 약 12킬로미터의 속도로 이동할 수 있고 어디서나 5~40분 동안 잠수할 수 있지만 오랜 경험을 가진 맥스는 멋진 광경을 볼 수 있는 가장 좋은 장소로 우리 배를 안내했다. 고래들이 잠수함처럼 수면을 가르고 나타나자 널찍한 검은 등에서 물이 흘러내리면서 거대한 꼬리가 물 밖으로 드러났다. 고래의 허연 배마다 개별적인 표시가 뚜렷이 보였다. 그들은 곧 힘차게

앞면 | 돌고래와 수영하는 것은 특별한 경험이다.

49

물 속으로 몸을 던져 깊은 바다 속으로 잠수해 들어갔다. 그들이 있었던 수면 위에는 잔잔하고 매끄러운 자국만 남아 있었다.

어느 날 우리는 고래를 찾기 위해 해안선 근처를 왔다갔다 하다가 바다 멀리까지 나갔지만 고래가 보이지 않았다. 그 지역에 고래가 지나간다는 보고가 없었으므로 우리는 맥스의 새로운 수중청음기를 시험해 보기로 했다. 결과는 놀라운 것이었다. 수중청음기를 물에 넣자마자 곧 아름다운 소리가 들려왔다. 비어 있는 것처럼 보였던 거대한 대양은 노래하는 고래들로 가득 찬 것 같았다.

새끼를 낳는 곳과 키우는 곳 사이를 오가며 노래하는 것은 수컷들이다. 이 노래들이 어떤 목적을 가지고 있는지, 암컷에 대한 사랑 노래인지 혹은 다른 수컷들에게 가까이 오지 말라고 하는 경고인지 확실히 알 수는 없지만 그 노래들은 최면을 거는, 다른 세속적인 특징을 가지고 있다. 사람의 노래에서 볼 수 있는 음색이나 노랫말처럼 고래는 비명소리, 찍찍소리, 얍얍 소리를 포함하는 '모티프'라고 불릴 수 있는 형태를 약 20개나 가지고 있다. 첫 모티프는 비명소리, 두번째는 찍찍 소리, 세번째는 얍얍 소리를 내는 식이다. 두세 모티프들이 하나의 구, 혹은 한 줄을 만들고 이것들이 몇 개 모여 하나의 주제 혹은 행을 이룬다. 노래들은 몇 개의 다른 주제로 구성되고 기본적인 노래는 계속해서 되풀이된다. 개별적인 구는 길이가 상당히 다양할 수 있는데 이것은 노래가 거의 한 시간 동안 계속될 수도 있다는 것을 의미한다. 혹등고래의 모집단은 각기 자신의 노래를 가지고 있고 그것을 계속 유지하는 것으로 생각된다. 그러나 최근의 연구 결과(6장, p.221)는 고래들이 외우기 쉬운 노래를 판단할 수 있고, 새 노래를 들으면 즉시 받아들인다고 한다.

소리는 물에서 평균 시속 5,360킬로미터의 속도로 이동한다. 공기 중에서 이동하는 것보다 4배나 더 빠른 속도이다. 음속은 소리가 통과하는 매체의 속성에 따라 결정된다. 짠물에서는 온도와 압력과 염도가 높을수록 빨리 이동한다. 열대와 아열대의 바다는 태양의 열기가 스며드는 수면 근처에서 가장 빠르게 이동한다. 수면에서 약 1킬로미터 내려가면 온도가 급격히 떨어지고 이곳에서 소리는 가장 느리게 이동한다. 수면 아래 1킬로미터 이하에서 온도는 계속해서 내려가지만 압력 때문에 소리는 다시 빠르게 이동한다.

해수면 아래 약 1킬로미터에서 소리가 가장 느린 속도로 이동하는 것은 대단히 큰 의미가 있다. 음파는 최저 속도를 내는 진로를 향하기 때문이다. (썰매를 타고 눈덮인 언덕을 내려갈 때와 비슷하다. 만약 썰매의 한쪽 날이 풀숲에 부딪치면 썰매가 그 방향으로 갑자기 기우는 것과 비슷하다.) 이것은 어떤 음파든 더 깊은 물이나 더 얕은 물로부터 굴절되어 수면 아래 1킬로미터에서 이동하는 것을 의미한다. 이 소리의 채널은 소파(SOFAR : Sound Fixing And Ranging 수중측음영역) 채널이라고 불리며 지구상에서 가장 특별한 현상의 하나이다. 소파 채널에 갇히게 된 음파는 모두 같은 깊이를 통해 수천 킬로미터의 행로를 부드럽게 물결치면서 따라갈 수 있다. 세계 제2차 대전 동안에 모리스 에웡이라는 물리학자는 소파 채널이 존재하는 것을 예견하고 입증했다. 2차 대전 동안 잠수함의 승무원들과 추락하는 조종사들은 작은 공처럼 생긴 것을 발사해서 조난 신호를 보낼 수 있었다. 이것은 1킬로미터 깊이에서 터지게 만들어졌는데 그때 생기는 펑 소리는 수천 킬로미터 떨어진 곳의 같은 깊이에 설치된 마이크로폰으로 수신되었다. 이 소파 채널의 효능이 극적으로 나타난 경우는 1960년 호주 해안에서 수중 폭뢰가 폭발한 것으로 3시간 반이 지난 후 19,300킬로미터 떨어진 버뮤다에서 수신되었다.

흰긴수염고래는 지구상에서 가장 큰 소리를 내는 동물이다. 이 고래는 제트기가 이륙할 때 내는 소리(140데시벨, 인간이 낼 수 있는 소리는 70데시벨인 데 비해 흰긴수염고래는 190데시벨)보다 더 크게 노래할 수 있고, 수중확성장치(PA system)로 소파 채널을 이용하여 세계를 반 바퀴 돌아 메시지를 전한다. 규칙적인 이동 경로를 따르는 대부분의 수염고래와 달리 흰긴수염고래와 긴수염고래는 오랫동안 대양을 혼자 돌아다니다가 불규칙적이고 예측할 수 없는 시기에 만난다. 이렇게 모이기 위해 그들은 소파 채널을 통해 신호를 보낼 뿐 아니라 인간이 청취할 수 있는 한계보다 훨씬 아래의 초저주파음을 발신한다. 매우 낮은 이 주파수는(15-35헤르츠) 대단히 먼 거리를 이동하는데 고래들이 주파수를 사용하기 시작했을 당시에는 바람과 파도와 다른 동물의 소리들로부터 방해받지 않는 '조용한' 채널이었다. 이 주파수를 통해 그들은 수천 제곱 킬로미터의 대양에서 아무런 방해도 받지 않고 서로 의사

뒷면 | 과학자들은 혹등고래를 개별적으로 구별할 수 있는데 혹등고래의 꼬리에 독특한 표시가 있기 때문이다.

를 소통할 수 있었다.

그러나 오늘날 선박 통행으로 생기는 소음 공해는 고래의 청력을 심각하게 방해할 수 있다. 프로펠러가 만드는 소음은 고래가 사용하는 채널인 3헤르츠 정도로 낮은 소리를 낸다. 더구나 그 소리는 너무나 크다. 코넬 대학교의 로저 페인과 과학 언론인 제임스 리니쉰은 모터 엔진이 출현하기 전의 배경 소음은 약 30데시벨(조용한 속삭임에 해당) 정도였는데 이것은 흰긴수염고래와 긴수염고래가 목소리를 높이지 않고 3억1400제곱킬로미터의 지역 내 어디서나 서로의 위치를 알리며 접근할 수 있었던 것으로 예측한다. 오늘날 배경 소음 수치는 두 배가 되었고 연락 범위는 8천 제곱킬로미터 이하로 줄어들었다. 흰긴수염고래와 긴수염고래 모두 거의 200데시벨까지 정상적인 발성 능력을 증가시킬 수도 있는데 그것은 우주 로켓이 발사될 때 나는 수치다. 그러나 주변 바다의 소음 수치는 점점 높아가고 있으며 고래들이 계속 소리를 높여갈 것 같지는 않다. 암컷과 수컷 고래들은 서로의 위치를 확인하기가 점점 더 힘들어질 수 있다. 어쩌면 이것은 많은 고래 종들이 수십년 동안의 고래 보호운동에도 불구하고 20세기초 절정에 달했던 파괴적인 포경업 시대로부터 고래의 수가 크게 증가하지 못하는 이유의 하나인지도 모른다.

고래들은 이동경로를 추적하고, 멀리서도 서로의 위치를 확인하고, 먹이를 찾고, 새끼를 보호하기 위해 날카롭고도 예민한 청력을 사용한다. 만약 청력이 소음 때문에 서서히 약화된다면 고래의 청각기능과 생존능력은 중대한 위협을 받게 된다.

어떤 과학자는 '귀먹은 고래는 죽은 고래'라고 간단명료하게 말한다. 소음은 북극고래와 회색고래의 이동 진로를 바꾸고, 흰긴수염고래와 긴수염고래, 향유고래, 혹등고래의 발성을 중지시키고, 고통스러운 행동에서부터 공포에 이르기까지 다른 결과를 야기시키는 것으로 보인다. 1996년 그리스 서해안에 주둥이고래(beaked whale)가 떼지어 기슭에 올라온 것은 나토(NATO)가 수중음파탐지 시스템을 시험한 것과

혹등고래 암컷과 그 새끼가 남극의 사육장으로 여행하고 있다.

옆면 | 흰긴수염고래는 주로 혼자 대양을 배회한다. 그러나 독특한 소리의 채널을 따라 약 8천 제곱킬로미터의 지역에서 다른 고래와 노래를 불러서 연락할 수 있다.

관련이 있었다.

깊은 목소리가 섹시한가?

미국 미주리주 남부 늪지대의 한낮은 조용하기 그지없다. 질척한 습지까지 펼쳐져 있는 오크나무 숲에는 큰 수련잎들, 오리와 잠자리들, 물에서 나온 볼록한 모양의 니사나무와 삼나무가 가득하고, 그 나뭇가지들이 빛을 차단한다. 그러나 해가 지면 늪지대는 극적으로 바뀐다. 가장 강력한 방충제도 아무런 효과가 없는 수백만 마리의 피를 빠는 모기가 나타나고, 사악한 큰독사가 숨어 있던 곳에서 사냥하러 기어 나온다. 주위는 점점 수천 가지의 소리들로 시끄러워진다. 깊고 쉰목소리의 황소개구리(bull frog), 고음의 귀뚜라미청개구리(cricket frog), 대평원의 우울한 양처럼 매애하는 울음소리를 내는 좁은입두꺼비(narrow-mouthed toad), 밴조의 현을 튕기는 듯한 청개구리(green frog), 그리고 가장 큰 소리를 내는 산청개구리(green tree frog), 아름답게 반짝이는 청개구리는 50펜스짜리 동전 크기만하다.

그들의 저녁은 모든 경쟁자들이 대체로 공평하게 일정한 간격을 둘 때까지 다른 수컷들에게 '가까이 오지 마'라는 합창으로 시작한다. 그 다음 수컷들은 짝지을 암컷을 유인하는 어려운 임무를 시작한다. 수컷들은 대부분 밤마다 돌아다니지만 몇 마리의 암컷만이 수컷을 받아들인다. 어느 밤에나 청개구리 암컷과 짝짓기하는 수컷의 비율은 약 50:1이다. 그러므로 암컷을 차지하기 위한 음향 경쟁은 치열해서 열정적인 수컷들이 내는 개굴개굴 소리는 귀를 먹먹하게 만든다. 개굴개굴할 때마다 그들은 몸을 부풀린다. 그리고 복근을 격렬하게 수축시킴으로써 공기 주머니에 들어갔던 공기가 성대를 지나 밖으로 나가게 한다. 이것은 엄청난 에너지를 소모시킨다. 산청개구리가 개골거리는 울음소리를 낼 때 소모되는 에너지는 쉬고 있을 때 신진대사에 드는 에너지의 약 20배가 필요하다. 사람으로 말하면 시속 16킬로미터의 달리기를 하는 것과 같은데 개구리는 이것을 해가 질 때부터 자정까지 계속한다.

수컷들은 약간씩 다른 높이의 울음소리와 속도를 가지고 있다. 미주리 대학교의 칼 게르하르트는 산청개구리 암컷이 어떤 특징을 가진 울음소리에 끌리는지 알아내기 위해 녹음재생 실험을 실시했다. 그는 두

산청개구리는 암컷을 유혹하기 위해 수천 마리의 개구리 중에 자기 목소리를 들리게 해야 한다. 개골거리는 울음소리를 낼 때 소모되는 에너지는 쉬고 있을 때보다 20배가 더 필요하지만 수컷은 해질 때부터 자정까지 울어댄다.

개의 스피커로 다른 울음소리를 재생했다. 암컷들은 대개 평균보다 낮은 음조에 평균보다 큰 울음소리를 재생하는 스피커에 접근했다. 낮은 주파수의 울음소리는 성대의 크기에 따라 다르다. 덩치가 큰 수컷들은 낮은 울음소리를 낼 수 있는 데 비해 작은 수컷들은 덜 매력적인 높은 가락을 낸다. 비록 크기와 관계가 없다고 해도 울음소리를 지속적으로 내는 것은 에너지가 많이 들기 때문에 대단히 힘이 좋은 약탈자만이 빠른 속도로 소리를 낼 수 있다. 따라서 암컷들은 몸집이 크고 먹이를 잘 구하는 수컷에게 끌린다.

전혀 울지 않고 속임수를 쓰는 수컷들도 있다. 이 양체족들은 강력하게 우는 수컷 근처에서 어슬렁거리며 기다리다가 울음소리에 유인된 암컷을 슬쩍 가로챈다. 더욱이 그것들은 암컷을 부르며 우는 수컷들이 얼마나 먹이를 많이 먹었는지, 그리고 어떻게 느끼는지에 따라서 밤마다 전법을 바꿔가며 접근한다! 슬며시 끼어드는 전략은 울음소리만큼 성공적이지 못할 수도 있지만 가장 매력적이고 낮은 소리로 우는 수컷들 근처에 앉아 있다가 만날 수 있는 기회를 최대한 활용하는 것이다.

우리는 목소리로 그 사람에 관한 많은 것을 알 수 있다. 많은 동물들이 서로를 평가하는 수단으로 이것을 이용한다. 뿔을 높이 들고 당당하게 서 있는 붉은큰뿔사슴(red deer)은 인상적인 모습이지만 이 멋있는 뿔들은 단지 보이기 위한 것만이 아니다. 가을이 오면 뿔은 중요한 무기가 되고 수사슴들은 그들의 용기를 증명해야 한다. 번식기 동안 단지 두세 마리의 수컷들만이 새끼를 낳을 기회를 갖는다. 그러므로 그들은 암컷을 얻기 위해 격렬하게 싸운다. 수사슴들은 이 기간 동안 평균 다섯 번 싸우는데 마지막에는 약 4분의 1이 심하게 부상을 입고 어떤 것들은 영구적인 부상을 입기도 한다. 이런 상황에서는 도전하기 전에 상대를 조심스럽게 평가하는 것이 매우 중요하다. 붉은큰뿔사슴은 상대를 정확하게 판단할 수 있는 매우 정교한 의식을 발전시켰다. 도전자가 암컷들을 거느린 사슴에게 접근할 때 둘은 몇 분 동안 서로 으르렁거린다. 그리고 나란히 아래위로 걷기 시작한다. 둘 사이의 긴장이 고조되는 가운데 갑자기 어느 한쪽이 돌아서서 뿔을 낮추고 싸움을 시작한다. 둘은 뿔을 얽어서 서로를 맹렬하게 밀면서 엎치락뒤치락 상대를 밀치고 더 높은 고지를 위해 몸부림친다. 한쪽이 약세를 보이기 시작하면 전투를 중지하고 패자는 승자에게 암컷들을 남기고 달아난다.

많은 싸움은 포효하거나 나란히 걷기를 한 후 끝난다. 나란히 걷는 것은 적에게 그들의 상대적인 크기와 어쩌면 힘도 계산할 기회를 준다. 그러나 이런 과정에도 위험은 있기 마련이다. 양쪽이 무기를 사용할 수 있는 범위 안에 있고, 만약 도전자가 암컷들을 거느린 수사슴을 잘못 판단하면 해를 당할 수 있다. 사실 대등하지 않은 싸움은 비교적 드물다. 수사슴들은 대개 안전한 거리에서 서로를 판단하기 때문이다. 케임브리지 대학교의 팀 클루톤 브록과 스티브 앨본은 헤브리디스 제도(스코틀랜드 북서쪽에 있는 약 500개의 군도)의 룸섬에서 붉은사슴을 장기간에 걸쳐 연구하는 동안 녹음재생 실험을 했는데 수사슴의 으르렁거리는 소리의 높이와 음색은 물론 포효하는 비율도 잠재적인 전투력을 표현하고 평가하기 위해 이용되는 것을 발견했다. 일반적으로 포효하는 비율이 높을수록 소리의 높이가 낮았고, 포효하는 음색이 거칠수록 적이 후퇴하는 비율이 높았다. 포효하는 데는 에너지가 필요하고 높은 포효 비율은 동물의 정력과 욕구를 암시한다. 그러나 포효소리의 깊이는 일

종의 육체적인 설명이 된다. 동물의 왕국에서 통용되는 일반적인 규칙
은, 동물은 클수록 낮은 소리를 낸다는 것이다.

　이 규칙을 고려하면, 동물들의 울음소리는 특히 공격적인 상황에서
깊은 소리를 강조하기 위해 진화된 것 같다. 으르렁 소리, 고함소리, 혹
은 포효하는 공격적인 소리들은 주파수가 낮은 경향이 있다. 또 음의
높낮이가 없거나 음색이 거친 것도 낮은 주파수이다(결과적으로 성문
聲門(후두부에 있는 발성기관) 근처의 진동 기관이 느슨해지기 때문). 다
른 한편 친절하거나 달래는 소리, 혹은 두려움을 나타내는 소리들은 높
고 깨끗한 음색을 띠는 경향이 있다. 개들은 특별한 소리에 익숙해지지
만 그들이 이해하는 것은 단어 자체가 아니라 소리의 억양이다. 개가
낮은 목소리에 말을 잘 듣는지 혹은 높은 소리에는 장난을 치지는 않는
지 개에게 시험해 보라.

소리로 만드는 연대의식

늑대의 울부짖는 소리는 야생의 정신을 구체적으로 나타낸다. 그것은

침입자들이 늑대의 영역에 들어오지 못하게 하려는 것이 그 목적이다. 침입자의 소리를 들으면 늑대떼는 고개를 들고 슬픔에 잠긴 것 같은 긴 울음소리를 낸다. 나는 늑대 전문가인 션 앨리스로부터 늑대가 어떻게 우는지를 배웠다. 션과 그의 아내 잰은 사로잡은 늑대의 생존 조건을 개선하기 위해 야생 늑대에 대한 지식을 활용하고 있는데 그들 부부는 특히 직접 야생 늑대떼의 구성원이 되어서 늑대의 행동을 자세히 관찰했다.

앨리스 부부가 실시한 작업의 하나는 영국 남서부 롱글리트 지구에 사는 늑대떼에게 다양한 다른 종의 늑대 소리를 녹음해서 들려주는 것이었다. 션이 지적한 것처럼 먹이가 풍부하고 크기가 적당한 울타리 안에 여러 늑대들을 넣는 것만으로는 충분하지 않다. 늑대가 사회적인 행동을 하고 적당한 무리를 짓는 것은 내부적인 것 못지 않게 외적인 영향이 작용한다. 늑대가 일치해서 단결하는 이유는 당연히 잠재적인 침입자들의 위협 때문이다.

늑대는 냄새 표시(4장, p.143)와 같은 신호들은 물론이고 이웃에 관

늑대는 그들 자신의 힘과 단결을 알리기 위해 함께 모여 울부짖는다.

한 정보를 제공하기 위해 울부짖는 신호를 사용한다. 울음소리는 늑대의 성, 계급, 육체적 상태, 그리고 의도를 전달한다. 캐나다에서 실시된 늑대에 관한 한 연구는 공격적인 태도를 가지고 다른 늑대에게 접근하는 늑대는 가만히 있는 늑대보다 두드러지게 더 깊은 소리를 내는 경향이 있음을 발견했다. 외로운 늑대가 울부짖기도 하지만, 무리를 지어 있을 때 어떤 하나가 울기 시작하면 다른 것들도 모두 여기 가세한다 (새끼들도 가끔 깨갱거리고 시끄럽게 짖어서 행복한 메들리를 만든다). 이것은 이웃의 모든 늑대들에게 단결을 과시할 뿐 아니라 그들의 수가 많다는 인상을 갖게 만든다.

싸움이 일어났을 때 각 늑대떼의 상대적인 크기는 중요한 결과를 가져온다. 그들의 영토에서 침입자들을 쫓아낼 때 늑대 두목은 낙오하는 늑대들이 따라오도록 자주 멈추거나 심지어 추적을 계속하기 전에 낙오자들을 찾으러 돌아가기도 한다. 이것은 단순히 친절한 태도라기보다는 싸움이 시작되었을 때 자기편의 수적인 우위를 확실히 하기 위한 것이기도 하다.

사실 많은 경우 싸움은 하나가 싸우는 것이 아니라 영토를 지키기 위해 힘을 모은 집단 사이에 일어난다. 그리고 앞에서 본 것처럼 소리는 안전한 거리에서 적의 힘을 평가하는 훌륭한 방법이다. 몇몇 영장류를 포함하는 많은 사회적인 동물들이 영역 싸움을 하는 동안 일제히 큰 소리로 울부짖는다. 마치 축구시합을 관전하는 팬들이 서로 상대팀의 응원보다 더 크게 소리지르는 것과 마찬가지다. 인드리원숭이(Indris)는 고함원숭이 무리와 몇 킬로미터의 거리를 두고 서로 고함을 질러 소리로 벽을 만들어 그들의 영역에서 침입자를 쫓아낸다. 한편 침팬지 일행이 경계선에서 다른 종들을 만나면 귀에 거슬리는 시끄러운 소리를 지르는데 두 손으로 거대한 나무의 주름진 뿌리를 손발로 격렬하게 두드리면서 도전적으로 '와아 하는 소리' 와 '헐떡거리며 우우하는 소리' 를 낸다. 두 경우 모두 수컷의 수가 적은 쪽이 항복한다는 증거가 있다.

사자들도 마찬가지다. 사자들은 자기들이 무시 못할 집단이라는 것을 광고하면서 떼를 지어 함께 으르렁거린다. 사자 암컷들은 몸 크기에 그다지 영향을 받지 않지만, 더 크고 강력한 수컷들이 있으면 사자떼의 힘에 차이가 난다. 연구에 의하면 사자들은 암사자의 포효소리와 수사

자의 훨씬 더 깊은 포효소리를 쉽게 구별할 수 있고 여러 마리의 수사자가 있는 집단을 피한다고 한다. 그러나 종종 사자떼에 수컷이 한 마리도 없을 수 있는데 그럴 때 영역을 지키는 것은 남아 있는 암사자들이다. 사자떼가 서로 만나면 대개 심한 추적이 일어나는데 가장 큰 집단이 이기는 것은 당연한 일이다. 연구에 의하면 암컷들은 싸움하기 전에 매우 조심스럽게 성공 가능성을 평가한다고 한다.

사자는 수를 셀 수 있는 것으로 보인다. 서섹스 대학교의 카렌 맥콤은 탄자니아 세렝게티의 숲속에 확성기를 숨겨놓고 사자떼에게 낯선 사자들의 녹음 테이프를 틀어주었다. 사자들은 침입자들의 수와 자신을 포함하는 동료들의 수를 비교해보고 이길 가능성이 있을 때만 접근하는 것을 발견했다. 사실 그들이 평가하는 것은 개체의 수가 아니고 그들이 맞서야 하는 사자들의 음량이라고 할 수 있다. 사자들은 침입자가 하나보다는 셋일 때 녹음 재생 장치에 덜 접근할 뿐 아니라 세 침입자들에게 접근할 때는 매우 조심스럽게 행동했다. 사자들이 합창처럼 으르렁거리는 소리는 그들의 포효소리를 겹치게 한다(한 마리가 시작하고 다른 것들이 가세해서 소리가 중복되는 형태). 그러므로 사자 한 마리가 세 마리와 같은 소리를 내는 것은 불가능하다. 이 때문에 으르렁거리는 합창은 한 마리 이상이라는 것을 정직하게 광고한다.

정보를 암호로 바꾸기

알래스카의 서쪽 해안에 있는 프리빌로프 군도는 지구상에서 가장 외진 곳의 하나인데 7월에도 몹시 춥고 안개가 자주 낀다. 그러나 매우 특별한 곳이다. 그곳은 세계 물개의 약 70%를 차지하는 약 백만 마리 물개의 고향이다. 우리는 스미소니언 박물관의 스티브 인슬레이와 함께 촬영을 위해 그곳에 갔는데 그는 12년 동안 물개의 신호 소리를 연구한 사람이었다.

절벽 끝이 보이기 시작하면서 우리는 곧 요란한 소리에 둘러싸였다. 섬에 도착한 수컷들이 자신의 영역을 확보하기 위해 싸우며 고함치는 소리, 우르르, 키득거리는 소리, 짖는 소리들로 시끄럽기 짝이 없었다. 가장 좋은 장소는 파도가 치지 않는 높은 곳인데 바다에서 도착한 암컷들은 그곳으로 향했다. 그러나 그것은 위험이 따르는 여행이다. 해안에 올라온 암컷들은 그들을 기다리는 공격적인 독신 수컷들을 지나가야 하기 때문이다. 우리는 한 쌍의 암컷들이 수컷들에게 붙잡혀 공중으로 던져진 후 피를 흘리며 누워 있는 것을 보았다.

암컷들은 도착한 후 곧 전해에 밴 새끼를 낳는데 새끼들은 많은 에너지가 필요하다. 새끼를 낳은 후 얼마 안 있어 어미들은 한 번에 일주일 정도씩 먹이를 구하러 새끼들을 떠난다. 어미가 먹이를 찾으러 나간 동안 새로 태어난 새끼들은 남아서 스스로를 지켜야 한다. 수컷들은 270 킬로그램이나 되는 무거운 몸을 움직이면서 쉽게 새끼들을 찌부러뜨리기 때문에 새끼들은 안전을 위해 탁아소(역자 주 : 어미가 먹이를 구하러 간 동안 새끼들을 보호하기 위해 한데 모아 놓고 몇 마리의 물개가 집단으로 새끼를 보호하는 곳)에 함께 모인다.

어미가 돌아왔을 때 새끼를 찾는 것은 불가능한 일로 보인다. 먼저 암컷은 해변에 올라왔을 때 다시 한번 섹스에 굶주린 수컷들을 지나야 하는 괴로운 상황을 만난다. 그런 다음 수천 마리가 꿍꿍, 우르르, 키득키득, 끽끽 하는 비명을 지르는 가운데 자신의 새끼가 부르는 소리를 들어야 한다. 만약 그 소리를 알아듣지 못하면 새끼는 굶어죽는다. 암컷은 어떻게 새끼를 찾을 수 있을까? 스티브 인슬레이는 어미와 새끼의 녹음 테이프를 다른 물개들에게 들려주었다. 그리고 온갖 소음 가운데서도 어미와 새끼가 부르는 소리에 즉시 서로 접근하는 것을 발견했다. 인슬레이의 연구는 어미와 새끼가 수천 마리의 물개 가운데서 서로 부르는 소리를 인식할 뿐 아니라 그것을 오랫동안 기억한다는 것을 보여주었다. 그러나 암컷과 새끼들이 서로를 인식하는 것이 첫해에는 중요

물개 암컷과 그 새끼는 부르면 즉시 서로에게 다가갈 수 있다.

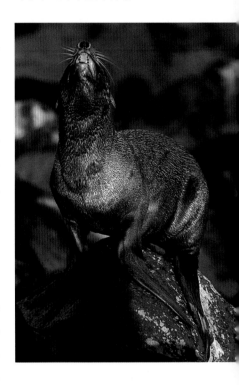

앞면 | 주머니긴팔원숭이의 목주머니는 낯선 동물에게 자신의 영역에서 떠나라고 외치는 소리를 증폭시킨다.

하지만 몇 년이 지난 뒤에도 왜 이 능력이 필요한지는 분명하지 않다. 어쩌면 이런 종류의 음성인식은 그들에게 별난 일이 아닐지도 모른다. 그렇다면 작년에 이웃 영토를 인식했던 수컷들이 그들의 영역을 유지하기 위해 서로 협력할 수는 없는 것일까?

동물들은 자신의 정체성을 어떻게 신호에 나타낼 수 있는가? 물개들과 비슷한 현상이 인도양 남부 크로제트 군도의 얼어붙은 폭풍설 속에서 수만 마리가 떼지어 모여 있는 킹펭귄에게서 발견된다. 펭귄 새끼가 태어난 지 한 달쯤 되면 부모가 모두 자라는 새끼들을 위해 먹이를 찾으러 바다에 나가는데 가끔 500킬로미터 떨어진 먼 바다까지 나가기도 한다. 그들이 돌아오면 부모와 새끼들은 소리를 지르면서 서로 찾아다닌다. 프랑스 몽뻬리에르에 있는 기능 및 진화생태학 센터의 삐에르 주뱅땅이 최근 연구한 바에 의하면 펭귄이 부르는 신호에는 그들 사이를 정확하게 구별하는 중요한 단서가 있다고 한다. 연구자들은 이 단서가 어디 있는지 발견하기 위해 부모의 다양한 소리를 수정해서 새끼들에게 들려주었다. 새끼들은 저음의 주파수에는 적극적인 반응을 보였지만 고음의 주파수에는 전혀 반응하지 않았다. 이것은 저음 주파수가 더 멀리 전달되고 고음주파수보다 더 효과적이라는 사실을 반영한다. 게

위 | 인도양 남부 크로제트 군도의
킹펭귄은 수만 마리가 모여 있는
집단에서 새끼를 기른다.

어른 펭귄은 새끼를 남겨두고
가끔 500킬로미터나 떨어진 바다로
먹이를 구하러 나간다. 그들이
돌아오자 굶주린 새끼가 반가워한다.

다가 부모가 부르는 소리를 4분의 1초(230밀리 초)만 들어도 새끼들은 부모를 정확하게 인식했다. 그러므로 서로를 인식하기 위해서는 전체 부르는 소리의 6% 이하만 불러도 충분할 것이다. 그런데도 이처럼 과도하게 불러대는 것은 시끄러운 환경에서 메시지를 확실하게 전달하는 가장 좋은 방법은 자주 되풀이하는 것이라는 의사소통 이론과 아주 잘 맞는 것이다.

태어난 초기에 부모의 목소리를 익힌 새끼는 먹이를 찾는 부모가 바다에 나가 있는 몇 주일 동안, 기억하고 있는 부모의 목소리와 들리는 소리를 맞추어 봄으로써 그 소리를 구별할 수 있다고 연구원들은 생각한다. 이것은 우리가 시끄러운 락 콘서트에 갔을 때 만약 가사를 이미 알고 있으면 가수의 노랫말을 훨씬 잘 이해할 수 있는 것과 비슷하다고 할 수 있다.

동물들은 자신의 신분을 밝히는 것은 물론 생활의 모든 측면에 대한 정보를 전달하기 위해 울음소리를 이용한다. 푸른머리되새는 아홉 가지의 다른 소리를 내는데, 어떤 것들은 전후관계를 매우 정확하게 나타낸다. '투프(tupe)'라는 신호는 푸른머리되새 한 마리가 막 비상하려고 하면서 다른 새들을 따라오게 만드는 소리이고, '꽥' 하는 비명소리는 부상당한 새만 내는 소리인데 다른 새들에게 곧 일어날 위험을 전할 때 내는 소리이다. 특정한 새들만 내는 소리도 있다. 예를 들어, 일종의 비상신호인 '튜(tew)' 하는 소리는 최근에 어른이 된 새들에게만 나타나는데, 도망치라는 소리이다. 다른 두 가지 비상신호는 번식기의 수컷을 보호하기 위한 것들로서 하나는 '시이(seee)' 하는 소리로 매가 갑자기 나타났다는 것이고, 다른 하나 '후잇(huit)' 하는 소리는 불안하지만 위험이 곧 닥치지는 않을 거라는 뜻이다. 두 신호 모두 어른들을 경계하게 만드는 역할을 하는데 뒤의 신호는 새끼들을 침묵시키기도 한다. 수컷들은 또 구애하는 동안 암컷들에게 말을 걸기 위해 '크십(kseep)'과 '철프(tchirp)'라는 특수한 소리를 낸다. 암컷들은 교미할 준비가 되었을 때 '시프(seep)' 하는 소리로 대답한다.

이 신호소리의 구조는 제멋대로가 아니라 다른 메시지를 전하기 위한 맞춤복과 같다. 신호가 얼마나 멀리 전달되어야 하는지가 첫 기준이지만 다른 요인들도 그 형태에 영향을 미친다. 많은 새들이 접촉할 때 시작하는 간단한 어조의 음은 전달이 잘되며 모두의 주의를 끈다. 뒤이어 복잡하고 떨리는 소리를 빠르게 내는데 여기에 신호를 보내는 새의 실질적인 정보가 포함되어 있다. 마치 옛날에 종을 먼저 울리고 큰 소리로 내용을 알리는 포고布告와 같다.

　새들의 비상신호는 완벽하게 그 목적에 일치한다. 만약 매를 보았거나 다른 위험이 가까이 있다면 새는 포식자에게 자신의 존재를 알리지

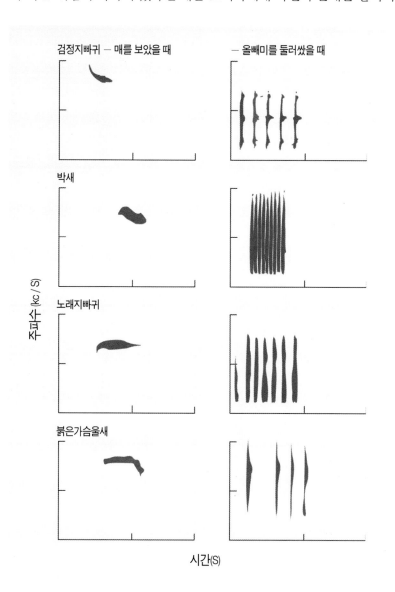

검정지빠귀 – 매를 보았을 때

– 올빼미를 둘러쌌을 때

박새

노래지빠귀

붉은가슴울새

주파수 (㎑ / S)

시간(S)

매가 머리 위를 날고 있을 때와
올빼미를 쫓아낼 때
네 종의 참새목 새들이 내는 소리는
상당히 비슷하다.

않으면서 동료들에게 위험을 경고하여야 한다. 해결책은 뚜렷이 구별되는 신호소리를 내는 것인데 소리나는 위치를 파악하기가 매우 어렵게 만들기 때문에 음향 기술자라도 그보다 더 잘할 수는 없을 것이다. 신호는 높은 소리의 순음으로 조용히 시작해서 커졌다가 재빨리 사라진다. 그러므로 가까이 있는 친구들의 귀에는 들리지만 적의 귀에는 들리지 않는다. 한 실험에서 사로잡은 붉은꼬리말똥가리를 숲에 놓고 숨겨진 확성기로 미국울새의 매 경고 '시트(seet)' 를 녹음한 것을 들려주었다. 말똥가리들은 즉시 소리의 근원을 찾는 것처럼 머리를 돌리는 반응을 보였지만 결국은 목표를 찾지 못했다.

이 신호는 아주 이상적인 구조로서 많은 새들이 비슷한 비상신호를 가지고 있다. 결과적으로 다른 종들도 신호를 '이해' 할 수 있고 비상신호가 들릴 때 덕을 볼 것은 당연한 일이다. 떼를 지어 습격하는 신호는 완전히 다르다. 분명히 제거해야 될 포식자가 있을 때 사방에서 힘을 보태는 것은 서로에게 유익하다. 그래서 '이리 와서 힘을 합치자.' 라는 신호는 위치를 찾기가 매우 쉽다. 소리가 크고 날카로워서 손뼉을 치는 것과 같다. 이번에도 많은 종들은 비슷한 해결책을 가지고 있는데 검정지빠귀, 겨우살이지빠귀, 울새, 꾀꼬리과의 새들, 정원솔새, 굴뚝새, 검은딱새, 그리고 푸른머리되새 등은 서로의 성문聲紋을 이해한다.

상징적인 신호

최근까지 우리는 동물의 소리와 인간의 언어 사이에는 뚜렷한 구별이 있다고 생각했다. 동물의 발성은 본능적인 것으로 간주되었고 신호에 포함된 정보는 순수한 동기가 있는 것으로 보였다. 즉, 사람이 비명을 지르거나 놀라서 외치는 소리가 그의 감정 상태를 나타내는 것과 같은 식으로 동물의 소리는 공포, 배고픔, 괴로움, 만족 등 내면의 상태를 표현하는 것으로 생각되었다. 오직 인간의 언어만이 외면적인 현상과 관련이 있는 것으로 여겨졌다. 작가들이 그 속성에 '상징적인', '사실적인', '의미론적인', '참고용' 이라고 다양하게 이름을 붙였다. 그러나 지난 이삼십 년 동안 어떤 동물들은 외적인 환경에서 신호로 사물을 연계시킬 수 있다는 것과 그것이 정확하다는 뚜렷한 증거들이 나타났다.

확실한 첫 증거로 버빗원숭이가 있다. 그들은 가까이 있는 포식자의 유형에 따라 다른 비상신호를 나타낸다(6장, p.211). 이렇게 대상이 뚜렷한 신호는 원숭이, 새, 심지어 병아리들 사이에도 널리 사용되는 것으로 알려지고 있다. 우리는 새로운 연구의 놀라운 결과에 비추어 동물의 의사소통에 대한 시각을 재평가해야 할 것이다. 프레리도그는 작은 설치류의 동물로 미국 남서부에서 흔히 볼수 있는 동물이다. 우리는 애리조나 플래그스태프 북쪽에 있는 넓은 대초원의 자연보호지역을 촬영하고 있었다. 그곳은 짙은 핑크빛의 사막이 배경을 이루고 있었다. 거대하고 극적인 이 풍경은 처음에는 텅 비어 있는 것처럼 보인다. 그러나 조금 있으면 프레리도그 한 마리가 굴 밖으로 머리를 쏙 내민다. 잠시 후에는 다른 놈이 머리를 내밀고, 또 다른 놈이 머리를 내밀어 여기저기서 작고 뾰족한 얼굴들이 신경질적으로 주위를 둘러본다.

프레리도그는 대단히 조직적인 사회 집단을 이루며 사는데, 집단이 여러 개 모여서 '마을'을 형성하고 터널을 서로 연결하여 160에이커나 되는 넓은 지역에 거대한 네트워크를 구성한 사례도 있다. 많은 소목장 주인들이 프레리도그를 귀찮은 존재로 여긴다. 가축들이 프레리도그의 굴로 통하는 구멍에 발이 걸려 넘어져 다리가 부러질 수 있기 때문이다. 또 소들과 목초지를 놓고 다투며 선페스트와 같은 질병을 옮길 수 있다. 결과적으로 프레리도그는 사람에게 보이기만 하면 어김없이 총에 맞는다. 인간만 그들의 적이 아니다. 코요테, 맹금류, 여우와 미국 오소리는 물론 가정에서 자라는 고양이와 개들까지 그들을 추적한다. 프레리도그의 비상신호는 매우 소리가 커서 1킬로미터 이상 떨어진 곳에도 전달될 수 있다.

북부 애리조나 대학교의 콘 슬로보드치코프의 최신 연구는 버빗원숭이와 새들처럼 프레리도그도 포식자에 따라 다른 비상신호를 가지고 있으며 신호에 따라 각기 다른 도피책을 가지고 있다는 것을 보여준다. 사람과 매에 대한 경고를 들으면 프레리도그는 굴로 달려가서 안으로 숨어버린다. 사람을 보고 굴로 달려가는 신호는 동물들이 사는 곳에서

프레리도그는 많은 포식자들의 단골 메뉴지만 잠재적 위험에서 매번 도망치거나 먹이를 구할 기회를 얻기 어렵다. 최근의 연구에 의하면 매우 정교한 조기 경보 시스템을 개발한 프레리도그들이 있다고 한다. 즉 다른 프레리도그에게 포식자의 종류와 그 접근 속도를 경고한다는 것이다.

흔히 볼 수 있는 반응이다. 매가 나타났다는 신호에는 매가 급강하는 길 가까이 있는 동물만 이런 식으로 반응한다. 코요테에 대한 비상신호를 들으면 굴 입구까지 달려가서 포식자의 다음 행동을 살펴본다. 그러나 그것이 전부가 아니다. 그들은 포식자의 접근 속도에 정비례해서 짖는 간격을 짧게 함으로써 포식자의 이동 속도에 관한 정보를 신호에 포함시킨다.

가장 최근의 분석은 한 단계 더 발전한 것을 보여준다. 그들은 개별 포식자들을 자세히 묘사할 수 있다는 것이다. 이를테면, 사람들을 구별하여 알릴 수 있고, 옷 색깔과 일반적인 크기와 모양, 혹은 그들이 총을 가지고 있는지를 묘사하기 위해 체계적으로 약간 다른 신호를 사용할 수도 있다는 것이다. 잠재적인 포식자의 외모를 언급하는 것은 다른 프레리도그가 위협의 정도를 판단할 수 있게 할 뿐 아니라 그들이 찾아야 할 모습을 뚜렷하게 알릴 수 있도록 한다. 우리는 프레리도그가 서로 주고받는 정보의 종류를 이제 막 해독하고 이해하기 시작했다. 하물며 작은 설치류 동물이 이처럼 세련된 수준을 보인다면 앞으로는 어떤 동물들의 무슨 이야기를 듣게 될 것인가?

프레리도그는 사람들을 구별할 수 있고 심지어 그들의 의복을 묘사하기 위해 다른 신호를 사용할 수 있다.

자연적인 악기들, 리듬과 음악

내가 좋아하는 새 가운데 하나는 적도 아프리카의 많은 지방에서 발견되는 부리가 넓은 아프리카 넓적부리새(African broadbill)이다. 탄자니아 곰베 국립공원 숲에서는 구애하는 소리가 틀림없는 '브르르…… 브르르…… 브르르……' 하는 작고 재미있는 소리를 흔히 들을 수 있다. 넓적부리새는 작은 갈색의 새로 열대숲에 살기 때문에 보기가 어렵지만 이동하는 것을 찾아내면 볼 수 있다. 독특한 형태로 공기를 불어서 소리를 내고, 수컷은 앉아 있던 가지에서 날아올라서 공중에 작은 원을 그리고 다시 가지로 돌아가는 공중곡예를 되풀이한다. 짝을 유인하기 위해 이 행동을 되풀이하는데 그걸 보면 새가 아주 어지러울 거라고 느끼지 않을 수 없다.

많은 새들이 같은 식으로 소리를 만든다. 흑고니는 침묵의 백조라고 불리는데 다른 두 종류의 유럽산 백조와 달리 소리를 내지 않기 때문이다. 대신 그들은 이동하면서 공기가 깃털을 지날 때 독특하게 윙 하는 진동소리를 낸다. 쇠부엉이(short eared owl)도 놀라운 공중 곡예를 하는데 몸 아래서 날개를 마주친다. 갑자기 날아오르는 붉은뇌조는 휙 하고 폭발적인 소리를 내는데 이것은 포식자들을 깜짝 놀라게 하고 도망칠 귀중한 시간을 얻기 위해 의도된 것일 수도 있다.

새들은 부딪치는 소리를 내기 위해 깃털만 사용하는 것이 아니라 부리를 사용하기도 한다. 많은 올빼미들은 둥지에 침입자가 있으면 부리로 딱딱 하는 캐스터네츠 같은 소리를 만든다. 그리고 영국의 어떤 숲에서나 딱따구리가 딱-딱 두드리는 소리를 쉽게 들을 수 있다. 딱따구리는 근본적으로 소리를 내지 못하는 새이므로 나무 껍질 밑에서 곤충을 찾기 위해 두드리는 기술을 사용할 뿐 아니라 근처의 다른 딱따구리들에게 메시지를 알리는 전신 시스템의 일종으로 사용한다. 나무 줄기를 두드리는 것은 섬세한 표현을 하지 못할 수도 있지만 딱따구리가 두드려서 내는 소리에는 많은 정보가 포함된 것으로 보인다. 두드리는 속도와 시간의 형태는 모두 어떤 種인지를 나타낼 수 있다. 넛털딱따구리(Nuttall's woodpecker)는 다우니딱따구리(Downy woodpecker)보다 느린 속도로 두드린다. 이 딱따구리들은 캘리포니아의 같은 지역에 산다. 그래서 의사소통을 위해 자신의 종과 다른 종을 구별해서 인식하는 것이 중요하다. 두드리는 길이는 성별(예를 들어 넛털딱따구리 수컷은 암컷보다 자주 더 오래 두드린다)과 일정한 시간 내에 개별적인 신원을 드러낼 수도 있다.

전통적으로 아프리카의 많은 부족들이 언덕에서 언덕으로 메시지를 보내기 위해 북을 사용해왔지만 북치는 소리는 숲에서도 들을 수 있다. 인간들이 북을 치는 것이 아니라 침팬지들이 버트레스(뿌리가 땅 위에 드러난 나무)를 손과 발로 두드리는 것이다. 수컷들이 암컷보다 훨씬 더 자주 두드리는데 거의 '헐떡거리며 우우하는 소리'와 함께 이용한다(2장, p.41). 많은 침팬지들이 함께 두드리고 서로 부르는 소리가 골짜기에 울려퍼지면 그 지방 사람들은 숲에서 열리는 침팬지의 떠들썩한 사육제에 대해 이야기들을 한다.

침팬지들은 이동하는 동안 연락을 유지하기 위해 두드리기를 이용한다. 서부 아프리카 타이에서 침팬지를 연구하는 크리스토프 보쉬는 침팬지가 나무를 계속 두드림으로써 여행하는 방향을 다른 침팬지들에

뉴질랜드산의 날지 못하는
올빼미앵무(kakapo)는 암컷에게
보내는 신호를 증폭시키기 위해
땅을 우묵하게 사발 모양으로 판다.

게 알린다고 생각한다. 곰베에는 침팬지들이 두드릴 수 있는 적당한 버트레스가 많지 않지만 침팬지들은 적합한 나무들이 있는 위치를 잘 알고 그곳까지 돌아서 가며 나무 뿌리를 두드린다. 따라서 연구원들을 포함하여 근처에서 그 소리를 듣는 사람과 원숭이들은 모두 두드리는 원숭이가 어디 있는지 정확히 알 수 있다. 나는 곰베에서 경계선까지 순찰을 나가는 수컷들이 자주 버트레스를 두드리는 것을 발견했다. 그들은 한 달에 몇 번씩 침입자들을 막기 위해 순찰을 나가야 한다. 두드리는 것은 다른 수컷들에게 와서 원정에 합류하자는 일종의 불러모으기 행동으로 보인다. 그리고 순찰대는 계곡 중앙에서 밖으로 나가면서 지나는 길에 있는 버트레스를 차례로 두드린다.

어느 날 나는 프로프라는 침팬지 수컷과 함께 있었다. 프로프는 숲의 바닥에 등을 대고 누워 조용히 쉬면서 나무가 뒤덮인 하늘을 올려다보고 있었다. 프로프는 속이 빈 나무 조각 위에 발을 올려놓고 있었는데 몇 분 후 나는 그가 발로 통나무를 톡톡 치면서 내는 매우 조용하고 느린 리듬을 듣고 깜짝 놀랐다. 프로프가 위치를 바꿔서 손으로 통나무를 두드리기 시작했을 때는 더욱 놀랐다. 모든 것은 불과 몇 분 동안 지속된 일이지만 나는 음악의 기원에 관해 깊이 생각하지 않을 수 없었다.

자연에는 많은 음악이 있다. 새나 고래는 우리 인간의 음악과 비슷하게 노래에 리듬을 사용한다. 그러나 쉽게 들 수 있는 자유 형식의 불규칙한 소리들을 만들 뿐이다. 7옥타브의 범위를 넘어가는 소리를 낼 수 있다고 해도 우리의 기준으로 볼 때 음계의 간격과 비슷하거나 동일한 음정을 사용하는 것으로 보인다. 가장 놀라운 것은 혹등고래의 노래가 운韻을 만드는 후렴이 있는 노래를 부른다는 사실이다. 이것은 고래들이 우리처럼 복잡한 내용을 기억하는 장치로서 운을 사용하고 있음을 암시한다.

고래의 노래가 우리 인간의 음악과 공통된 것이 많다는 사실은, 우리의 진화가 6천만 년을 넘지 못했지만 고래는 그 이전부터 살아왔으므로, 인간이 음악의 창안자라기보다 음악이 인간보다 훨씬 먼저 있었다는 가능성을 제기한다.

모든 인간 문화에는 음악이 있다. 칼라하리의 부시맨은 작가인 로렌스 반 데르 포스트가 음악의 기원에 관해 질문했을 때 당황해서 이렇게 대답했을 게 분명하다.

"당신은 별들이 노래하는 것을 들을 수 없나요?"

3

시각적인 신호

사람들이 가득한 방에 들어간 사람은 말하려고 입을 열기 전에 이미 메시지를 전하고 있다. 우리는 사람을 보는 즉시 그 사람의 성별, 나이, 인종, 그리고 일반적인 건강 상태 등에 관한 엄청난 양의 정보를 입수하고 판단한다. 인간은 의사소통을 위해 보이는 것에 너무 많이 의지한 나머지 옛날부터 겉모습을 화려하고 멋있게 장식하는 일에 몰두해 왔다. 이것은 요란하게 자신을 알리는 전달법이다. 파란 머리털과 코걸이는 모피코트와 다이아몬드와는 매우 다른 메시지를 보낸다. 마찬가지로, 많은 동물들에게 외모는 중요하며 몸을 치장하는 일은 특별한 것이 아니다.

앞면ㅣ물고기는 우리와 매우 다르게 세상을 본다. 이 멋진 에인절피시의 노랗고 파란 줄무늬는 가까운 거리에 있는 같은 종에게 자신을 돋보이게 만든다. 이 색깔들은 1-2미터 정도 떨어져 있는 적들로부터는 완벽하게 위장해주는 효과가 있다.

공작새
꼬리의 화려한 부채형 날개, 붉은큰뿔사슴 수컷의 우아한 뿔이나, 두건바다표범 수컷의 괴상한 빨간 코풍선은 단순히 장식용이 아니다. 그것은 많은 에너지가 필요하고 번거로운 일일 수도 있으며 어쩌면 원치 않는 관심을 끄는 불이익이 될 수도 있다. 그러나 이 아름답고 기이한 장식은 자신을 동료들에게 알리는 강하고 직접적인 전달 방법이다. 동물의 세계에서 외모는 모든 것일 수 있다.

왜 시각적인 신호가 그렇게 중요한가? 가장 큰 이유는 쉽게 볼 수 있다는 것이다. 태양으로부터 오는 빛은 생명 유지에 필수적이고 모든 생물은 빛에 민감하다. 단세포 생물도 빛을 향해 움직이거나 피한다. 세부적인 이미지를 인식하게 만드는 빛에 민감하고 복잡한 눈은 유기적인 동물에 널리 보급되어 있다. 해파리와 지렁이도, 원시적이기는 하지만, 눈을 가지고 있다.

원시적인 동물들에게 보는 능력은 믿을 수 없을 만큼 실용적이어서 먹이를 찾고 위험을 피하고 방향을 알 수 있는 정도였다. 그리고 시각적인 감각은 점점 정확하고 정교해져서 신호를 보내는 훌륭하고 믿을 만한 방법이자 가장 빠른 방법이 되었다. 동물은 초속 30만 킬로미터인 빛의 속도에 의지해서 순간적으로 메시지를 보낸다. 그러나 시각을 이용해 의사소통을 하는 것은 분명 불리한 점도 있다. 가까운 범위에서만 볼 수 있으며 대담한 신호는 가끔 원치 않는 관심을 끌기도 하기 때문이다. 그러므로 동물들이 사용하는 시각적인 신호는 눈으로 무엇을 가장 잘 볼 수 있는지, 그들이 어디 있는지, 말하고 싶은 것이 무엇인지, 그밖에 누가 지켜보고 있는지에 따라 달라진다.

색깔과 장식
세상에 산호초 군락보다 더 눈부신 색깔이 가득한 곳은 없다. 열대바다의 엷은 청록색 수면 아래 마법의 세계인 산호초 정원이 펼쳐져 있다. 부채산호의 섬세한 가지들, 인상적인 불산호와 원통형의 푸른해면을 비롯한 화려한 해양생물이 장관을 이루고 있다. 화사한 노란색 나비고기가 짝을 지어 헤엄치고, 반짝이는 실버사이드는 내리비치는 햇살 속

성숙한 두건바다표범(hooded seal) 수컷은 다른 수컷들에게 공격적인 모습을 과시하기 위해 빨간 코풍선을 분다.

옆면 | 외모는 짝을 유혹할 때 대단히 중요하다.

에서 경쾌하게 오르내리며, 선명한 붉은색의 거대한 안티아스(anthias : 산호초 부근에만 사는 10~20cm의 물고기)떼가 산호 주위에 모여드는데 부드러운 푸른빛, 자주, 핑크빛 속에 비늘돔이 퍼레이드를 벌인다.

자연계에는 왜 이렇게 화려한 차림이 많은 것일까? 산호초 주위에 사는 물고기들의 색깔과 모양, 얼룩점과 줄무늬가 스쿠버 다이빙하는 사람들을 매혹시키지만 실은 아름답게 보이는 것이 중요한 목표는 아니다. 모든 종류의 동물들은 영구적인 '유니폼'을 입음으로써 자신의 정체를 알리는데 드는 많은 시간과 에너지를 절약한다. 그러나 화려한 색깔이 신호의 문제가 되면 곤혹스런 일에 직면한다. 그들은 같은 종의 다른 구성원들의 눈에는 잘 띄기를 원하지만, 포식자들에게는 자신의 존재를 숨기고 싶어한다. 산호초 주위에 사는 물고기들의 선명한 색깔은 가까운 범위에서는 눈에 잘 띄게 되어 있지만 먼 거리에서는 위장하기 위한 것이기도 하다. 우리가 이것을 이해하기는 어려울 수 있지만 이 물고기들은 우리가 보는 식으로 자신이나 이웃을 보지 않는다. 해수면의 30미터 이하에는 빨간빛이 없고 물고기의 시력은 스펙트럼의 짧은 끝, 푸른색과 자외선에 맞춰지고 빨강과 노란색에 덜 민감한 경향이 있다. 산호초 주변의 많은 물고기가 노란색과 푸른색을 띠고 있다. 스펙트럼에서 푸른색이 빛을 반사하는 것과 대조적으로 노란색은 빛을 반사하지 않으며 반대로 가까운 범위에서 잘 보인다. 1~2미터의 거리만 떨어져도 얼룩무늬는 물고기의 윤곽을 흐리게 하고, 너무 촘촘해서 구별할 수가 없는 줄무늬는 희미한 회색으로 보인다.

물고기, 새, 그리고 포유동물에서 많이 볼 수 있는 뚜렷한 무늬는 가까운 관계의 종들이 같은 서식지에 살고 있을 때 특히 효과적이다. 중앙아프리카의 열대 우림에는 몇 종류의 거농원숭이들이 같은 서식지에서 사는데 그들은 생김새와 크기와 행동이 모두 놀라울 정도로 비슷하다. 하늘을 가린 짙은 그늘 속에서 돌아다니는 원숭이들이 누가 누구인지 구별할 수 없는 일이 흔하다. 그러나 각 종들은 흰색, 검은색, 적갈색, 청회색, 노란색이나 오렌지색 등 자신만의 색을 가진 코, 두 뺨, 이마, 귀털, 혹은 가슴털을 갖게끔 진화했고 이것은 자신의 정체성을 뚜렷하게 나타내는 신호가 되었다. 정원의 새들 중에도 참새들은 크기와 모양과 행동이 매우 비슷하지만 각 종은 얼굴이나 날개에 자신을 나

왼쪽 위부터 시계방향으로: 브라짜원숭이,
푸른거농원숭이, 흰코거농원숭이, 다이아나
원숭이, 버빗원숭이. 이 원숭이들은 모두
가까운 친척 관계이고, 일반적으로 외모가
비슷하며, 서부 아프리카의 같은 숲에 살지만
울창한 수목 속에서도 얼굴의 뚜렷한 표시를
보고 쉽게 구별할 수 있다.

타내는 표지를 가지고 있다. 그래서 실수한 경쟁자들을 쫓아내거나 더욱이 다른 종에게 짝짓기를 제안하느라 시간을 낭비하지 않는다.

주위에 매우 위험한 포식자들이 있지만 피난처가 없는 동부아프리카의 사바나 지역에 사는 영양과 가젤은 선천적으로 잔디의 황금 갈색이 섞인 털을 가지고 있다. 그런데 정확히 같은 겉모습을 갖는 것이 대단히 중요하다. 최근 한 촬영기사가 케냐의 마사이 마라에서 우연히 매우 특이한 색소 결핍증을 가진 톰슨가젤을 발견했다. 가젤은 대개 황금 갈색의 등과 흰 배 사이에 가로로 난 멋진 검은 줄이 있는데 이 가젤 새끼는 옆구리를 따라 아주 희미한 검은 줄이 있을 뿐 거의 순수한 흰색이었다. 외톨이 가젤은 사자, 하이에나, 치타 혹은 표범의 관심을 피할 수 없다. 그놈은 분명 자신이 톰슨가젤이라는 것을 알고 무리에 섞여서 풀을 뜯어먹기를 원했다. 그러나 동료와 다르게 보이는 그 가젤은 무리에게 환영을 받지 못했고 번번이 쫓겨났다. 하얀 가젤이 살그머니 무리 가운데 들어가서 풀을 한입 뜯으려고 할 때마다 다른 가젤들이 괴롭히기 때문에 결국 그놈은 모든 위험에 노출되고 공격받기 쉬운 변두리를 떠돌 수밖에 없었다. 그런데도 나머지 가젤들은 계속 싸움을 걸었고 마침내 흰 가젤은 무리를 떠나 굶어죽거나 사라져야 했다. 포식자들의 눈에 잘 띄는 흰색 가젤이 아니라도 자신의 종에게서 거부당한 가젤은 생존할 가능성이 거의 없다.

가끔 눈에 잘 띄는 유니폼은 불행을 피하기 위해 필요한 것일 수도 있다. 인간 사회에서도 적대적인 상황에서 분명한 표시를 하는 것이 중요하다는 것을 우리는 잘 알고 있다. 예를 들어 전쟁터의 적십자 요원들은 무장군인으로 보이는 옷차림을 절대로 피해야 하며 차에는 흰 바탕에 뚜렷한 십자표시가 필수적이다. 자연계에서 위험한 직업을 가진 동물로는 청소하는 물고기들이 있다. 이 작은 물고기의 몇몇 종들은 큰 고기에 붙어 있는 기생충들과 곰팡이 혹은 죽은 조직을 친절하게 청소해 주는 것으로 알려져 있다(물론 자신들은 만족스런 식사를 하고). 큰 물고기는 치료를 위해 기다리는 동안 줄을 선다. 청소부물고기는 그들의 특수한 직업을 뚜렷하게 표시하고 '나는 해롭지 않고 매우 유익한 물고기니까 공격하거나 잡아먹지 말라'고 분명히 말하는 유니폼을 입고 이 일을 하는 것이 생명을 유지하는 길이다. 퀸스랜드 대학교의 저스틴 마샬은 많은 청소물고기들이 비슷하게, '청소부 푸른색'이라는 이름이 붙은 약간 독특한 색을 띠고 있다고 말한다. 이 색은 긴 파장을 가지고 있는데 우리 눈에는 보이지 않으며 다른 물고기의 푸른색과도 아주 다르다. 청소부 푸른색은 독특한 신호를 보내며 청소부의 유니폼이 주는 메시지를 강화하는 것으로 보인다.

그래도 여전히 위험하기 때문에 청소물고기는 조심스럽게 접근한다. 그들은 손님을 검사하기 위해 가까이 헤엄치면서 손님이 청소 일을 격려하는 특수한 신호를 기다린다. 놀랍도록 하얀 홍해노랑촉수(red sea goatfish)는 손질이 필요하다는 것을 청소물고기에게 알리기 위해 붉게 변하면서 몸을 수직으로 세우고 서성거린다. 그런 자세는 어쩌면 외부에 붙은 기생충이 눈에 잘 띄게 만드는 것인지도 모른다. 키클리드(cichlid) 관상어는 청소부의 유니폼을 인식했으며 공격하지 않겠다는 것을 알리기 위해 온몸을 떨면서 머리를 들고 검은 배지느러미를 재빨리 흔든다. 가장 방어적이 되기 쉬운 자신의 영역 안에서 고객이 청소물고기에게 접근할 때는 휴전을 선언하는 것이 특히 중요하다.

이 정교한 신호 중 어떤 것은 사전 대책이 필수적이다. 청소물고기에 편승하는 물고기가 있기 때문이다. 검치 베도라치(sabre tooth blenny)는 푸른줄 청소물고기와 같은 서식지에 사는데 그야말로 양의 탈을 쓴 진짜 이리다. 그것은 청소물고기와 똑같이 보일 뿐만 아니라 헤엄치는 모양도 똑같다. 베도라치는 이 속임수를 써서 비늘돔과 같은 큰 물고기에 가까이 가서 잡아먹히지 않고 보호받는 동안 그들의 지느러미 조각을 잡아뜯거나 비늘을 떼어낸다. 이런 이유 때문에 산호초 주위에서는 성난 비늘돔이 베도라치를 추격하는 장면을 흔히 볼 수 있다.

이와 반대로 '나는 위험하다!'라고 말하는 색깔 코드를 사용함으로

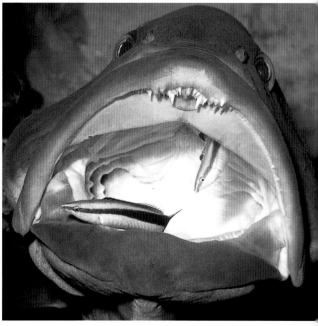

청소물고기는 대구의 입을 청소할 때마다 목숨을 걸지만 다른 물고기들에게 '나는 유익하니 잡아먹지 말라'고 말하는 아주 잘 보이는 푸른색을 띠고 있다.

바이스로이(총독)나비(위)는
자신이 맛이 없다고 새들을
속이기 위해 황제나비(아래)의
색깔을 흉내낸다.

옆면: 맨드릴의 이 색깔은 우연히
얻어진 것이 아니다. 영장류는
숲에서 열매를 찾기 위해
빨강/녹색을 구별하도록 진화했다.
맨드릴 두목의 진홍색 코는 녹색의
초목 가운데 확연히 눈에 띈다.

써 잡아먹히는 것을 피하는 동물들도 있다. 많은 개구리, 두
꺼비, 도롱뇽, 풍뎅이, 나비, 그리고 나방은 자신들이 독이 있
기 때문에 경계색을 띠고 있다는 사실을 광고한다. 1980년대
중반 스톡홀름 대학교의 버르기타 실렌 툴버그는 긴노린재
류의 연구를 통해 경계색의 효과를 밝혀냈다. 긴노린재는 별
개의 두 변종이 되는데 하나는 평소의 서식지에서 위장할 수
있는 보호색을 갖는 것이고, 다른 하나는 검은 점이나 줄무늬
를 가진 선명한 빨간색과 흰색을 띠는 것이다. 그러나 두 경
우 모두 새가 싫어하는 약한 화학적인 독소를 갖고 있다. 실
험에 의하면 일반적으로 큰박새들은 독소가 있는 것을 알고
두 가지 모두를 싫어하긴 하지만 눈에 띄게 화려한 쪽보다는
보호색을 가진 것들을 훨씬 더 많이 죽인다.

친절한 청소물고기를 가장해서 속이고 식사하러 들어가는
물고기가 있는 것처럼 더 위험한 친척들의 표시를 모방함으
로써 포식자들을 피하는 영리한 계책을 쓰는 동물들도 있다.
바이스로이(총독)나비는 새들에게 자신이 나쁜 맛이 난다는
것을 알리기 위해 독이 있는 황제나비의 색깔을 흉내낸다. 사
실 총독나비는 크고 독이 없는 다른 나비만큼 영양가 있고 맛
있지만 황제나비의 색깔로 새들을 속인다.

많은 경계색이 검정과 진홍색, 혹은 검정과 노란색처럼 대
조되는 형식을 취한다. 이것은 동물들 사이에 국제적으로 인
정된 경계 신호를 의미하는 것일까? 대답은 아마 '아니오' 일 것이다.
그러나 색과 모양이 다른 동물보다 돋보이고, 경계 신호가 되도록이면
선이 굵고 독특하고 기억할 수 있어야 하는 것은 무슨 까닭일까? 포식
자가 다음번 배고플 때쯤 되면 잊어버릴 정도의 약한 경고는 헛수고일
뿐이다.

많은 동물의 색채 구성은 우연히 된 것이 아니라 환경에 의해 만들어
진다. 가장 이색적인 동물의 하나는 서아프리카산 맨드릴(mandrill)인
데 서부 아프리카의 울창한 열대 우림에서 산다. 맨드릴의 행동에 관해
알려진 것은 많지 않지만 그들은 거의 유목민의 형태로 가봉과 카메룬
의 열대 우림을 이동한다. 20~30마리씩 떼를 지어 5천 헥타가 넘는 지

역을 방랑하는데 가끔 수백 마리가 모이기도 한다. 새끼들이 이따금 숲에서 표범들의 먹이가 되기도 하지만 맨드릴은 비비(아프리카 남아시아산 원숭이)보다 크고 사이가 좋아서 함께 있을 수 있다면 두려울 게 거의 없을지도 모른다. 확실히 그들은 튀는 색깔을 가지고 있다. 노란 턱수염에 대담하게 채색된 얼굴, 즉 길게 코를 타고 내려온 빨간 줄이 짙은 청색의 코 주위를 눈에 확 띄게 한다. 이 색깔은 너무 선명해서 나는 맨드릴을 처음 보았을 때 그 색깔이 자연적이라고 믿기 어려웠다. 수컷들이 특히 선명하지만 두목은 나머지 수컷들보다 더 강렬하다. 높은 수치의 테스토스테론이 몸에서 솟구친다는 증거이다. 호르몬은 그들의 코만 진홍색으로 바꾸는 것이 아니라 온몸의 피부를 빨갛게 물들인다. 수컷 두목의 북실북실한 갈색 털 밑을 가까이 가서 보면 빨간 살갗을 볼 수 있다. 돌아서면 환각을 일으킬 지경의 빨강, 핑크, 자주, 파란색이 선명한 엉덩이가 드러난다. 잘못 볼 수 없는 이 엉덩이와 인상적인 얼굴은 깃발처럼 집단의 나머지 구성원들이 모여드는 중심점이다.

숲 자체가 맨드릴의 색채 배열을 형성한다. 영장류는 색채를 보는 뛰어난 시각을 가지고 있으며 특히 빨간색과 녹색을 잘 구별한다. 아마 녹색의 나뭇잎 속에서 빨간 열매를 찾기 위해 적응했을 것이라는 이론이 있다. 인간의 망막은 특히 빨간색과 녹색을 잘 구별하는데 이것은 우리 생활에서 중요한 역할을 한다. 교통신호등의 색깔이 하나의 예이다. 맨드릴은 가장 잘 보이는 신호로서 무성한 녹색의 잎 가운데서 횃불처럼 드러나는 선명한 빨간색을 이용하는 것으로 보인다.

동물들의 외모는 짝을 유인할 때 매우 중요하다. 그러나 우선 상대방이 암컷인지 수컷인지 확실히 알아야 하는데, 실수를 피하기 위해 많은 동물들이 특수한 표시나 장식에 의지한다. 북미의 노란깃딱따구리 (yellow shafted flicker)는 암컷에게는 없는 검은 줄을 '코밑수염'으로 가지고 있다. 이 표시가 얼마나 중요한지를 시험하기 위해 먼저 수컷과 암컷이 서로를 어떻게 인식하는지 알아보았다. 연구자들은 한 쌍 중 암컷을 붙잡아서 '콧수염'을 그렸다. 그리고 놓아주었을 때 암컷은 즉시 배우자의 공격을 받았다. 암컷을 자신과 경쟁해야 할 수컷으로 여긴 게 틀림없었다. 실험은 작은 시각적인 신호도 틀림없이 효과가 있다는 것

가끔 전투력의 상징이 실제 전투능력보다 더 중요할 수도 있다.

을 보여주었다.

많은 성적 신호들은 건강과 지위와 직접 관련되어 있다. 말코손바닥 사슴(moose) 수컷의 손바닥 모양의 거대한 뿔은 약 2.5미터까지 뻗을 수 있는데 분명 정력을 과시하는 것이다. 뿔의 중요한 목적은 무기로 사용되는 것이지만 또 지위의 상징이기도 하다. 발굽이 있는 다른 동물의 뿔과 엄니도 마찬가지다. 예를 들어 수컷 산양은 멀리 있는 언덕에서 적의 뿔 크기를 평가하고 비슷한 크기의 뿔을 가진 숫양에게만 접근하는 경향이 있다. 도마뱀들 중에는 머리 위에 괴상한 머리장식을 가진 것들이 있는데 자신은 이런 무기를 가지고 있다고 말하는 또 다른 예이다. 그와같이 이상야릇하고 과장된 머리장식은 삼각룡(triceratops : 중생대 공룡의 일종) 같은 공룡에게도 놀라운 무기와 장식 수단이 될 수 있었다. 그러나 가끔 전투력의 상징을 자랑하는 것이 실제로 싸우는 능력보다 더 중요할 수도 있을 것이다. 멸종한 아이리쉬 엘크(irish elk)의 독특한 뿔은 지위의 상징으로서 이용되었다. 거의 4미터나 자라나는 이 사슴의 뿔들은 매우 인상적이긴 하지만 2킬로그램의 두개골에 40킬로그램의 부속기관은 확실히 다루기 어려운 무기가 아닌가!

참새 수컷의 검은 가슴털은 지위의 상징이다. 검은 털이 클수록 계급이 높다. 참새들은 이런 식으로 암컷이나 먹이를 두고 벌어지는 싸움을 피한다.

지위를 나타내는 상징이 뚜렷할 필요는 없다. 참새들의 어떤 상징은 아주 포착하기 어렵다. 참새는 떼를 지어 여행하고 먹이를 찾는데 수컷들은 계급을 표시하는 검은 털을 가슴에 가지고 있다. 이 털이 클수록 계급이 높다. 참새 집단에서는 배우자는 물론 먹이와 진흙 목욕과 같은 오락을 두고 늘 시시한 싸움이 벌어진다. 그럴 때 영구적인 계급 표시를 보이는 것은 다른 참새를 평가하거나 싸우는 데 낭비하게 될 많은 시간을 아낄 수 있다. 참새 사회에는 수컷들을 잘 훈련받은 군대처럼 유지하는 엄격한 계급제도가 있다. 검은 표지를 과시하는 것은 명령에 따르기를 요구하는 것이다. 그러면 검은 털이 작은 새는 즉시 큰 털을 가진 새에게 양보한다. 가슴의 검은 털이 큰 수컷들은 번식기에 일찌감치 배우자들을 확보하고, 훨씬 자주 짝짓기를 할 수도 있을 것이다.

갑자기 옷차림을 극적으로 바꾸는 것은 매우 강한 인상을 준다. 검정 타이나 이브닝 드레스는 매일 사무실에서 입지 않았을 때라야 강한 효과를 줄 것이다. 이와 비슷하게 많은 새들이 번식기 동안만 아름다운 깃털을 갖는다. 이것은 특히 수컷에 해당되는데, 대부분의 새들이 암컷의 관심을 끌기 위해 경쟁해야 하기 때문이다. 가을과 겨울에 붉은풍금새(scarlet tanager) 수컷은 암컷처럼 녹색이다. 그러나 봄이 오면 수컷은 완전히 다른 새처럼 화려한 진홍색 깃털을 가진 새로 변한다. 극적인 효과를 노릴 때를 제외하고 특별한 깃털을 일년 내내 갖지 않는 것은 또 다른 이유가 있다. 첫째는 공중의 포식자들의 눈에 아주 잘 띄는 불리한 점을 피하기 위해서이다. 두번째는 번식기에만 바뀜으로써 이중 신호를 보내는데, 빨간 깃털은 확실히 수컷이라는 것뿐 아니라 짝을 찾고 있다는 것을 알리는 표시가 된다.

호주 동남부에 서식하는 오스트레일리아솔새(fairy-wren) 수컷은 연중 대부분 갈색을 띠지만 번식기가 되면 빛나는 푸른색으로 변한다. 변화의 시기는 약간씩 다르며 각 새의 사회적 지위에 따라서도 다르다. 영역을 책임진 수컷들은 자신의 영역이 없이 다른 수컷들의 영역에 얹혀 사는 수컷들보다 한 달 전에 색이 바뀐다. 이 특별한 복장은 수컷이 짝짓기할 준비가 된 것을 나타낼 뿐 아니라 지위가 높고 자신의 영역을 가지고 있음을 암시한다. 한 달 앞서 시작하는 것과 가장 높은 계급이라는 것은 암컷에게 대단히 매력적이다. 낮은 계급의 수컷들은 새끼들을 돌보기 위해 보충되는 것 외에 달리 할 일이 없게 된다.

간헐적인 신호들

번쩍이는 빨간 신호는 지속적인 신호보다 훨씬 더 관심을 끌 것이다. 이와 같이 순간적으로 지나가는 신호는 관객에게 낯설기 때문에 더욱 효과적이다. 신호를 자신의 의지대로 쉽게 켜거나 끌 수 있을수록 더 자세한 정보를 전달할 수 있다.

아메리카딱새(tyrant flycatcher)는 붉은색을 띤 오렌지색이나 노란 정수리 깃털을 머리 꼭대기에 감추고 있는데 공격하려면 갑자기 이 깃털을 꺼내 곤두세운다. 타이런트(폭군)라는 이름은 이 새가 까마귀, 매, 혹은 다른 큰 새들을 얼마나 괴롭히고 싸우기를 좋아하는지 잘 나타낸

계급이 낮은 오스트레일리아 솔새 수컷들은 새끼들을 돌보는 것 외에 다른 선택이 없다.

다. 같은 식으로 에놀도마뱀(Anolis lizard) 수컷의 턱밑에 있는 군턱은 보통은 접혀 있어서 보이지 않지만 경쟁자를 위협하거나 암컷에게 깊은 인상을 주고 싶을 때에는 화려하게 펼쳐 보인다.

충격적인 시각 신호를 이용하는 것은 다른 동물들에게 위험을 경고하는 좋은 방법이다. 대부분의 사슴과 많은 아프리카 영양의 엉덩이에 있는 검고 흰 무늬는 그들이 위험을 감지했을 때 특히 두드러진다. 흰꼬리사슴처럼 털을 곤두세우고 꼬리를 공중에 흔들거나 톰슨가젤처럼 꼬리를 옆으로 휘두르기도 한다. 차를 타고 탄자니아의 세렝게티를 여행하면 톰슨가젤과 그랜트가젤이 섞여서 풀을 뜯어먹는 것을 볼 수 있다. 그러나 가까이 접근하면 올려다보고는 어떤 것들은 검은 꼬리를 휘두르기 시작한다. 몸을 돌리면서 꼬리를 휘두르면 '나는 이곳을 떠나겠다'고 말하는 것인데 가까이 있는 가젤부터 그 신호를 알아듣고 순식간에 모든 가젤떼에 충격파처럼 퍼진다. 가젤은 충분한 먹이를 얻기 위해 대부분 하루 종일 고개를 숙이고 풀을 뜯는다. 그래서 눈에 아주 잘 띄는 신호가 생명 유지에 필수적이고 여러 종들이 신호를 공유한다. 가젤은 곧장 포식자에게 메시지를 보내기도 한다. 이를테면 야생 들개들에게 쫓기면 도망치면서 갑자기 '프롱킹'이라고 불리는 수직뜀뛰기를 하는데 이것은 포식자에게 그들이 강하고 건강하며 멀리 달아날 수 있다고 말하는 것이다.

다른 종류의 '순간적 과시'는 대부분의 새들에게서 흔히 볼 수 있는 것으로 새떼가 함께 생활하는 것을 돕는다. 떼를 지어 사는 많은 새들은 날개, 꼬리, 혹은 등 아래쪽에 대조적인 반점들을 가지고 있다. 보통 이것들은 나뭇가지에 앉아 있거나 땅에 있을 때는 숨겨져 있지만 비상할 때면 갑자기 나타난다. 캐나다거위는 두 개의 다른 반점을 가지고 있는데 이것은 '준비완료'와 '출발'을 알리기 위해 사용된다. 처음 것은 검은 머리나 목과 대조를 이루는 턱밑의 하얀 부분이다. 이것은 늘 보이지만 이륙할 준비가 된 것을 암시하기 위해 머리를 갑자기 처들면 훨씬 더 잘 보인다. 가족들은 비행을 인도하는 수컷 거위가 머리를 처들면 그를 주목할 것이다. 덜 자란 새끼들은 과시하고 싶어도 하얀 반점이 검은 점에 가려지기 때문에 따라 할 수가 없다. 거위 수컷은 날아오를 때 날개를 펼친 후 갑자기 또 다른 상징인 꼬리 위쪽의 흰 반점을

평원의 많은 영양처럼 포식자들의 공격 때문에 수시로 위험한 상태에 빠지는 임팔라(아프리카산 영양)는 서로 위험을 알리는 이색적인 신호 방법을 가지고 있다. 그들은 엉덩이의 선명한 반점무늬를 가로지르며 꼬리를 앞뒤로 빠르게 휘두른다.

드러낸다. 이것은 나머지 거위들에게 따라오라는 신호이다.

찌르레기는 다른 새들처럼 떼를 지어 사는데 가장 큰 떼는 수백만 마리가 함께 모인 것도 있다. 밤에는 모여 앉아서 온기를 서로 나누고 안전을 위해 많은 무리가 함께 움직인다. 하지만 나뭇가지에 내려앉으면서 어떻게 그처럼 일사불란하게 비틀고 회전하면서 완벽하게 동작을 조절하는 것일까? 우리에게는 절대자가 통제하는 것으로 보일 수 있지만 그 방법은 놀랍도록 단순하다. 이 경우 대답을 제시하는 사람은 생물학자보다는 그래픽 디자이너와 컴퓨터 프로그래머들이다. 그들은 보이드(boids : 1986년 로스앤젤레스 심볼릭사의 크레이그 레이놀즈가 컴퓨터 화면 속에서 날기 위해 만든 가상새)를 만들어 새들의 행동을 반복하는 프로그램을 만들었다. 세 가지 간단한 규칙을 적용하면 보이드는 진짜 새처럼 떼를 지을 수 있다. 첫번째 규칙은 옆의 보이드와 충돌하지 않도록 거리를 두는 것이다. 두번째는 옆의 보이드들과 속도와 방향을 맞춘다. 마지막으로 무리에서 떨어지지 않도록 가까이 있는 것이다. 이 기본적인 규칙들은 새나, 물고기, 혹은 인간에게도 마찬가지로 적용될 수 있다. 그 규칙들이 새의 동작을 모든 측면에서 설명하는 것은 아니지만

완벽한 정렬과 동시성이 어떻게 이루어지는지 알려준다.

　우리가 당황할 때 얼굴이 붉어지거나, 놀라거나 무서울 때 창백해지듯이 생리적인 변화는 동물의 외모를 아주 빨리 바꿀 수 있다. 농어, 열대산 쥐치복, 노랑촉수, 참놀래기과의 몇 가지 종을 포함하는 많은 물고기들이 하나의 디스플레이로서 자주 색깔을 바꾼다. 대체로 경골어류는 위에서 비추는 빛으로부터 위장하기 위해 반명암법으로 아래는 옅은 색, 위는 어두운 색을 띤다. 그러나 바디스(Asian toleost fish)는 상황에 따라 열한 가지 색으로 바꿀 수 있다고 한다. 그래서 이름이 아삼 카멜레온물고기(Assam chameleon fish)이다.

　그러나 그 무엇과도 비교할 수 없는 옷차림을 한 것은 거대한 갑오징어이다. 5월과 6월에 호주 남부 스펜서만의 얕은 물은 틀림없이 차가울 거라고 생각한 나는 두툼한 잠수복을 입었다. 그러나 물에 들어가자마자 나는 몸이 떨리는 것도 잊어버리고 다른 세계로 몰입했다. 보이는 곳마다 거대한 갑오징어가 어뢰처럼 생긴 몸 둘레에 얇은 껍질로 잔물결을 일으키면서 우주선처럼 해초 사이를 떠돌고 있었다. 갑오징어는

당황할 때 얼굴이
빨개지거나 놀랐을 때와
무서울 때 창백해지는
것에서 알 수 있듯이
생리적인 변화는 동물의
외모를 빨리 바꿀 수 있다.

혈관이 통하는 하얀 무늬 밑으로 부드러운 녹색, 빨강 그리고 파란 색조가 피부 밑으로 흐르고 이따금 유령같이 창백해지거나 선명한 암홍색과 선녹색을 띠며 어둡게 변했다. 오징어는 색깔을 바꾸는 것처럼 아주 쉽게 방향을 바꾸며 앞으로 뒤로 옆으로 미끄러지듯 헤엄치거나 갑자기 물을 뿜고 곤두박질치며 후퇴하거나 전진할 수 있다. 큰 머리로부터 뻗어나온 긴 촉수는 아름다운 색의 희뿌연 줄무늬를 가졌으며 발레리나의 팔처럼 말기도 하고 펼치기도 했다. 암컷보다 큰 수컷들은 3년이 지나면 약 1미터까지 자라며 촉수에는 깃발 같은 물갈퀴가 술처럼 달려 있다.

내가 그 중 하나를 조사하려고 가까이 갔을 때 갑오징어는 가늘고 길게 째진 눈으로 나를 지켜보더니 기적처럼 변하기 시작했다. 색채뿐만 아니라 성질과 모양도 변했다. 바로 내 눈앞에서 허옇게 변하더니 작은 돌기와 늘어진 모양의 피부가 나타나면서 점점 뚜렷하게 돌기들이 튀어나오고 촉수는 뻣뻣해져서 가지처럼 위를 향했다. 순식간에 갑오징어는 주위의 해초 모양을 하고 있었다. 너무 완벽하게 위장해서 불과 1미터 떨어진 곳에서 보고 있지 않았다면 나는 갑오징어가 거기 있다고는 전혀 짐작도 하지 못했을 것이다. 내가 등을 돌리자 갑오징어의 피부는 매끄러워지고 본래의 색깔로 돌아왔다. 갑오징어가 마치 마법에 의해 변한 것처럼 나 역시 별안간 돌아서서 그것을 지켜보았다.

갑오징어에 대해서는 알려진 것이 별로 없다. 그들은 대부분의 생애를 우리가 볼 수 없는 바다에서 보낸다. 하지만 초겨울이 되면 번식하기 위해 수천 마리가 남반구의 스펜서만에 모인다. 큰 수컷은 해초 사이에 숨어서 바위 틈에 알을 낳는 암컷들을 철저히 지킨다. 만약 다른 수컷이 너무 가깝게 접근하면 경계하던 수컷은 물갈퀴가 달린 촉수들을 깃발처럼 둥글게 펼치고 경쟁자를 마주보며 검은 얼룩무늬를 번쩍거린다. 상대에게 심각한 위협을 느끼면 넓은 면을 상대에게 부딪치면서 줄무늬를 펴서 번쩍거린다. 가끔 양쪽 수컷들은 이 자세를 취하면서 진짜 싸움을 벌일 수도 있다. 촉수를 벌리고 앞으로 돌진하면서 날카로운 주둥이를 드러내는데 한 덩어리의 살을 쉽게 잘라낼 수 있다. 희망을 가지고 주위를 배회하는 작은 수컷들이 있지만 심한 경쟁을 고려한다면 어떻게 감히 암컷에게 가까이 갈 수 있겠는가? 대답은 몹시 비겁

옆면 | 번식하기 위해 호주 남부 스펜서만에 온 거대한 갑오징어와 함께 하는 수영은 환상적인 경험이었다.

91

하게 구는 것이다. 그들은 일부러 인상적인 디스플레이를 하지 않는 대신 암컷인 체한다. 희미한 색에 얼룩반점을 띠면서 촉수를 단단히 감아 올린 작은 것들은 큰 수컷들을 속이고 살짝 그 앞을 지나 암컷에게로 간다. 큰 수컷이 경쟁자에게 몰두하고 있을 때 이 '복장 도착자'는 갑자기 자신이 수컷임을 드러내고 암컷을 가로챈다. 그리고 마치 암컷을 삼키려는 것처럼 촉수로 암컷의 머리를 둘러싸고 정자 묶음을 암컷의 부리 아래 주머니로 옮긴다. 그러면 암컷은 수정된 커다란 알을 하나씩 차례로 낳는데 이 알들은 큰 바위 밑이나 돌 틈에 달라붙는다. 만약 큰 수컷이 그의 암컷을 찾으러 돌아오면 작은 수컷은 급히 다시 암컷인 체하고 곤경에서 벗어난다.

두족류인 갑오징어와 문어의 의사소통 시스템이 전부 시각적인 신호에 근거하는 것 같지만 놀랍게도 이 생물들은 색맹이다. 우리는 이것을 두 가지로 미루어 알 수 있다. 첫째 그들의 망막은 하나의 시각 색소만 가지고 있는데 이것은 파장을 구별할 수 없다는 것을 의미한다. 두번째는 습성을 실험해본 결과 그들은 다른 색들을 구별하지 못했다. 갑오징어는 복잡한 눈을 가지고 있고 시력이 잘 발달했지만 검정과 흰색의 명암만 볼 수 있다. 오징어에게 중요한 것은 피부의 밝기와 질감의 변화이다. 색채에서 부족한 것은 다른 채널로 보충하는데 갑오징어는 평면 편광을 탐지할 수 있다. 우리 인간은 볼 수 없는 광선이다. 두족류는 빛이 수직이든 수평이든 인조 편광판으로 덮은 램프를 쉽게 공격한다. 이 갑오징어의 포식자인 상어와 돌고래는 이런 유형의 빛을 볼 수 없다. 갑오징어는 포식자들 때문에 위장하고 있는 동안 서로에게 메시지를 보내기 위해 이 채널을 이용하는 것으로 생각된다.

보디랭귀지

산등성이 위에 늑대 한 마리가 멈춰서 바람이 휘몰아치는 하늘을 배경으로 잠시 흐릿한 윤곽을 보이다가 가파른 언덕 아래 어둠 속으로 사라진다. 언덕 아래의 바람이 없는 은신처에서 늑대떼가 휴식을 취하고 있다. 자는 놈들도 있고 새끼들이 노는 것을 지켜보는 놈들도 있다. 북아메리카산 늑대(timber wolf)들은 7~20마리가 떼를 지어 산다. 무리의 중심에는 두목 수컷과 암컷이 있는데 이 둘은 유일하게 짝을 이룬 한

옆면 위 | 갑오징어는 주변의 상황에 따라 변하는 위장의 대가들이다.

옆면 아래 | 갑오징어 수컷이 넓은 등을 부딪치며 촉수들을 펼치고 등을 가로지른 검은 줄무늬를 번쩍거리면서 디스플레이한다.

쌍이다. 청년기가 되었을 때 무리를 떠나는 것들도 있지만 일부 늑대들은 남아서 두목 부부가 낳은 새끼들을 키운다. 냄새 표시, 깨갱거리기, 짖기, 으르렁거리기, 낮고 음울한 소리를 길게 내뽑는 전형적인 늑대 울음소리는 모두 늑대들이 가진 풍성한 어휘들로서, 영역을 분명히 알리고 방어하기 위해 사용된다(4장, p.143, 2장, p.60). 그러나 가까이에서 보면 무리 안의 가족 관계는 몸짓이 나타내는 많은 '언어'에 의해 조정된다. 3개월 된 새끼가 머리와 앞다리를 낮추고 엉덩이를 높이 들더니 갑자기 다른 새끼에게 뛰어올라 목덜미를 움켜잡는다. 둘은 풀밭에서 뒹굴고 서로 쫓아다닌다. 또 다른 새끼는 두 다리로 서서 어린 형제를 옆으로 밀치며 힘을 과시한다. 무리에 합류한 젊은 늑대 하나가 우두머리 암컷에게 달려가 코를 비비거나 축축한 코를 암컷의 코에 갖다 댄다. 늑대를 잘 아는 관찰자만 이 다정한 인사에서 순종의 표시를 읽을 수 있다. 새로 도착한 늑대의 두 귀는 뒤로 향하고 꼬리는 암컷 두목의 꼬리보다 약간 더 내려와 있다. 모든 것이 만족스럽다.

　사람들처럼 동물의 신체는 그들의 계획을 광고하며 움직이는 게시판처럼 행동한다. 늑대 사회의 계급제도가 엄격하긴 하지만 우발적으로 유지되는 경향이 있고 보통은 계급이 낮은 늑대가 꼬리를 내리는 것과 같은 작은 제스처만으로도 복종의 뜻을 알리기에 충분하다. 그러나 우리가 자신감을 나타내기 위해 어깨를 펴거나 양손을 허리에 대는 것처럼 분쟁이 일어나면 서열이 높은 동물이 적을 향해 자신 있게 몸을 세운다. 목덜미 털을 곤두세우고 털이 많은 꼬리는 수평으로 들고 두 귀를 약간 앞으로 세운다. 그리고 윗입술을 뒤로 잡아당겨 날카로운 송곳니를 드러냄으로써 더욱 위협적인 모습을 갖춘다. 약자는 긴장을 완화시키기 위해 꼬리를 두 다리 사이에 내리고, 움츠리며 가까이 가서 몸을 굴려 배를 드러낸다. 그러나 공격이 곧 있을 것이라고 생각하면 여러 가지 뒤섞인 신호를 드러내며 방어적인 자세를 취한다. 꼬리는 다리 사이에 둔 채, 머리를 낮추고, 두 귀를 머리에 붙이고, 목덜미 털을 곤두세우며, 몸을 활처럼 구부리고 싸움을 대비하며 으르렁거린다.

　사람은 길들여진 늑대와 적어도 1만4천 년(가장 최근의 증거는 13만5천 년임을 암시)을 함께 지냈기 때문에 이 보디랭귀지를 매우 잘 알고 있다. 애완용 개들은 친척인 늑대들과 같은 신호를 사용하면서 우리와

(그들 무리의 구성원으로서) 의사를 소통한다. 그리고 사람의 입장에서 해석하는 것이긴 하지만 우리는 그들의 언어를 어느 정도 배웠다. 우리가 집에 돌아오면 개는 껑충껑충 뛰면서 얼굴을 핥는데 우리들은 이것을 다정하고 반가운 인사라고 여길 것이다. 개의 관점에서도 확실히 환영이라고 할 수는 있지만 약간 다른 의미가 있다. 개는 실제로 배고픈 늑대 새끼가 사냥감을 잡아 온 어른 늑대를 환영하는 것과 정확하게 같은 식으로 행동하고 있는 것이다. 어른 늑대의 얼굴을 핥음으로써 새끼는 어미에게 먹이를 토하라고 요구한다. 개가 잡고 흔들도록 자신의 발을 내미는 것은 이상하게도 사람의 제스처로 보인다. 우리는 개에게 완전히 새 언어를 가르쳤다고 생각할 수도 있다. 그러나 늑대들도 순종하는 태도를 보일 때나 놀자고 권할 때 서로 발을 내민다. 놀이는 종종 공격과 같은 동작을 포함하기 때문에 보디랭귀지는 의도가 우호적이라는 것을 보여주는 것이 특히 중요하다. 새끼가 몸을 웅크리고, 머리를 내리고, 엉덩이를 들고, 꼬리를 흔드는 '놀이 인사'와 같은 태

늑대떼에게 보디 랭귀지는 매우 중요한 의사소통 수단이다. 지배자는 꼬리와 두 귀를 세우고 당당하게 일어섬으로써 우위를 나타내는 반면 약자는 꼬리와 두 귀를 내린다.

도를 취하는 것은 공격적으로가 아니라 장난으로 동료를 안전하게 물 겠다는 뚜렷한 신호이다.

개의 보디랭귀지 중에서 가장 눈에 잘 띄는 것은 꼬리를 흔드는 것이 다. 꼬리를 올리고 흔드는 것은 다정함, 장난, 기선을 제압하기, 또는 흥분했다는 신호이다. 꼬리를 아래로 숨기고 미친 듯이 흔드는 것은 개 가 초조하다는 것을 의미한다. 우리는 꼬리를 흔드는 것이 순수하게 사 회적이라는 것을 알고 있다. 개는 흔히 밥을 먹을 때 기대감에서 꼬리 를 흔든다. 그러나 개를 촬영한 비디오 테이프를 보면 개가 먹이를 받 을 때 만약 사람이 없으면 꼬리를 흔들지 않는 것을 알 수 있다. 꼬리는 의사소통을 위한 중요한 도구이다. 재칼과 여우와 딩고(호주산 들개)를 포함하는 개과의 많은 종들이 동작을 더 두드러지게 보이는 흑백의 꼬 리 끝을 가지고 있다. 특히 사회적인 아프리카야생개는 꼬리 끝의 검고 흰색이 유난히 잘 보인다.

영장류의 꼬리는 기본적으로 나무들을 건너 뛸 때 균형을 잡기 위한 것이지만 많은 종들은 의사를 전달하기 위해 꼬리를 사용한다. 마다가 스카르의 알락꼬리여우원숭이(ring-tailed lemur)는 검고 흰 줄무늬의 길고 우아한 꼬리를 가지고 있는데 숲에 사는 이 원숭이 집단은 쉽게 눈에 띄는 그 꼬리를 보면서 흩어지지 않고 모여 지낼 수 있다. 내가 보 았던 가장 의미 있는 꼬리는 최근에 발견한 선태일드원숭이(sun-tailed monkey)인데, 그 이름이 암시하는 것처럼 꼬리 끝이 강렬한 황금빛을 띠고 있다. 수컷 두목의 꼬리는 끝이 항상 수직으로 곧추세워져 있는데 원숭이떼를 이끌고 서아프리카 열대 우림의 무성한 관목 덤불을 통과 할 때 공중에서 눈에 번쩍 띄는 것은 바로 그 황금빛 꼬리 끝이다. 유용 한 부속기관이 시각적인 신호 역할을 하는 완벽한 예이다.

관심을 끌고 싶을 때 가장 좋은 방법의 하나가 팔을 머리 위로 흔드 는 것임을 우리는 모두 알고 있다. 매우 복잡한 메시지를 보내기 위해 수기 신호로 이 방법을 사용하기도 한다. 그런데 우리만 그런 것이 아 니다. 농게는 바닷물이 들어오는 세계 곳곳의 늪지에 많은데 가장 인상 적인 것은 집게발이다. 몸 전체만큼 커다란 이 부속 기관은 한 쪽은 우 아하고 고상하며 다른 한 쪽은 끝이 뽀족하다. 오직 수컷만 이 거대한 집게발을 가지고 있는데 먹이를 먹는 데는 쓸모가 없지만 강력한 무기가 되고 다른 수컷들을 위협하기 위해 사용된다. 또 암컷의 관심을 끌기 위해서도 사용된다. 물 속의 터널처럼 생긴 굴 속의 정교한 미로에 사는 농게는 조수가 들어올 때 숨을 쉬기 위해 공기 주머니를 가진 진흙 덩어리를 그러모은다. 그러나 썰물이 되면 섹스를 생각하며 잰걸음으로 달려와 진흙 위로 집게발을 흔들면서 암컷들에게 '이리 오라'고 간절하게 애원한다. 남아프리카 위트워터스랜드 대학교의 생물학자 팀의 보고에 의하면 수컷들은 몇 마리가 한 마리의 암컷을 둘러싸고 집게발을 흔들기 시작한다고 한다.

농게의 시각에서 수컷의 커다란 집게발은 반드시 거대하게 보여야 한다.

마치 한떼의 지휘자들이 한 사람의 연주자를 지휘하려는 것처럼 암컷 게를 가운데 놓고 동시에 집게발을 흔들기 시작한다. 함께 집게발을 흔드는 것은 암컷이 집게발을 각각 비교하여 가장 강한 것을 선택하게 하려는 것일 수도 있다.

이 집게발은 매우 중요해서 그것을 상실한 어떤 종은 약한 대용품을 급히 자라게 하는 속임수를 쓴다. 이 집게발은 무기로서는 전혀 쓸모가 없지만 경쟁자들을 위협하고 암컷들에게 흔들 때는 제 역할을 거뜬히 해낼 수 있다. 각 종은 나름대로의 안무법을 가지고 있는데 그들보다 훨씬 뛰어난 우리는 거기에 대해 아무런 느낌이 없다. 그러나 수평선 위 약 2센티미터의 좁은 범위지만 360도를 볼 수 있는 게들의 관점에서는 이렇게 요란하게 흔드는 몸동작은 강하고 인상적인 볼거리임에 틀림없다.

다른 동물들의 보디랭귀지를 이해하는 것은 가끔 생존을 위해 필수적이다. 지구상에는 375종 이상의 상어가 있는데 어느 종도 말하기를 좋아하지 않는다. 매우 예민한 후각을 가지고 있는 상어는 의사소통을 위해 전기적인 감각을 사용할 수 있다. 상어는 보디랭귀지를 잘 사용하는데 잠수부들은 목숨이 걸려 있는데도 그것을 무시한다. 예를 들어 백상아리는 자기 영역을 지키는데 민감하고 그들의 구역에서 어슬렁거리는 사람을 친절하게 대하지 않는다. 잠수부가 접근하면 상어는 정상적인 수영 패턴을 한층 과장된 동작으로 바꾼다. 코를 높이 들고 가슴 지느러미를 아래로 향하고 몸을 S자 형으로 비튼다. 자세를 이렇게 바꾸는 것은 놀자는 얘기가 아니다. 상어는 성미가 급하기 때문에 정면공격 자세로 입을 크게 벌리고 곧장 희생자에게 달려들면서 옆으로 깊이 물어뜯는다. 누가 보아도 알 수 있는 신호다! 수중 영화 제작자인 마이크 드 그루이는 큰 대가를 치르고 이 신호를 배웠다. 태평양 마샬 군도의 바다에서 스쿠버 다이빙을 하던 그는 특별히 이상하게 보이는 암컷 상어를 보았다. 그는 상어가 코를 위로 향하고 가슴지느러미를 내리고 입을 약간 벌린 것을 보고 부상당한 것이라고 생각했다. 그리고 상어의 사진을 찍기로 결심했다. 그러나 플래시가 터지자마자 상어는 자세를 바꾸더니 곧장 그를 향해 돌진했다. 카메라를 옆으로 밀친 상어는 그의 팔을 물어서 꽤 큰 살점을 잡아 뜯었다. 마이크는 11시간 반에 걸친 수술 끝에 팔이 거의 정상으로 돌아왔지만 이제 상어의 경고를 무시하는 일은 절대로 없을 것이다.

어떤 종류의 보디랭귀지는 포유동물들에게 거의 보편적으로 나타나는데, 몇 가지 기본적인 원칙이 있다고 할 수 있다. 위협하는 태도를 나타내기 위해서는 가능하면 몸을 크게 보이고, 이빨과 엄니 혹은 뿔 같은 무기를 드러낸다. 위협하는 것이 아니거나 순종하는 것이면 대개 몸을 작고 약하게 보이도록 웅크리는 자세를 취하며 개는 몸을 굴려 배를 드러낸다. 인간의 신체언어도 이와 같은 것들이 많다. 상대를 위협하려면 몸을 완전히 세우고 어깨를 쫙 펴고 적의 얼굴에 무기를 휘두른다. 그러나 칭얼거리는 아기를 달래기 위해서는 몸을 낮추며, 총으로 협박당할 때는 무기를 갖지 않았다는 것을 보이기 위해 두 손을 든다. 사람과 동물이 보디랭귀지를 공유하고 있다는 것을 단정적으로 보여주는 재미있는 이야기가 있다. 워싱턴 시의 한 동물원에서 먹이를 주는 시간이었다. 차례를 기다리는 것을 참을 수 없었던 타조 두 마리는 외바퀴 손수레에서 먹이를 훔치기로 했다. 날개를 활짝 펼치고 접근하면서 관

침팬지 수컷은 온몸의 털을 세워서 훨씬 크게 보이도록 만든다.

98

리인을 겁먹게 하려던 타조들은 곧 물러났다. 위협하는 전법에서 그들보다 한수 위인 관리인이 갑자기 그의 재킷을 활짝 벌리고 대들었기 때문이다!

자신을 크고 위험한 존재로 보이려는 것은 실제로 육체적인 폭력을 피하는 좋은 방법이다. 수컷 고릴라들은 일어나서 두 손을 컵처럼 만들어서 가슴을 두드린다. 침팬지 수컷들은 온몸의 털을 곤두세워서 훨씬 더 커 보이게 만들고, 나무나 풀을 잡아뜯거나 나뭇가지를 휘두르며 돌을 던지고 손바닥으로 땅을 친다. 이런 과시는 분명 구경꾼들을 겁주려는 것이지만 누군가 다치는 일은 거의 없다. 그러나 나는 동물들이 이런 동작을 하는 동안 자리를 잘못 잡으면 위험할 수도 있다는 것을 개인적으로 경험했다. 나뭇가지나 돌이 날아올 수도 있으며, 한번은 매우 흥분한 수컷에게 나뭇가지 대신 질질 끌려가서 나 자신이 실제로 그 행위 속에 포함된 일도 있었다.

그러나 정상적으로 사회의 질서를 유지하는 데는 작은 신호만으로도 충분하다. 두목인 수컷 침팬지가 털을 약간 세우기만 해도 서열이 낮은 계급의 침팬지들이 달려가서 그를 달래고 몸을 낮추고 마치 인사하는 것처럼 머리를 아래위로 까딱거리면서 낮은 소리로 꿍꿍거린다. 또 다른 복종의 신호는 '받들어 총' 자세를 반대로 하는 것인데 하급자가 상급자에게 등을 돌리고 움츠리는 것이다. 암컷의 이런 행동은 짝짓기할 상태가 되었다는 것을 수컷에게 추가로 알리는 것이며, 둘이 짝짓기를 원하면 암컷이 '시작해'라는 의미로 사용하는 것이기도 하다. 나는 어느 날 플로시라는 젊은 암컷을 지켜보고 있었다. 약 아홉 살인 플로시는 막 청춘기여서 섹스 경험을 간절히 원하고 있었다. 플로시는 공동체에서 가장 세력이 있는 가족 출신이기 때문에 첫 경험에서도 당당했다. 나는 큰 관심을 가지고 그녀가 나뭇가지를 타고 가서 분명 약간 서투르게 보이는 젊은 수컷에게 등을 보이는 것을 지켜보았다. 제동이 걸리지 않는 플로시는 계속 수컷에게 후진했고 마침내 나뭇가지 끝까지 가게 된 수컷은 플로시의 요구를 따르지 않을 수 없었다!

보디랭귀지의 또다른 특성으로 제스처가 있다. 인간처럼 침팬지는 메시지를 전달하기 위해 두 팔을 많이 사용한다. 급하고 거만하게 팔을 한번 휘두르면 다른 침팬지에게 '썩 꺼져!'라고 말하는 것일 수 있고,

위 | 초조한 원숭이가 손을 내밀자, 서열이 높은 원숭이가 안심시키고 있다.

아래 | 침팬지가 손바닥을 위로 해서 한 손을 내미는 것은 먹을 것을 달라거나 다시 확인하고 싶을 때이다.

옆면 | 포옹은 특히 긴장 상태의 침팬지 사이에서 단결을 재확인하는 중요한 방법이다.

서열이 높은 동물이 팔을 내밀어 움츠린 부하를 건드리는 것은 안심시키기 위한 것일 수도 있다. 두 가지 모두 뭘 달라고 손을 내미는 인간의 제스처를 생각나게 하는 것들이다. 가끔 아기들은 먹을 것을 얻기 위해 손을 어머니의 입으로 가져가는데, 어떤 동물이 긴장한 상태에서 두목에게 팔을 뻗는 것은 내버려두라는 애원이거나 싸우는 동안 도와달라는 간청일 수도 있다.

얼굴 표정

주위의 세계를 감지하기 위해 사용하는 대부분의 기관들인 눈, 코, 입, 그리고 귀는 머리에 있고 또 가까이 모여 있는데 얼굴 자체는 아주 많은 정보를 제공할 수 있다. 인간은 느끼는 것을 전달하기 위해 7천 가지의 얼굴 표정을 지을 수 있는 것으로 추정된다. 의사소통에서 얼굴 표정의 역할은 가장 중요한 요소이다. 그런데 웃는 것과 찡그리는 것의 기원은 무엇일까?

부시베이비(bushbaby: 아프리카산 여우원숭이)는 적도의 숲에서 어두워진 후 높은 가지를 타고 이동한다. 그들은 식량을 찾아 혼자 돌아다니지만 아기처럼 가엾은 울음소리를 내서 연락을 취한다. 그래서 베이비라는 말이 이름에 들어가게 되었다. 또 끈적거리는 오줌을 통로에 남겨서 그 냄새를 통해 성별, 나이, 번식 상태에 관한 생생한 기록을 제공한다. 이 원숭이들의 생활양식을 보면 소리와 냄새가 메시지를 전하는 좋은 방법인 데 비해 얼굴 표정과 같은 시각적 신호는 아무 소용이 없는 이유를 쉽게 알 수 있다. 그러나 북부세네갈부시베이비를 잡아서 관찰한 결과, 같은 종의 다른 원숭이를 만났을 때 귀를 펴고 부분적으로 눈을 감는다는 것이 밝혀졌다. 서열이 낮으면 멀리서부터 그런 행동을 하는데 계급이 높으면 아주 가까이 와서야 같은 행동을 보인다. 만약

특별히 연락을 하고 싶다면 부시베이비들은 같은 행동을 한 다음 추가로 양쪽 입가를 오므리고 빙긋 웃는 듯한 표정을 지으며 비명을 지른다. 이 얼굴 표정의 의미에 대해서는 알려진 것이 없지만, 몸단장과 먹이를 나눌 때와 짝짓기를 원할 때도 같은 표정을 짓는다. 그러나 이 원숭이들은 야행성으로 어둠 속에서 살기 때문에 서로 얼굴을 찡그리는 것은 의사소통의 중요한 수단이 될 것 같지는 않다. 대신 그것은 단순히 기본적인 반사작용으로 퇴보하는 것일 수도 있다.

동물과 인간 모두 얼굴 표정은 흔히 발성을 동반하지만 처음에는 아마 깜짝 놀라거나 불쾌한 경험에 대한 자연스런 반응에서 나온 표정들도 있었을 것이다. 환경이 극단적이거나 갑작스럽게 변하는 것은 잠재적 위험일 수 있으므로 반사적으로 중요한 감각기관을 보호하는 것이 현명한 예방책이다. 이 반사작용은 인간을 포함한 대부분의 포유동물들이 놀랄 만큼 비슷한데 포유동물이 진화하면서 아주 일찍부터 발달했을 것으로 보인다. 강한 냄새, 불쾌한 맛, 갑작스런 큰 소음, 혹은 머리를 한 대 맞을 것이라는 예상에 이르기까지 어느 정도 같은 반응을 보인다. 머리가 움츠러들고, 두 눈을 가늘게 뜨고 눈을 보호하기 위해 눈썹을 내린다. 많은 동물들이 귀를 보호하기 위해 머리에 붙이고(가끔 사람에게서도 볼 수 있다), 입술을 뒤로 당기고, 양쪽 입가를 넓게 잡아당긴다. '빙긋' 웃는 것처럼 보일 수도 있는 이 기능은 웃으면서 성문聲門이 닫히는 동안 혀를 내밀어 입에서 해로운 물질을 내뱉기 위한 것일 수도 있다. 또 다른 가능성은 '빙긋' 하는 동작이 공격할 준비가 되어 이빨을 드러내는 것일 수 있다.

많은 포유동물들이 기본적으로 가지고 있는 이 방어적 반응은 의사소통의 의식화된 형태가 되었다. 예를 들어 사자, 말, 늑대, 여우, 개 들은 모두 사회적인 상호작용에서, 특히 상급자에게 인사하거나 약간 긴장된 상태에서 '애매하게 미소를 짓는 듯한' 표현을 보여준다. 그러나 대부분 동물의 얼굴 표정은 제한적이며, 중요한 의사소통 수단이 아니다. 포유동물 집단에서 오직 영장류만이 실제로 말하기 위해 얼굴을 이용한다. 영장류는 종종 다른 개체와 긴밀한 관계를 맺으며 대부분의 시간을 서로 보면서 살아간다. 그러므로 신분, 감정, 그외 다른 것에 대한 기호를 알 수 있는 중요한 정보원으로 얼굴을 자세히 관찰한다. 침팬지

*포유동물 중에서
오직 영장류만이 말하기
위해 얼굴을 이용한다.*

를 옆에서 관찰하며 평생을 보낸 제인 구달은 탄자니아의 곰베에서 있었던 한 장면을 설명한다. 한 침팬지 집단에게 바나나가 막 제공되었다. 다 아는 얘기지만 침팬지는 바나나를 너무 좋아해서 다툼이 제법 크게 일어날 수도 있다. 이번에는 분명 모두에게 바나나가 충분히 돌아간 것 같았다. 그런데 어린 수컷 한 마리가 실컷 먹은 어른 원숭이가 버린 바나나 껍질을 눈여겨보고 있었다. 어린 것은 아주 천천히 다가갔다. 그리고 조심스럽게 어른 원숭이의 표정을 살피면서 극도로 신중하게 손을 뻗어 바나나 껍질을 집었다. 몇 분이 걸려서 모든 작전

을 성공적으로 마친 후에야 어린 원숭이는 어른의 얼굴에서 눈길을 돌렸다.

중남미산 마모셋원숭이(marmoset)나 캐푸친원숭이(capuchin)와 같은 작은 원숭이들은 몸집이 큰 친척들과 같은 종류의 얼굴 근육을 가지고 있다. 그러나 멀리 떨어져 있을 때는 작은 얼굴을 보기 어렵기 때문에 의사소통을 위해 얼굴 표정을 사용하는 것은 제한적이 될 수밖에 없다. 큰 원숭이와 꼬리 없는 원숭이, 그리고 사람의 얼굴은 털이 없기 때문에 자신을 표현하는 중요한 게시판이다. 히말라야원숭이들에게 얼굴 표정이 사회적 상호작용에 얼마나 중요한지를 평가하기 위해 한 연구자가 매우 독특한 실험을 실시했다. 그는 사회 집단의 여러 원숭이들을 택해서 여덟번째 두개골 신경을 자르고 돌려보냈다. 그 수술은 동물이 얼굴 표정을 조절하는 능력을 완전히 제거하는 것이었다. 그 원숭이들은 여전히 소리를 낼 수 있었고 보디랭귀지를 사용할 수 있었지만 얼굴 표정이 없다는 것은 사회적인 관계에 극적인 영향을 미쳤다. 그들은 서로에게 미치는 영향력이 줄어들었으며 사회 계급에서 탈락하는 경

대부분의 포유동물은 갑자기 머리를 한 대 맞을 것 같으면 귀를 붙이고 눈을 감고 양쪽 입가를 넓게 잡아당기는 방어적인 반사작용을 보인다. 이 얼굴 표정은 위협하는 것이 분명 아니기 때문에 사자와 같은 동물들에게 일반적 형태의 인사로 진화했을 것이다.

왼쪽 위부터 시계방향으로 |
삶을 깊이 생각하면서 시간을 보내는 침팬지,
화가 나서 입술을 내밀고 있는 침팬지 새끼,
송곳니를 드러내며 '겁주는 하품'을 하는 개코원숭이,
극단적인 표정으로 위협하는 겔라다개코원숭이,
'공포의 쓴웃음'은 방어적인 표현을 과장한
것이고, 어쩌면 우리 인간들의 미소의 기원일 수도 있다.

향을 보였고 싸움에 더 많이 관련되었다. 어미와 새끼들 사이의 유대관계가 뚜렷하게 감소되었다.

영장류의 얼굴 표정은 눈과 입 주위에 집중되어 있다. 진화하는 동안 입술과 눈 주위의 근육 조직이 점점 복잡해지고 조절이 잘 되는 데 비해 귀 주위는 반대로 점점 감소했기 때문이다. 유연한 입술은 과일이 잘 익었는지 맛보기 위해 진화했고, 몸단장할 때 또 하나의 손과 같은 역할을 하도록 진화했을 것이다.

영장류는 입술이 유연해짐에 따라 다양한 표정을 지을 수 있게 되었다. 어떤 것은 너무 과장되어 우스꽝스럽기까지 하다. 어린 침팬지들에게 이유기는 충격적인 기간이다. 침팬지가 다섯 살쯤 되면 어미는 더 이상 젖을 먹이지 않는다. 새끼들은 훌쩍거리고 입술을 나팔 모양으로 삐죽 내밀고 뿌루퉁하니 화를 낸다. 만약 어미가 그것을 무시하면 새끼들은 점점 슬프고 괴로워서 입의 양쪽 가장자리를 뒤로 당기고 입술은 여전히 내미는데 그 모습은 도날드 덕 만화를 떠올리게 한다. 좌절한 새끼는 점점 더 훌쩍거리고 울면서 화를 내며 비명을 지른다. 이것은 새끼의 괴로움을 그대로 전달하기 때문에 그것을 보는 어미는 가슴이 터질 것 같고 우는 새끼를 무시하려면 대단히 굳은 결심이 필요하다.

영장류에서 가장 흔히 볼 수 있는 표정의 하나는 '찡그린 얼굴' 혹은 입을 벌리고 입술을 오므린 '공포의 쓴웃음'이다. 이것은 거의 긴장하거나 겁이 난 동물이 계급이 높거나 공격적인 상대를 진정시키기 위한 방어적 반응을 과장해서 나타낸 것이다. 사태를 잘못 판단하면 크게 손해를 볼 수도 있기 때문에, 분명하고 위협적이지 않은 신호는 가까운 거리에서 사회적인 관계를 유지하는 동물들에게 엄청난 가치를 지닌다. 이것은 우리 인간들의 미소의 기원일 수도 있다. 달래는 표정은 협조적인 종들에게 우호적인 신호를 보내는 빠르고 효과적인 방법이라는 것을 쉽게 알 수 있다.

대부분의 영장류에게 빤히 쳐다보는 것은 공격적인 위협을 뜻한다. 나는 몇 년 전 에티오피아에서 겔라다개코원숭이를 촬영하고 있었다. 그때 나는 그들을 놀라게 하지 않고 큰 무리 사이에 섞이고 싶었다. 접근하면서 똑바로 쳐다보았다면 원숭이들은 도망쳤을 테지만 몸을 낮게 웅크린 나는 구두끈만 내려다보는 척하면서 뒤쪽으로 슬쩍 가까이

다가갈 수 있었다. 빤히 마주보는 것은 매우 자신감이 있다는 표시이기 때문에 위협적으로 보일 수 있다. 눈살을 찌푸리는 것은 얼굴을 찡그리는 것으로 과장된다. 그러나 원숭이와 사람이 빤히 쳐다보는 것은 더 복잡한 의미가 있다. 침팬지와 피그미침팬지(bonobo) 가운데는 빤히 보는 것이 적극적인 교제의 한 방법일 수 있다. 고릴라에 관한 최근의 연구에 의하면 응시하는 것은 인사하는 것과 연장자 수컷을 달래는 것을 포함하여 다양한 상황에서 이용된다고 한다. 공격적이든 그렇지 않든 유대가 긴밀한 집단에서 응시하는 방향은 다른 개체들에게 중요한 정보를 제공하고 우리의 눈썹 부위가 튀어나온 이유가 될 수도 있다.

빛의 쇼

어둠이 내린 밤이면 말레이시아 해안의 공기는 상쾌하고 맹그로브 숲은 빛을 내며 윙크하는 수천 개의 작고 아름다운 불빛으로 반짝인다. 나무와 덤불들은 촘촘히 모여서 반짝이는 작은 횃불들로 밝은 빛이 고동치는 것처럼 보인다. 그 빛은 아주 밝아서 가까운 바다로 몇 킬로미터 나간 그 지방의 어부들은 그것을 보고 항해한다. 이 멋진 쇼는 수컷 반딧불이가 암컷들에게 '나와 짝짓기하자'라는 메시지를 보내면서 반짝거리는 것이다.

반딧불이는 파리 종류가 전혀 아니고 풍뎅이 비슷한 곤충인데 그들이 내는 빛은 불이 아니라 생물 발광, 혹은 '살아 있는 빛'으로 전깃불의 화학적 버전이라고 할 수 있다. 우리가 스위치를 켜면 전기 에너지가 전구에 있는 금속 필라멘트까지 공급되고 각 원자의 전자들이 자극을 받는다. 그러면 이 전자들은 핵으로부터 튀어나왔다가 돌아가면서 열과 빛을 발산해서 우리에게 전기적인 빛을 공급한다. 반딧불이들은 전기를 이용하지 않는다. 기본적인 과정은 비슷하지만 에너지를 제공하는 것은 전기라기보다는 음식이고 에너지는 금속 필라멘트 대신 루시페린(반딧불이 종류의 체내에 있는 발광 물질), 혹은 '빛을 나르는 것'이라고 불리는 단백질 집단으로 유도된다. 촉매 효소에 의한 이 생화학적인 과정은 전기보다 훨씬 능률적이고 에너지를 열로 낭비하지 않는다.

반딧불이의 각 종들은 나름대로의 펄스 패턴을 가지고 번쩍인다. 수컷들은 메시지의 효과를 높이고 날아다니는 암컷들을 유혹하기 위해

일치해서 빛을 반짝인다. 그러나 반짝이는 불빛에 끌리는 것은 암컷들만이 아니라 다른 수컷들도 매혹되어 그들이 자리잡은 관목 위에 가장 극적인 빛의 성좌를 만든다. 새로운 수컷들이 도착하면 처음에는 잘 맞지 않지만 신참들의 리듬은 곧 이웃과 조화를 이루고, 마침내 문자 그대로 수천 마리의 반딧불이가 동시에 반짝반짝 빛을 낸다.

반딧불이 수컷들이 일치해서 빛을 발하는 원인에 대해서는 몇 가지 이론이 있지만 가장 그럴듯한 것은 암컷들이 가장 일찍, 가장 밝게 빛나는 수컷을 선택하기 때문이라는 것이다. 수컷들은 더 빨리 반짝일 수가 없다. 모르스 부호처럼 번쩍거림 사이에 적절한 간격을 유지하는 것이 중요하다. 하지만 반짝하고 빛을 낸 수컷은 곧 다시 제일 먼저 반짝이려고 한다. 결과적으로 그들 사이에는 초를 나눈 차이도 없어진다. '일동조화(entrainment : 일주日周 리듬을 환경의 사이클에 맞추는 것)'라고 불리는 이 효과는 모두를 정확한 시간에 반짝거리게 한다. 암컷이 특별

반딧불이는 실제로 풍뎅이의 일종인데 암컷을 유혹하기 위해 모르스 부호처럼 메시지를 번쩍거린다.

히 밝은 나무 위에 내려앉을 때 그녀를 둘러싼 수컷 집단은 더욱 섬세한 과정의 다른 신호를 발신하고, 이에 암컷이 반응하기 시작한다. 이 은밀한 대화에 관해 알려진 것은 많지 않지만 만약 교환된 펄스의 패턴이 적절하면 수컷은 암컷에게 접근해서 짝짓기한다.

날아다니고 있는 파트너를 유인하려는 반딧불이도 있다. 반딧불이가 많지 않은 곳에서 자기 종의 독특한 신호를 발산하면서 혼자 돌아다닐 때 그런 일이 생긴다. 암컷들은 자신의 패턴으로 빛을 내며 반응한다. 수컷과 암컷이 교대로 신호를 보내면 수컷은 암컷에게 접근해서 짝짓기를 할 수 있다. 이런 색다른 교류를 받아들이는 암컷들은 상대에게 콧대를 높이지 않고, 돌아다니는 수컷들 모두에게 열렬한 반응을 보인다. 빛을 내는 암컷들은 한층 더 나아가서 실제로 짝짓기를 시작한 것들이다. 영국에서 발견된 날개 없는 암컷은 수컷이 와서 구애할 때까지 기다리지 못하고 짝짓기하고 싶은 열정을 알리는 간단하지만 효과적인 방법을 알아냈다. 풀줄기나 나뭇가지 끝에 기어올라가서 반짝이는 엉덩이를 하늘을 향해 흔드는 것이다. 지나가는 어떤 수컷이든 확실히 멈추게 하는 기막힌 수법이 아닌가!

우리 인간들은 기본적으로 낮 동안에 깨어 있는 시간의 대부분을 보내는 육지 동물들이다. 그러므로 얼마나 많은 바다 동물들이 빛을 발산하는지 알지 못한다. 내가 가장 잊지 못하는경험들 중 하나는 푸에르토리코 해안의 비끄 섬에서 있었던 한밤의 수영이다. 두 팔로 어두운 물을 가르자 내 주위에 희미한 빛의 파문이 일어났다. 나는 마치 은하수 위를 떠가는 것 같았다. 이 신기한 빛은 쌍편모조류(dinoflagellates)라고 불리는 수백만 마리의 작은 플랑크톤이 발생시킨 것이다. 그런데 하나하나의 빛이 아주 강해서 몸 주위에서 빛나는 아우라처럼 보일 수 있다. 비가 올 때는 바다에 닿는 빗방울이 각각 한 점의 빛을 만들고 마침내 만灣 전체가 푸르스름한 녹색 빛으로 뒤덮이게 된다는 이야기를 들었다. 내가 물에서 나왔을 때 아직도 내게 붙어 있는 작은 생물들은 계속 빛을 반짝여서 은빛 장식들이 내 팔과 머리카락에서 흘러내렸다. 나는 마치 요정의 나라에서 나오는 것처럼 보였다.

그것이 내게는 환상의 나라처럼 보일 수 있지만 쌍편모조류에게는

내가 물에서 나왔을 때 아직도 내게 붙어 있는 작은 생물들은 계속 빛을 발산해서 반짝이는 은빛 장식들이 내 팔과 머리털에서 흘러내렸다.

중대한 업무였다. 그들은 출렁이는 물의 움직임에 반응해서 자동도난 경보기처럼 빛을 낸 것이다. 풀을 먹는 요각류橈脚類와 같은 포식자에 의해서 물이 흔들리면 이 작은 생물들은 밝은 빛을 반짝인다. 이것은 작은 물고기나 오징어 같은 두번째 포식자를 유인하고 이것들은 쌍편 모조류와 같이 아주 작은 것을 먹느라고 애쓰니 조금 더 큰 요각류를 먹는다. 첫번째 목표가 되는 것에서 관심을 돌리게 하는 훌륭한 방법인데, 다른 바다 동물들도 비슷한 보호 정책을 쓴다.

오스트라코드(Ostracod: seed shrimp)는 작은 갑각류인데 반딧불이처럼 빛을 정교한 신호로 널리 이용하기 때문에 '바다의 반딧불이'라는 별명을 가지고 있다. 오스트라코드는 빛을 쌍편모조류와 비슷한 식의 방어수단으로 이용한다. 그들은 적이 많다. 열동가리돔, 게, 새우나 말미잘의 공격을 받으면 밝고 커다란 빛의 폭탄 구름을 만들 수 있는데 이것은 물퉁돔류(snapper)와 전갱이류(jack)같이 더 큰 포식자들을 유인할 뿐 아니라 일시적으로 적의 눈을 멀게 만든다. 적은 너무 깜짝 놀라서 만약 오스트라코드를 벌써 삼켰으면 놀라서 토해낼 것이다! 그러나 이 트릭을 사용할 필요는 거의 없다. 대부분의 포식자들이 오스트라코드가 부비트랩인 것을 알고 그들과 넓은 간격을 두는 것으로 보이기 때문이다.

석양 무렵 약 한 시간 동안 오스트라코드는 놀라운 빛의 쇼를 공연하면서 아무도 그들의 정체성을 의심하지 않게 만든다. 종마다 각기 독특한 디스플레이를 한다. 수컷은 암컷을 유인하기 위해 푸른빛의 독특한 패턴을 만든다. 반딧불이와 달리 오스트라코드는 몸 밖에서 빛을 만든다. 윗입술 위에 튀어나와 있는 작은 노즐로부터 혼합된 화학물질을 바다에 분비하는 것이다. 이 화학물질은 물에서 산소와 작용해서 선명한 빛의 흔적을 길게 만든다. 매우 빠르게 헤엄치는 수컷은 50~60미터의 거리를 1초에 지나갈 수 있는 정도의 속력을 낸다. 그리고 지나간 자리에 발광 물질을 분출한다. 어떤 종은 이 빛의 자국이 몇 센티미터에 불과하지만, 몇 미터씩 길게 남기는 종들도 있다. 아이들이 예쁜 모양의 불꽃을 뒤쫓는 것처럼 오스트라코드는 아래로, 위로, 옆으로 또 비스듬히 이동한다.

우리는 오스트라코드의 메시지를 이제 막 해독하기 시작하고 있다.

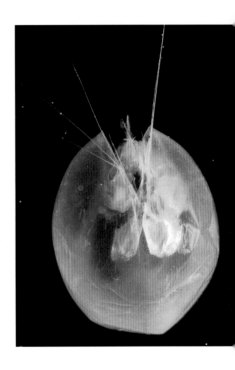

심해의 오스트라코드는 선명한 빛의 흔적을 남겨서 메시지를 전한다.

세계적 전문가인 코넬대학교의 짐 모린은 몇 초 동안 길게 계속되는 파동으로 어떻게 무늬를 만들어내는지 설명한다. 처음에는 아주 작고 둥근 빛이 넓은 공간에 나타나지만 점점 간격이 좁아지고 가까워져서 마침내 짧고 고른 간격의 빛의 파동이 어둠 속으로 사라진다. 디스플레이의 처음 부분은 많은 오스트라코드들에게 중요한 볼거리지만 짧고 강하고 고른 간격의 빛의 파동이 성대한 대단원에 집중된다. 빛의 쇼는 해저에서 대부분의 시간을 보내는 암컷들에게 올라와서 즐겁게 지내자는 초대장이다. 암컷들이 답례로 감사의 인사를 보내는 것 같진 않아도 적절한 위치, 궤도, 빛의 형태에 신호를 보내서 같은 종의 수컷을 추적하고 짝짓기를 하는 것으로 보인다. 다른 수컷들도 빛에 이끌려 중요한 공연자를 호위한다. 이 수컷들이 무슨 이유로 다른 수컷을 호위해주는지 설명할 수는 없지만 이들은 동등하게 빛의 파동을 보낼 수 있는데도 여전히 '침묵'한다. 가끔 동시에 넓은 간격으로 흔적을 남기기도 하는데(아마 반딧불이에서 보여준 일동조화와 같은 현상) 푸른 불빛들이 모래톱을 휩쓰는 숨막히는 자연의 장관을 연출한다.

우리를 그처럼 매혹시키는 빛은 어떤 것이 있는가? 극지의 하늘을 비추는 오로라, 번개의 극적인 번쩍임, 크리스마스 장식의 반짝이는 전구, 미친 듯이 회전하는 레이저빔까지 우리는 빛에서 매혹적이고 신비한 무엇인가를 발견한다. 심해 어류에 대한 초기 연구는 그 어류들을 수면 위로 가져와서 행해졌는데 그럴 경우 대개는 섬세한 빛을 발산하는 구조를 파괴시켰고, 빛을 만들 수 있는 동물이 얼마나 되는지 알 수 없었다. 사실 지구상에서 가장 많은 척추동물은 벤투스브리슬마우스(benttooth bristlemouth)라고 불리는 작은 발광 물고기이다. 이제는 무인해저탐색 잠수정에 카메라를 장착하고 대양의 깊은 물속을 들여다봄으로써 우리는 반짝이는 빛, 선명하게 긴 흔적을 남기는 빛. 회전하는 원광들과, 빛을 발하는 입술을 가진 물고기의 특별한 세계를 발견하게 되었다. 이 생물들 중에 가장 뛰어난 볼거리는 중앙에 원반을 하나 가지고 있는 메두사해파리(medusae)인데 그 원반 위에서 둥글게 도는 빛은 마치 심해에서 회전하는 바퀴무늬처럼 보인다. 우리는 이제 바다 생물의 80%가 짝을 찾고, 포식자들을 피하고, 먹이를 유인하고 함께 모여 있기 위해 빛을 발하는 것을 알게 되었다. 하지만 그들이 빛을 내는 코드의 의미를 해독하는 것은 이제 시작일 뿐이다. 그것은 우리가 상상한 것보다 훨씬 더 복잡할 수도 있다.

가장 흥미를 끄는 광원의 하나는 발광눈금돔에서 볼 수 있다. 이 어종은 널리 퍼져 있지만 뭉툭한 코, 뒤집힌 것 같은 큰 입, 그리고 양쪽 눈 밑에 있는 구부러진 모양의 기관에서 빛을 내는 원시 어종이다. 그 빛은 발광눈금돔 스스로 내는 게 아니라 사실 빛을 내는 박테리아가 무성하게 자라면서 빛을 만드는 것이다. 이 박테리아들은 녹색 빛을 발하는데 기관 안에서 거울 작용을 하는 은백색 수정체에 의해 빛이 강화된다. 박테리아가 무료로 살 곳을 얻는 것 외에 또 다른 이익을 얻는지는 확실하지 않지만 물고기는 확실히 그들과 동거하는 램프 덕을 본다. 발광눈금돔은 늘어진 피부를 덮어서 빛을 가리거나 어떤 종은 박테리아가 다른 쪽을 향하도록 회전해서 신호를 조절한다. 그들은 먹이를 유인하고 떼를 짓고 성적인 유대를 위해 서로 의사소통하는 것은 물론 포식자들에게 틀린 정보를 전할 때도 빛을 이용한다. 만약 포식자가 접근하

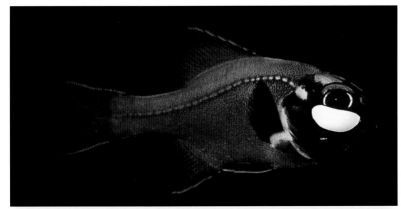

위 | 발광눈금돔의 조명은 천연적으로 램프 역할을 하는 눈 밑의 발광 박테리아가 성장하면서 내는 빛이다.

아래 | 발광눈금돔은 빛을 가리기 위해 늘어진 피부를 덮는다. 어떤 종들은 박테리아가 다른 쪽을 향하도록 회전한다.

샛비늘치는 몸에 가진 발광기관의 빛으로 같은 종의 샛비늘치뿐 아니라 다른 종들과도 의사소통을 한다.

샛비늘치가 다랑어를 만나면 수컷들이 발광기관의 빛을 완전히 밝히고 포식자의 관심을 끄는 동안 암컷들은 어둠 속으로 도망친다.

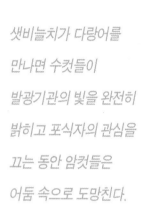

면 발광눈금돔은 발광기관의 빛을 깜박거리면서 급히 피하는데 최대한 많은 빛을 발하면서 도망친다. 포식자가 추격해오면 갑자기 빛을 피부로 덮어서 가리고 어둠 속에서 반대 방향으로 몰래 도망친다! 물고기마다 1분에 75번까지 빛을 깜박이게 할 수 있는데 큰 무리가 그렇게 한다면 포식자들이 완전히 어리둥절해지는 것은 당연한 일이다.

아주 많은 바다 생물들이 빛에 민감하기 때문에, 빛은 같은 종뿐만 아니라 다른 종들과의 의사소통에도 이용된다. 발광눈금돔처럼 어떤 어류는 포식자들을 혼동시키기 위해 빛을 자동도난 경보기처럼 이용한다. 포식자들을 꾀어들이기 위해 빛을 이용하는 것들도 있다. 샛비늘치과의 물고기(lantern fish)는 스스로 순교자가 되어서 햇불을 밝히고 파멸을 초래한다. 어떤 종들은 수컷만 발광 기관을 가지고 있거나 적어도 큰 것들만 가지고 있는데 발광 기관은 꼬리에 있으며 밝고 빠르게 빛을 낸다. 다랑어는 샛비늘치를 주로 잡아먹는다. 그런데 어부들이 잡아 올린 다랑어의 위에서 내용물을 조사해보면 그들이 주로 수컷을 먹었다는 것을 알 수 있다. 같은 지역에서 끌어올린 어망에서는 암수를 쉽게 볼 수 있는데 암컷은 다랑어로부터 어떻게 도망친 것일까? 이유는 샛비늘치가 다랑어를 만났을 때 수컷들이 암컷을 위해 결정적인 희생을 감수하기 때문으로 보인다. 수컷들이 빛을 밝히고 포식자의 관심을 끄는 동안 암컷들은 어둠 속으로 안전하게 도망치는 것이다.

암컷을 위해 희생하는 것은 샛비늘치만이 아니다. 대양의 깊은 곳에는 심술궂은 아귀가 잠복하고 있다. 잉크처럼 새까만 어둠 속에서 호기심을 일으키는 밝은 빛의 미끼를 입 앞에서 흔들고 있다. 약탈을 위해 바위에 랜턴을 놓고 배들을 유인하는 난파선 약탈자들처럼 아귀는 먹이를 자신의 턱 안으로 유인한다. 이 치명적인 유혹은 섹스에서도 중요한 역할을 한다. 아주 다르게 보이는 미끼를 가진 또 다른 아귀가 있는데, 그 미끼는 한때 다른 종류의 먹이를 유혹하는 것으로 생각되었다. 그러나 혼자 돌아다니는 아귀는 암컷과 수컷들이 서로를 발견하기가 어렵다. 그러므로 그 미끼는 더 작은 수컷들을 적절한 종류의 암컷에게로 유인하는 성적 신호라고 믿어진다. 암컷을 발견하는 것으로 수컷의 운명은 부러울 게 없어진다. 수컷은 선택된 암컷의 피부를 집게발 같은

깊은 바다의 아귀는 먹이와 암컷을 유혹하기 위해 빛을 내는 미끼를 사용한다.

113

이빨로 물어서 암컷의 혈류가 꾸준히 자신의 몸 안으로 들어오게 만든 뒤 마침내 적절한 때 암컷의 알을 수정시키기 위해 기다리는 작은 정액 주머니를 가진 하나의 부속기관이 된다.

춤과 표현

적도와 남부 아프리카의 광대한 사바나 지역에서 새 한 마리가 긴 꼬리를 뒤로 펄럭이며 황금색 잔디 위로 불사조처럼 날아오른다. 넓고 광활한 공간에서 천인조 수컷이 뽐내는 듯이 날아오르며 관심을 끄는 것을 멀리서도 잘 볼 수 있다. 암컷들은 별로 눈에 띄지 않지만 번식기가 된 수컷들은 씨앗을 먹는 모든 새들 가운데 가장 멋있어 보인다. 타는 듯한 빨강과 황금색 가슴, 검고 긴 꼬리를 가진 새까만 파라다이스천인조들이 훤히 트인 수평선을 배경으로 놀라운 광경을 보여준다. 50~100미터를 날아오른 천인조들은 암컷의 마음을 얻기 위해 하늘을 선회하고 날개를 퍼덕거리고 꼬리를 흔드는 등 적극적인 구애 동작을 보여준다.

이렇게 요란하고 이색적인 표현은 암컷의 주목을 끌긴 하겠지만 근처에 있는 포식자를 포함한 다른 동물들의 주의도 끈다. 그러면 자신의 안전을 위험에 빠뜨리면서까지 지나친 과시 행동을 하는 이유는 무엇일까? 구애 행동은 본래 암컷을 유혹하는 것의 일부로 자신을 과시하면서 이렇게 말하는 것이 아닐까. "난 아주 강하고 네게 꼭 맞는 상대야. 이 멋진 꼬리를 봐! 필요하면 날 수도 있고 도망칠 수도 있어, 그러니 날 선택해!"

짝을 찾고 번식하는 것은 모든 동물들의 삶에서 본질적인 부분이다. 암컷들은 새끼들의 아비에 대해 까다로운 편이므로, 경쟁적인 수컷들은 구애 디스플레이를 통해 암컷에게 직접 호소하는 것이든 다른 방법으로든 스스로의 능력을 증명해 보여줘야 한다. 그렇다고 수컷만 구애 디스플레이를 하는 것은 아니다. 성실한 한 쌍을 이루는 동물들은 정교한 신호의 교환을 여러 번 반복하는데 이것은 가까운 유대감을 만들어 가는 동안 일종의 약혼식 역할을 한다.

많은 새들은 암수 한 쌍이 짝을 지어 부모가 함께 새끼를 키운다. 캘리포니아 만과 갈라파고스에 사는 푸른발부비(blue footed booby : 아열대산 바다새)는 특히 매력적인 의식을 선보인다. 부비라는 이름은 스

공들여 신호를 교환하는 일을 여러 번 되풀이하는 것은 가까운 관계를 유지하기 위한 일종의 약혼식 역할을 한다.

페인어의 광대라는 의미를 가진 '보보 (bobo)'에서 왔는데 여기는 이유가 있다. 수컷은 구애할 때 선명한 푸른색의 큰 발을 최대한 이용한다. 새는 먼저 날개를 좍 펼쳐서 자신을 자랑스럽게 드러내고 부리로 하늘을 가리키면서 자신의 영역을 누비고 다닌다. 만약 이 '하늘 가리키기'가 암컷의 관심을 끌면, 수컷은 암컷을 마주보고 푸른 발을 바깥쪽으로 천천히 번갈아 들어올린다. 수컷의 발놀림을 좋아하면 암컷은 자신의 발을 들어올려서 반응을 나타낸다. 이제 이 커플은 교대로 하늘 가리키기를 하고 서로 얼굴을 돌리는 동안 부리를 올렸다가 수줍게 보이는 자세로 부리를 가슴까지 내린다. 마침내 그들은 우스꽝스러운 발을 서로에게 흔든다.

구애 의식의 일환으로 푸른발부비는 부리로 하늘을 가리키면서 선명한 푸른색 발을 암컷에게 과시한다.

판에 박은 듯한 이 행동을 몇 번 반복한 수컷은 휘파람을 불고 암컷은 기러기 우는 소리를 낸다. 마침내 그들의 동작이 일치되기 시작한다. 짝짓기를 한 후에 두 마리는 또 다른 의식인 둥지 만들기에 들어간다. 부부 새는 각기 돌과 나뭇가지를 모아서 그것들을 서로에게 보여주고 사랑을 표현했던 장소에 조심스럽게 놓는다. 푸른발부비는 사실 맨땅에 알 낳는 것을 좋아하기 때문에 둥지는 실용적인 목적을 가진 것이 전혀 아니다. 암컷이 알 낳을 준비가 되면 곧 둥지를 헐어서 나뭇가지와 돌을 치우고 그곳을 다시 깨끗하게 한다. 그러므로 둥지 만들기 행사는 순수하게 상징적이며 한 쌍이 서로 결속하는 데 있어서 중요한 의식이다.

광활한 푸른 바다에서는 전반적으로 번식하는 일이 약간 일관성이 없는 편이다. 원양 어류는 연구하기가 아주 어렵다. 그래서 매우 제한적으로 아는 것이지만 대체로 그들은 짝을 지어 살거나 영역을 방어하느라고 노력하지 않는 것으로 보인다. 대신 다량으로 산란하며 빠르게 헤엄치는 어군이 조兆단위의 생식체를 물에 풀어놓는다.

이와 대조적으로 근해의 물고기나 담수어의 많은 종들은 짝짓기 과정에 시간이 좀더 걸리거나 문제가 있을 수 있다. 그들은 바다 밑까지 내려가서 영역을 정하고 둥지를 마련한 다음 파트너를 유인하기 위해 정교한 디스플레이를 한다. 문제는 영역을 주장하는 것은 보통 수컷인데 가끔 둥지를 만들고 새끼를 지키는 일에 너무 열심인 나머지 접근하는 암컷들을 공격하는 일마저 일어나곤 한다. 구애 댄스가 중요한 것은 수컷을 진정시키고 상호 신뢰를 발전시키기 때문이다. 경골 어류의 초대를 받아들이는 암컷은 조심하는 게 좋다. 수컷은 대개 암컷이 굴에 들어가자마자 곧 공격한다. 수컷을 달래기 위해 암컷은 거의 꼼짝도 하지 않고 있다가 중앙의 지느러미를 다정하게 펼치고 부드럽게 몸을 구부린다. 그리고 나서 그들은 차츰 빙빙 돌며 서로 머리를 톡톡 부딪치기 시작하고 마침내 껴안는다. 서로 감싸안은 물고기들은 암컷이 몸을 떨면서 산란한 후 마침내 몸을 풀고, 알들이 비처럼 둥지로 쏟아진다.

어류의 세계에서 장기적으로 정절을 지키는 일은 드물다. 해마의 경우는 특별한 예이다. 해마는 실고기를 포함하는 사촌들과 함께 전세계의 열대와 온대의 해안에서 발견된다. 나는 홍해에서 잠수했을 때 처음으로 해마를 만났다. 완벽하게 위장할 수 있는 해마는 아주 느리게 움직이며 잠복해 있다가 작은 갑각류를 잡아먹는다. 해마를 발견하리라는 희망을 거의 포기하려고 할 때 해초의 작은 움직임이 내 눈길을 끌었다. 그곳에 시선을 고정시키고 헤엄쳐 간 나는 길이가 약 15센티미터 정도의 엷은 녹색 해마를 발견했다. 긴 관 모양의 코, 갑옷을 입은 것 같은 몸, 그리고 휘감기 쉬운 꼬리를 가진, 이상하지만 우아한 외모의 해마가 독특한 어류라는 것을 즉시 알 수 있지만 가장 매혹

해마는 배우자에게 매우 성실하다. 서로의 친밀감을 강화하기 위해 정교한 인사 예식을 날마다 거행한다.

116

적인 것은 해마의 이례적인 번식 방법이다. 임신하는 것은 해마의 수컷이다.

화이트해마는 호주에 사는 종으로 길이가 약 10센티미터인데 자연 상태에서 처음 연구된 종이다. 암수 모두 자신의 영역을 따로 가지고 있다. 수컷은 1제곱미터만큼의 작은 구역을 가진 반면 암컷은 크기가 수컷의 100배나 되는 구역을 가지고 있다. 파트너를 발견한 해마는 번식기 동안 내내 함께 지내면서 날마다 서로에게 뜨거운 사랑을 바친다.

매일 동이 튼 후, 해마는 정성들인 인사 의식을 거행한다. 수컷은 그들이 보통 만나는 장소에 가서 암컷을 기다린다. 서로의 모습을 보면 어두운 갈색이나 회색을 띠고 있던 몸이 창백한 노랑 혹은 회백색으로 밝아지면서, 문자 그대로 몸에 '불을 밝힌다'. 그리고 나란히 자리잡은 해마는 꼬리로 해초의 가지를 움켜잡고 해초 주위를 돌기 시작하는데 수컷이 바깥쪽에서 돈다. 주기적으로 그들은 꼬리를 풀고 천천히 해저를 가로질러 나란히 헤엄치는데 마치 손을 잡는 것처럼 수컷이 암컷의 꼬리를 잡고 완벽하게 동작을 일치시킨다. 잠시 후에 그들은 5월제 기둥을 도는 것처럼 해초로 다시 돌아간다. 5분쯤 해초 주위에서 원을 그리면서 나란히 헤엄친 후 둘 중 하나, 주로 암컷이 검게 변하면서 사라진다. 가끔 수컷이 암컷을 따라가서 설득하면 암컷은 마음을 돌려 좀더 오래 춤을 추기도 한다.

해마는 짝짓기할 준비가 되면 인사 의식을 아주 길게 연장한다. 수컷은 옆으로 몸을 빠르게 움직이면서 주위의 물을 펌프질한다. 그리고 암컷은 산란관을 수컷의 배에 있는 새끼 주머니에 삽입하고 알을 옮긴다. 이제 수컷은 새끼들을 낳을 때까지 몇 주일 동안 자신의 새끼 주머니 안에서 발육되는 알들에게 공기를 쏘여주고 영양분을 주면서 돌보게 된다. 인사하는 의식은 임신기간에도 계속되며 수컷과 암컷의 번식 상태를 조정하는 것으로 보인다. 수컷이 자신을 꼭 닮은 새끼들을 낳은 후 그들은 대개 하루 안에 다시 짝짓기를 한다.

인사 의식은 서로 번식상태를 유지하는 일 이상을 의미한다. 그것은 둘 사이에 확고한 유대를 만든다. 만약 외톨이 해마가 커플인 해마에게 인사하면 짝이 있는 해마는 거들떠보지도 않는다. 단지 한쪽이 죽거나 사라졌을 때만 번식기 동안의 '결혼' 관계가 깨진다. 해마는 파트너가

해마는 파트너가 부상당하고 번식할 수 없어도 버리지 않는다.

부상을 입어서 번식을 할 수 없는 경우에도 버리지 않는다. 한 연구에 의하면 짝을 가진 수컷이 알주머니에 부상을 입어서 알을 품을 수가 없었지만 암컷은 그에게 인사를 계속했다. 암컷은 거의 두 달 동안 다른 수컷과 짝을 짓거나 구애 행위를 하지 않았다. 마침내 파트너가 회복되었을 때 그 둘은 1주일 내에 다시 짝짓기를 했다. 또 다른 경우로서, 암컷은 매우 심하게 부상당한 수컷에게 인사를 했으나 5일 동안 전혀 대답을 듣지 못하자 마침내 인사하는 것을 포기했다. 수컷은 결국 죽었고 암컷은 그제야 다른 짝을 찾았다.

건축가와 예술가

좋은 장소를 발견하고 멋있는 둥지를 만드는 것은 새의 적응도를 판단하는 하나의 기준이 되는데 둥지는 흔히 구애하는 장소로 사용된다. 둥지의 형태는 어린 새끼를 키우기에 알맞아야 하지만 약간의 자기 표현은 경쟁에서 이기고 짝짓기에 성공하기 위해 효과적일 수 있다.

망치머리황새(hammerkop)는 머리 뒤에 튼튼한 부리와 비슷하게 생긴 볏을 가지고 있는 이상하게 보이는 갈색 새이다. 그래서 이름이 아프리칸스어로 '망치대가리' 라는 의미를 가지고 있다. 망치머리황새는 아프리카 중부와 남부, 아라비아 남부, 그리고 마다가스카르 북부 지방의 얕은 호수와 늪지에서 개구리와 물고기, 무척추동물을 먹고 산다. 이 새는 여러 지방에서 많은 미신과 관련된 것으로 여겨진다. 흔히 나쁜 일을 미리 알려 주거나, 큰비 또는 폭풍우를 예고하는 '번개새' 로 일컬어진다. 이것은 망치머리황새가 나쁜 날씨를 예감하고 건조한 지역으로 이동하기 때문일 수도 있지만, 민간 전승의 관심을 많이 끄는 가장 큰 이유는 그들이 만드는 특별한 둥지 때문일 것이다. 망치머리황새는 갈대, 풀, 죽은 식물 줄기, 진흙과 동물의 배설물을 가지고 거대한 둥근 지붕을 가진 구조물을 약 두 달 동안 만든다.

망치머리황새는 나무의 줄기가 갈라진 곳에 거의 1미터의 튼튼한 단을 만들기 시작한다. 다음 두세 주일 동안 점점 더 많은 건축 자재를 가져다가 아주 조심스럽게 배열해서 마침내 잔가지로 엮은 커다란 바구니를 만든다. 두 마리의 새가 둥지를 짓지만 만약 갈등이 있으면 그들 중 하나, 아마 암컷이 최종 결정권을 가지는 것 같다. 전설에 의하면 다

른 새들이 왕궁을 짓는 것을 돕기 위해 막대기들을
가져온다고 하지만, 사실은 자신의 둥우리를 만들기
위해 훔쳐 가는 것이다. 약 3개월 후에 지붕이 얹혀지
고 둥지가 마침내 완성된다. 세 칸으로 나뉘어진 둥
지는 높이가 거의 2미터, 무게는 약 50킬로그램 정도
이고 성인 남자가 그 위로 점프할 수 있을 만큼 튼튼
하다. 진흙 현관은 자그마하고 둥지 안은 수초와 마
른풀을 채워 넣는다. 지붕에 돌, 뱀껍질, 동물의 뼈,
발굽과 뿔, 가시와 큰 영양의 꼬리털 등으로 장식한
둥지도 발견되었다. 마무리 작업을 할 무렵에는 각기
약 480킬로미터를 날아다니는 것으로 여겨지는데,
그 거리의 절반은 무거운 짐을 옮기는 것으로 생각된
다. 둥지는 흔히 한 배의 새끼들만 사용한다. 그런데
그들은 왜 그처럼 엄청난 수고를 해서 사치스러운 왕
궁을 짓는 것일까? 실제로 아는 사람이 없지만, 단순
히 알을 품고 새끼를 키우기 위한 둥지로 보기에는
이해를 넘어서는 규모로 보인다. 그러나 둥지를 만드

는 공통의 노력은 둘 사이에 강한 유대를 만드는 것일 수도 있으며, 둥
지를 완성했을 때만 그들의 짝짓기가 완성되는 것일 수도 있다.

　짝짓기를 하는 동안 그들은 상대의 등에 깡충 뛰어올라 호리호리한
다리로 위태롭게 균형을 잡고 날개를 퍼덕거리며 까악까악 큰 소리를
지른다. 비슷한 행동을 하면서 진짜 짝짓기가 뒤를 잇고 한 달 동안 보
통 3~7개의 알을 품는다. 망치머리황새는 새끼가 매우 의존적인 데다
3개월쯤은 부모의 보살핌이 필요하기 때문에, 둘 사이의 긴밀한 협조
가 필요하다. 둥지는 집단 의식을 위해 설치되기도 하는데 십여 마리의
새들이 모여서 원을 그리며 뛰어다니고 볏을 세우고 날개를 퍼덕거리
며 꽥꽥 소리를 지른다. 이것이 무엇을 뜻하는지 정확히 알 수는 없지
만 추측하건대 긴장하거나 특별한 상황에서 나름대로 스트레스를 푸
는 방식일 수 있다.

　어떤 새들은 짝을 유인하기 위해 집을 짓지는 않지만, 구애를 위해

망치머리황새는 궁전같이 웅장한
둥지를 지을 뿐만 아니라 지붕 위를
뱀껍질, 깃털, 동물의 뼈와 뿔로
장식한다. 새의 이런 행동이
사람들 사이에
새의 신비한 능력에 대한
그 지역의 전설을 만들어냈다.

119

공단초당새 암컷이 잔가지로
만든 초당에 앉아 있고 수컷이
꽃잎 부케를 바치고 있다.

많은 시간과 노력을 들여서 멋진 무대를 만든다. 연극 공연의 효과를
높이기 위해 연단이나 무대를 이용하는 것처럼 다양한 종의 새들이 디
스플레이를 위해서 꼼꼼하게 장소를 정돈한다. 무대 건설과 배경 디자
인에 뛰어나기로는 오스트랄라시아(오스트레일리아 뉴질랜드 태즈메이니
아 섬에 걸치는 지역의 총칭)의 풍조과의 새들이 유명하다.

공단초당새(satin bowerbird)는 무대를 장식하기 위해 항상 예쁘고
새로운 장신구들이 있는지 살펴본다. 수컷은 나뭇가지로 놀라운 구조
물을 만들고 숲에서 발견한 장식물로 그것을 치장한다. 나는 초당새를
처음 보고서 깊은 감동을 받았다. 사방이 약 1제곱미터쯤 되는 곳에 마
른풀을 꼼꼼하게 정돈해서 깔고 그 가운데 잔가지로 만든 아주 깔끔한
통로가 있었는데 죽은 나뭇잎은 하나도 없었다. 무지개 색이 나는 푸른
깃털, 작고 옅은 색의 푸른 꽃들(푸른색을 좋아한다), 반짝이는 곤충의
겉껍질, 그리고 한 쌍의 둥글고 노란 나뭇잎과 같은 진품 예술 컬렉션
이 현관에 단정하게 정돈되어 있었다. 경계선에는 하얀 달팽이 껍질이
한 줄로 고르게 놓여 있었다. 우리가 나무 밑에 자리잡은 후 오래지 않
아 집주인이 쩍쩍 소리를 내며 돌아왔다. 튼튼하게 보이는 미드나이트
블루버드가 나뭇가지에서 그의 초당에 뛰어내리면서 푸른 눈으로 날

카롭게 우리를 쳐다보았다. 그는 자랑스럽게 부리에 물고 있던 푸른 깃털을 현관에 놓고 날아갔다. 그리고 몇 분 뒤에 다시 날아왔는데 이번에는 소나무 잔가지를 부드럽게 짓이겨서 벽을 만든 나뭇가지마다 짓이긴 것을 조심스럽게 칠하기 시작했다. 둥지에 온 암컷은 우선 수컷이 묻혀놓은 것을 조사한다. 그것이 왜 중요한지 이유를 정확히 알 수는 없다. 하지만 소나무 가지의 맛을 본 암컷은 수컷의 침에서 그의 건강 상태에 관한 귀중한 정보를 얻을 수도 있을 것이다.

그러나 초당과 소유물을 잘 관리하고 나뭇가지의 맛에 만족하는 것만으로 암컷이 짝짓기에 응할 것이라고 확신할 수는 없다. 암컷이 칠을 조사한 후 초당에 앉으면 수컷은 춤을 추기 시작한다. 날개를 펼치고 꼬리를 부채꼴로 편 채 무대 위의 장식품들 가운데를 뛰어다니며 쩍쩍거리고 긁는 듯한 소리를 낸다. 이따금 휘파람부는 솔개와 갈색 매처럼 숲에 사는 다른 새들로부터 빌려온 노래를 부르기도 한다. 수컷은 빨리 흥분할 수 있지만 멋진 쇼를 좋아하는 암컷은 수컷이 지나치게 흥분하는 것을 좋아하지 않는다. 암컷은 즉시 수컷을 진정시키거나 격려하기 위해 자세를 조정한다.

특별한 연구용 도구들이 많이 개발되어 동물들의 미묘한 의사소통에 대해서 많은 것을 알게 되었지만 매릴랜드 대학교의 제랄드 보르지아와 게일 패트리첼리가 사용하는 것만큼 독창적인 도구는 없을 것이다. 그들은 실물과 꼭 닮은 공단초당새 암컷 로봇을 만들었다. 그들은 암컷의 보디랭귀지를 보고 수컷의 행동이 어떻게 바뀌는지 정확하게 알아내기 위해 로봇이 머리를 움직이고 날개를 펴거나 웅크릴 수 있도록 만들었다. 수컷이 둥지를 잠시 비웠을 때 우리는 암컷 로봇을 그의 초당에 설치했다. 게일은 내게 암컷인 체하는 조작 방법을 알려주고 리모트 컨트롤을 건네면서 "잘해 봐요 — 섹시하게 보여야 하는 것을 기억하세요."라고 말하면서 가버렸다.

솔직히 말하면 나는 로봇새가 제대로 효과를 낼 거라고 생각하지 않았지만 수컷은 돌아와서 자기를 기다리는 암컷을 보고 기뻐하는 것처럼 보였다. 나는 리모트 컨트롤로 암컷의 머리가 수컷을 향하게 하고 자세를 조정해서 살아 있는 것처럼 보이게 했다. 수컷은 또 다른 노란 잎을 초당 옆에 놓고는 급히 죽은 잎들을 몇 개 제거했다. 그리고 쉿쉿

나는 초당새를 처음
보고 깊은 감동을 받았다.
현관에 진품 컬렉션이
조심스럽게 정돈돼 있었다.

찍찍 하는 소리를 연이어 내며 구애 작업에 들어가서 매혹적인 모양으로 암컷 앞에서 춤을 추었다. 암컷을 웅크리게 만들자 수컷은 점점 흥분했다. 암컷을 다시 곧추세우자 수컷의 격한 감정이 약간 가라앉았다. 암컷의 등을 낮추어 웅크린 자세를 취했을 때 분명히 유혹하는 신호를 본 수컷은 더 이상 설득할 필요를 느끼지 않고 짝짓기를 위해 로봇 위로 뛰어올랐다. 수컷은 자신과 같은 종류로 보이는 새와의 교제가 매우 이상하다고 느꼈고, 나는 얻은 것이 많긴 했지만 수컷을 속인 것에 약간의 죄의식을 느끼지 않을 수 없었다. 그러나 그것은 적어도 초당새에 대한 훌륭한 실습이었다. 수컷은 암컷의 보디랭귀지를 잘 읽을수록 짝짓기에 더 성공할 수 있고 그 보상도 크다. 수컷은 번식기에 30마리나 되는 암컷들과 짝짓기를 할 수 있다. 그러나 수컷의 춤이 아무리 멋있어도 초당이 좋은 인상을 주지 않으면 암컷은 다른 곳으로 눈을 돌릴 것이다.

풍조과의 새들은 열정적인 자연의 디자이너들이다. 가장 웅장한 초당은 뉴기니의 갈색정원사새(vogelkop bowerbird)가 지은 것들이다. 어떤 지역에서는 이 종의 수컷들이 지붕까지 높이가 2.2미터, 직경이 2미터 이상의 크고 앞이 터져 있는 오두막을 짓는다. 그리고 오두막 밑에 부드러운 녹색 이끼를 잔디처럼 심는데 이것은 조심스럽게 위에 늘어놓은 화려한 물건들을 돋보이게 한다. 이끼가 시들면 곧 다른 이끼로 대체된다. 실제 둥지는 수컷과 교미한 후에 암컷이 지은 것으로 암컷이 거기서 알을 품고 새끼를 기르는 동안 수컷은 자기 집에 머물며 더 많은 암컷들을 유혹한다.

건축물을 짓는 것은 새에 국한되지 않는다 — 가장 위대한 건축가 중에는 곤충들을 빼놓을 수 없다. 혼자 돌아다니며 사냥하는 말벌의 두 종은 메시지를 대대로 전하기 위해 건축적인 디자인을 이용한다. 리그키움 포라미나툼(Rygchium foraminatum)과 트리포킬론 클라바툼(Trypoxylon clavatum)이라 불리는 말벌의 암컷들은 교미한 후에 회반죽 벽에 가는 나뭇가지로 만든 작은 방을 연속으로 짓고 그 안에 알을 낳는다. 말벌 암컷은 알을 낳은 후에 죽지만, 부화한 유충에게 성충이 될 때까지 영양분을 주기 위해 충분히 마비시킨 양식을 각 방마다 남겨

건축물을 짓는 것은
새에 국한된 것은
아니다 —
가장 위대한 건축가 중에는
곤충들이 있다.

갈색정원사새의 화려한 초당 주변에는
물건들이 가지런히 정돈되어 있는데
시들면 곧 싱싱한 것으로 대체된다.

놓는다. '굴'의 출구는 단 하나이며 어린 말벌들은 나이 순서와 반대로
나올 것이다. 마지막 낳은 알이 출구 가장 가까운 곳에 있고 그 다음에
두번째가 있는 식이다. 처음에 유충은 방안에서 움직일 수 있는 동안
먹이를 먹지만 번데기 상태 후 성숙한 말벌이 되기 위해 준비할 때가
되면 방이 너무 작아서 돌아다닐 수가 없다. 이런 단계에서 잘못 나가
면 막힌 쪽으로 가게 되어 중대한 결과를 초래한다. 방에 갇혀서 죽을
뿐 아니라 결과적으로 더 나이 많은 형제들의 죽음을 가져온다. 그래서
유충은 번데기 상태에 들어가기 전에 정확한 위치를 잡아야 하지만 꽉
막힌 방에서 출구의 위치를 어떻게 알 수 있는가? 대답은 어미가 남겨
놓은 신호에 의지해야만 한다는 것이다. 어미는 굴을 만들 때 출구로
가는 벽을 울퉁불퉁하고 비대칭적으로 만들어서 자신이 죽은 후에도
자손들이 받아들일 수 있는 메시지를 남긴다.

123

화학적인
의사소통

페로몬은 매우 강력하다. 로드아일랜드 대학교의 스티브 앨름은 라벨을 붙인 병들과 연금술사에게나 어울릴 호리병들이 조심스럽게 늘어선 곳에서 작은 유리병을 골라 내게 건넸다. 그가 한 방울만 사용해야 한다고 경고했으므로 나는 조심스럽게 맑은 액체를 아주 조금만 손가락에 떨어뜨렸다. 효과는 대단한 것이었다. 몇 분 이내에 공중이 검은 점들로 얼룩덜룩해졌다. 아득히 먼 곳에서 오는 것으로 보이는 풍뎅이 수백 마리가 잔디 위를 낮게 날아 곧장 내게로 향했다. 스티브는 수컷들의 행동에 강력한 영향력을 미치는 풍뎅이 암컷의 섹스 페로몬을 화학적으로 정확히 복제한 것이다.

옆면 | 여왕벌이 방에서 일벌의 시중을 받고 있다. 여왕벌의 페로몬은 집단 전체의 행동을 조종한다.

페로몬 은 곤충들이 널리 사용하는 화학적인 신호로서 전형적이고 극적인 반응을 이끌어낸다. 곤충만

큼은 아니지만 포유동물에게도 냄새는 강한 영향력을 발휘한다. 화학적인 의사소통은 원시적이어서 그 기원은 생명의 시작까지 거슬러 올라간다. 단세포 생물은 접근하는 포식자들과, 먹이 혹은 배우자와 관련된 변화를 비롯해서 환경의 미묘한 화학적 변화에 반응하면서 진화했다. 그들의 미세한 신체는 빛이나 소리가 아니라 화학적인 신호를 정확하게 읽기 위한 준비를 갖추었다. 사실 지구상의 대다수 동물들은 아직도 거의 화학적인 신호로 의사를 전달한다.

의사소통을 위해 화학적인 방법을 사용하는 데는 몇 가지 유익한 점들이 있다. 분자는 가볍기 때문에 바람에 실려 광대한 거리를 이동할 수 있다. 화학적인 합성물은 고도로 농축될 수 있고 거의 동시에 수천에 이르는 개체의 행동에 영향을 미칠 수 있다. 그리고 어떤 혼합물은 조건이 적절하면 안정적이고 변하지 않으므로 화학적인 메시지는 소리나 시각적인 신호와 달리 몇 주, 몇 달, 심지어 대를 이어 전해질 수도 있다. 화학적인 메시지는 명함처럼 나중에도 꺼내 볼 수 있기 때문에 널리 흩어져서 생활하는 동물들에게 특히 편리하다. 그러나 부정적인 면도 있어서 특정한 개체에게만 전달될 수 없고, 따라서 누구나 그 신호를 입수할 수 있다.

성적인 신호들

대개 혼자 생활하는 북극곰들은 북극의 바다에 떠 있는 빙산들을 가로질러 일년에 1천 킬로미터 이상 돌아다닌다. 이렇게 넓은 지역에 흩어져 살고 암컷이 단지 3년에 한 번 번식한다는 사실을 고려하면 북극곰 수컷은 짝을 찾는 일을 그만두어야 할 것이다. 엄청나게 넓은 영역에서 곰이 효과적으로 의사를 전할 수 있는 유일한 방법은 서로 냄새를 남기는 것이다. 수컷은 번식기 암컷의 냄새를 맡으면 이성을 잃는다. 수컷은 암컷의 자취를 따라 거대하고 단단한 빙산들을 직선으로 가로지르며 1백 킬로미터 이상 추적하는 것으로 알려져 있다. 암컷의 오줌이나 발바닥의 분비물에서 나온 강력한 화학적 신호는 그렇게 노력할 만한 가치가 있다고 말하는 것이 틀림없다. 암컷을 따라가는 수컷이 그의 길

화학적인 의사소통은 원시적이어서 그 기원은 생명의 시작까지 거슬러 올라간다.

을 가로질러 가는 다른 곰들의 경로를 단호히 무시하기 때문이다. 그러나 수컷이 마침내 암컷을 따라잡았을 때는 이미 대여섯 마리의 수컷들이 함께 있을 수 있기 때문에 수컷은 이들과 싸워야 한다. 암컷은 번식 주기가 길고 수컷들의 숫자는 번식 가능한 암컷보다 사실상 3대 1로 많기 때문에 수컷들의 경쟁이 치열하다. 북극곰 수컷들은 무게가 650킬로그램 이상이므로 굉장히 격렬한 싸움이 벌어진다. 자연에서 흔히 그런 것처럼 대개 가장 큰 수컷이 승리한다.

성적인 냄새 메시지는 동물들에게 널리 퍼져 있으며 수컷이든 암컷이든 만들 수 있다. 화학적인 혼합물은 전달 기능을 돕기 위해 특별히 진화한 샘線에서 분비되기도 하지만 단순히 소변과 함께 나올 수도 있

북극곰 수컷은 암컷의 냄새를 따라 큰 빙산 덩어리들을 가로질러 1백 킬로미터 이상 추적할 수 있다.

혀를 날름거리는 미얀마 비단뱀이
잠재적인 짝이나 주위 환경에 대한
화학적 정보를 입수하고 있다.

다. 동물들의 냄새에 대한 감수성은 크게 차이가 있다.

후각기관은 코의 '엔도터비날(endoturbinales)'이라는 소용돌이처럼
생긴 뼈들 위에 위치하고 있다. 엔도터비날의 표면적을 보면 냄새를 받
아들이는 기관의 수와 예민한 정도를 대략 알 수 있다. 알사스 개는 그
면적이 2백 제곱센티미터인 데 비해 사람은 겨우 4~5제곱센티미터에
불과하다. 어떤 동물들은 추가로 야콥슨 기관(역자 주: 척추동물의 비강 일
부가 좌우로 부풀어 생긴 한 쌍의 주머니 모양의 후각기관)이라는 감각기관도
가지고 있다. 뱀이 무엇인가 알아내려는 듯이 혀를 날름거리고 있다면,
주위 환경이나 잠재적인 짝에 관한 화학적인 정보를 입수해서 입에 있
는 이 특수한 기관까지 일련의 도관을 거쳐 정보를 옮기는 중이다. 주
머니를 가진 유대동물과 발굽이 있는 유제동물도 야콥슨 기관을 가지

고 있다. 이를테면 검은꼬리사슴 수컷은 암컷의 오줌을 발견했을 때 냄새를 맡고 핥아 본다. 그리고는 암사슴의 성적인 상태에 대한 자세한 정보를 얻기 위해 윗입술을 뒤로 말고 턱을 벌리고 머리를 흔들어 냄새를 입천장의 야콥슨 기관으로 보낸다.

냄새는 서로의 신체에서 어떤 일이 일어나는지를 직접 알리는 독특한 의사소통 시스템이다. 냄새는 호르몬의 변화와 관련이 있기 때문에 종종 강력한 성적 신호로서의 역할을 한다. 사실 사람들 사이에도 신비한 화학적 반응이 일어난다. 서로 사랑하는 사람들은 파트너의 개인적이고 순수한 냄새가 강렬하지 않아도 알아차릴 수 있고, 그것을 매력적으로 느낀다. 스스로 깨닫지 못해도 드러나지 않게 우리 사이를 오가는 신비한 교류는 얼마나 많은가? 남자들은 여자들이 배란 시기에 입은 티셔츠의 냄새를 좋아한다는 실험 결과가 있다.

많은 동물들의 성적인 만남에서 냄새가 그처럼 중요하다는 것을 고려하면 사람은 왜 그렇게 냄새에 조심스러운 태도를 보이는 것일까? 어쩌면 남자들이 계속 추측하게 만드는 것이 여자들에게 유리하기 때문일 수도 있다. 남자들을 받아들일 때 여자 쪽에서 너무 노골적이면 남자는 여자가 자녀를 기르는 것을 돕기 위해 옆에 머물지 않을 수도 있다는 주장이 있다.

영장류가 냄새를 이용하는 것을 연구하면 우리 자신의 행동을 더 잘 꿰뚫어볼 수 있다. 남아메리카의 숲에 사는 마모셋원숭이(marmoset)는 아주 작은 원숭이로, 키가 90센티미터가 채 안되고 꼬리는 약 30센티미터이다. 매력적인 이 작은 원숭이 암컷들은 습관적으로 배란을 숨기기 때문에 수컷들은 번식기가 언제인지 모르는 것으로 오랫동안 믿어졌다. 이것은 커플이 암컷의 주기 어느 때나 짝짓기를 할 수 있을 뿐더러, 수컷은 다른 원숭이가 암컷에게 새끼를 갖게 할 경우 자신의 유전자를 전할 수 없기 때문에 계속 머물면서 암컷의 시중을 들어야 하는 것을 의미한다. 마모셋원숭이 암컷이 감추는 듯한 이런 태도는 대형 유인원이나 비비와 같은 원숭이 암컷들이 보여주는 야단스런 빨간 엉덩이나 야하고 도발적인 행동과 완

검은꼬리사슴은 냄새를 맡으면 윗입술을 뒤로 말고 머리를 흔들면서 입천장의 야콥슨 기관까지 정보를 전달한다.

전히 대조를 이룬다. 그러나 이것은 새끼를 기르는 동안 아비를 근처에 붙잡아두고 돕게 만드는 마모셋원숭이 암컷의 영리한 수법이다.

그러나 최근의 연구에 의하면 배란기 동안 암컷의 행동이 크게 변하지 않아도 암컷의 성적인 화학 작용은 수컷에게 암컷의 상태를 알리는 데 충분하다고 한다. 피그미마모셋 암컷의 황체호르몬 수치가 최고에 달했을 때 수컷은 주목할 만한 행동의 변화를 보인다. 예상할 수 있는 것처럼 수컷은 훨씬 더 암컷에게 관심을 갖게 되고 암컷의 냄새를 맡고 올라타기를 시도하고 평소와 다른 애정 표시를 나타낸다. 분명 암컷은 그녀의 덩치 큰 아프리카 사촌들보다 훨씬 교묘한 형태로 의사를 전달하는 것이다. 너무 솜씨가 좋아서 그녀의 짝은 여전히 근처에 머물면서 다른 수컷의 관심으로부터 암컷을 보호하지 않을 수 없다.

포유동물은 화학적인 신호를 분석하기가 매우 힘든 크고 복잡한 두뇌를 가진 생물들이다. 그들은 냄새에 반응하지만 동시에 보는 것과 소리에도 반응하고 메시지를 해석하기 위해 다양한 신호를 추가한다. 곤충들의 화학적인 신호는 '특정 행동을 유발케 하는 자극'으로 작용하고 받는 쪽에 직접적이고 강제적인 영향을 미친다.

누에나방 암컷은 봄비콜(bombykol)이라는, 수컷이 대단히 민감하게 반응하는 성적 유인물질을 만든다. 분자 하나만으로 수용기관 세포의 신경을 자극하기에 충분하다. 암컷이 발산하는 봄비콜의 미미한 비율인 이삼백 개의 분자만 있어도 수컷이 암컷을 찾아 나서게 만드는 데 충분하다. 특별한 이 민감성 때문에 누에나방 페로몬은 48킬로미터의 먼 거리까지 효력을 발휘할 수 있다. 길고 보이지 않는 깃털 모양의 물질이 바람을 타고 수컷을 암컷에게 인도한다.

곤충의 페로몬을 집중적으로 연구하는 이유는 무엇보다도 경제적인 이유가 크다. 해충은 문자 그대로 매년 농작물에 수십억 달러의 피해를 입힌다. 그러나 재래식 살충제의 사용은 자연과 환경의 균형에 예측할 수 없는 영향을 미친다. 그러므로 페로몬을 이용해서 해충을 덫으로 이끌거나 특별한 곤충의 번식을 억제함으로써 곤충의 수를 통제하는 것이 훨씬 더 바람직한 방법이다.

가장 지독하게 농작물을 먹어치우는 것은 모든 종류의 애벌레들이

화학적인 신호는 곤충들에게 '특정 행동을 유발시키는 자극'으로 작용하며 받아들이는 쪽에 직접 강제적인 영향을 미친다.

왕나비과 나비 수컷은
헬리오트로프라는 식물로부터
독성이 든 혼합물을 수집해서
알카로이드로 변화시킨다.
암컷들은 이 독을 가진 수컷에
끌리는데 짝짓기하는 동안 그 독성이
암컷에게 전해지고 알에 들어가서
공격자들을 막아주는 보호용 물질이
되기 때문이다.

다. 그 때문에 많은 연구가 나비와 나방에 집중되고 있다. 그 결과 우리
는 인시류 곤충의 사적인 삶을 조금이나마 들여다보게 되었다. 많은 나
비들도 배우자를 유혹하기 위해 화학적인 신호를 사용하지만 왕나비
과의 암컷은 새끼들에게 최고의 아버지가 될 수컷을 대단히 세련되게
선택한다. 수컷은 세필이라는 솔처럼 생긴 두 개의 구조가 복부에 박혀
있다. 수컷이 구애할 때 이 세필이 나와서 솔로 암컷의 더듬이를 쓰다
듬는다. 이것은 다정한 제스처로 보일 수도 있고 암컷이 수컷을 받아들
일 수 있는지 점검하기 위한 것으로 볼 수도 있지만 사실 세필은 다나
이돈(danaidone)이라는 물질을 암컷에게 옮기고 있는 것이다. 실험에
의하면 수컷이 다나이돈을 많이 보낼수록 암컷은 그를 짝으로 보다 잘
받아들이는 것으로 보인다.

다나이돈은 피롤리지딘 알카로이드라고 불리는 독성을 가진 혼합물
과 관계가 있는데 꽃이 피는 식물에서 발견된다. 대부분의 곤충들은 이
식물을 피하지만 수컷 왕나비는 그렇지 않다. 그들은 적극적으로 그런

식물을 찾아 먹음으로써 몸안에서 알카로이드를 다나이돈으로 바꾼다. 그런데 암컷은 왜 이런 독을 가진 수컷에게 끌리는 것일까? 그것은 짝짓기하는 동안 암컷의 몸으로 전해진 다나이돈이 알에 들어가서 알을 보호하기 때문이다. 잠재적인 공격자들은 독성 물질이 있는 것을 탐지하고 알에 가까이 가지 않는다. 그러므로 암컷들은 세필에 다나이돈을 많이 가진 수컷이 그녀의 새끼에게 살아남을 수 있는 최선의 기회를 준다는 것을 알고 있다.

섹스 페로몬을 연구하던 초기에 과학자들은 각 동물이 같은 종의 배우자를 유혹하기 위해서 자신의 독특한 화학물질을 발산하는 것으로 가정했다. 그러나 이제는 가까운 관계의 많은 종들이 서로 구별할 수 없는 페로몬을 만든다는 것을 알게 되었다. 예를 들어 매미나방이 넌나방(nun moth)과 짝짓기를 하지 말아야 하는 것을 어떻게 아는가? 놀랍게도 시간을 달리하는 것이 한 가지 대답이 될 수 있는 것으로 보인다. 매미나방과 넌나방 모두가 유럽산일 때 주행성 동물인 매미나방은 보통 오전 9시에서 오후 3시 사이 어느 때나 짝짓기를 한다. 그러나 넌나방은 오후 6시가 될 때까지 짝짓기 비상을 시작하지 않는다. 그러므로 그 둘이 짝짓기할 기회는 없다.

섹스 페로몬의 성분을 더 깊이 분석한 과학자들은 나비와 나방, 그리고 많은 다른 생물들이 유인하는 물질의 화학적 성분을 정확하게 간파하고 있는 것으로 믿는다. 두 종의 잎말이나방류(tortricid)인 배추잎말이나방과 여름과일잎말이나방은 같은 지역에 서식하는데 같은 시간에 짝짓기를 하는 것으로 보인다. 암컷들은 두 가지 화학적 성분으로 알려진 페로몬을 분비하고 수컷들은 같은 페로몬에 반응한다. 열쇠는 서로 다른 비율에 있다. 여름과일잎말이나방이 이것을 좋아하면 배추잎말이나방은 다른 것을 더 좋아하는 식이다. 더욱 복잡한 섹스 페로몬을 가지고 비슷한 실험을 한 것도 비슷한 결과를 보여준다.

섹스 페로몬이 단순히 '이리 와'라는 신호만을 의미하는 것은 아니다. 체체파리 수컷은 구애를 시작하면서 더듬이를 내밀어 암컷을 만진다. 수컷을 처음에 자극하는 것은 다른 파리의 단순한 동작이지만 이것은 그의 관심 대상이 암컷인지 아닌지에 관해 아무런 단서를 주지 않는다. 수용적인 암컷은 구애 페로몬으로 알려진 것을 분비하면서 수컷의 구애를 받아들인다. 수컷이 우연히 다른 수컷에게 접근하면 즉시 '나를 건드리지 마' 라는 페로몬에 의해 같은 수컷끼리 시간을 낭비하고 있다는 경고를 받는다.

페로몬이 일반적인 초대장일 수도 있다. 나무좀은 같은 종의 나무좀을 잠재적인 번식장으로 불러모으기 위해 페로몬을 사용한다. 나무좀은 아주 작은 생물로서 적절한 나무에 구멍을 뚫고 속을 파내고 암컷이 그 안에 알을 낳는다. 화학적인 신호들은 각 종마다 정교하고 대단히 독특하다. 건강한 나무에 끌리는 종이 있고, 병든 나무에 끌리는 종도 있으며, 새로 벌채한 목재에 끌리는 것도 있고, 나무 줄기의 다른 부분을 선택하는 것들도 있다. 그러므로 많은 종들이 서로 방해하지 않고 같은 나무에서 먹고 살 수 있다.

죽어가는 나무에서 번식하는 풍뎅이는 나무가 분해되기 시작하면서 나오는 에탄올에 끌릴 수도 있다. 또 다른 경우는 무작위로 나무를 고르는 것이다. 필요하면 적절한 숙주를 발견할 때까지 나무를 뚫어본다. 어떤 경우에는 한 마리가 장래성이 있는 나무라고 결정하면 집단 공격을 위해 같은 종을 부르는 화학적 신호를 발신한다. 풍뎅이들은 모두 갑자기 그 나무에 '집단 페로몬' 을 쏟아 부어 마침내 나무는 페로몬에 흠뻑 젖는다. 일단 충분한 농도가 되면 어떤 종들의 페로몬은 나무가 충분히 찼다는 것을 알린다. 새로 도착하는 풍뎅이들이 그 메시지를 받으면 근처의 다른 나무로 가서 그 나무에 공격을 계속한다.

같은 종의 구성원들에게 정보를 전하는 것이 페로몬의 정의라고 할 수 있는데 나무좀의 경우에 화학물질은 다른 종들에 의해서도 해석될 수 있다. 캘리포니아의 나무좀 두 종은 모두 폰데로사 소나무를 먹고 사는데 같은 나무에 모여 있으면 잘 살지 못할 것이다. 이것을 피하기 위해 한 종의 집단 페로몬이 '우리가 먼저 왔어 — 나가' 라는 메시지를 보내면서 적극적으로 다른 종을 쫓아버린다. 그러나 좀더 큰 종들이 그 페로몬을 읽고 매우 유혹적인 것을 발견한다. 페로몬은 저녁밥 냄새를 맡은 것처럼 먹을 것이 많다고 예상하는 장소로 접근하게 만든다. 그러나 아마도 수적으로 많은 쪽이 안전하고 많은 무리가 충분히 살아남을 수 있을 것이다.

체체파리 수컷이 우연히 다른 수컷에게 접근하면 즉시 '나를 건드리지 마' 라는 의미의 메시지를 담은 페로몬에 의해 시간을 낭비하고 있다는 경고를 받을 것이다.

화학적인 신호 경쟁

시각적인 신호나 발성과 달리 화학적인 신호는 불쾌할 수 있고 얼굴을 한 대 치는 것처럼 받는 쪽에 해로울 수도 있다. 어떤 동물들은 단순히 강한 냄새를 피움으로써 분명 '꺼져'라고 말한다. 특히 밍크, 긴털족제비, 그리고 오소리들도 그렇지만 줄무늬스컹크(striped skunk)가 풍기는 냄새는 그 절정에 이른다. 공격자의 얼굴에 톡 쏘는 액체를 내뿜는 스컹크의 능력을 따라가는 동물은 별로 없다. 사향으로 알려진 액체는 유황 화합물인데 사람은 물 130만 갤런에 사향이 1티스푼만 섞여도 알 수 있다. 스컹크는 항문 주머니에 이 유독한 물질을 15밀리리터나 가지고 있다. 괄약근이 주머니의 입구를 조절하는데 이것은 사람이 소변의

깜짝 놀란 스컹크는 꼬리를 올리고 공격자에게 유독한 사향을 내뿜는다.

흐름을 조절하는 것과 비슷하다. 경보를 받으면 등을 아치 모양 구부린 스컹크는 엉덩이와 꼬리를 든 다음 괄약근의 힘을 빼고 4~5미터 거리에 액체를 내뿜는다. 스컹크는 이 행동을 빠르게 6번 되풀이할 수 있지만 다시 주머니를 채우려면 4~6일이 걸린다. 그러나 야생 동물들의 많은 공격행동처럼 이것은 마지막 수단이다. 실제 싸우는 것보다는 포식자가 공격하지 않도록 설득하는 것이 항상 더 좋은 방법이다. 검은 줄과 흰줄이 뚜렷하게 있지만 스컹크는 기본적으로 야행성 동물이고 울창한 숲속에서 대부분의 시간을 보낸다. 그래서 시각적인 신호들은 많이 사용하지 않는다. 대신 스컹크는 행동에 들어가기 전에 상대가 들을 수 있는 경고로서 발을 구르고, 이빨을 딱딱 부딪치고, 식식거린다. 이 행동은 유독한 먹이에게 시간을 더 이상 낭비하지 않으려는 포식자에게도 유리할 수 있다. 스컹크가 액체를 내뿜을 때 자신의 털에는 묻지 않도록 조심하는 걸 보면 재미있다. 자신도 역시 냄새가 지독하다는 것을 아는 것이다!

마다가스카르의 알락꼬리여우원숭이만큼 악취전쟁을 교묘하게 치르는 동물은 없다. 고양이와 원숭이의 잡종처럼 생긴 이 원숭이는 솜털이 복슬복슬한 긴 꼬리를 나뭇가지 위에서나 나무를 건너 뛸 때 균형을 잡기 위해 사용한다. 그러나 보통 13개의 검고 흰 고리무늬를 가진 멋있는 이 부속기관은 공격적인 목적을 가지고 있다.

알락꼬리여우원숭이는 암컷이 무리의 리더가 되어 작은 집단을 이루

며 산다. 수컷들은 냄새 표시와, 가련한 듯이 들리지만 1킬로미터까지 전해질 수 있는 날카로운 신호로 집단의 영역을 보존한다. 암컷들은 번식기 동안 더 많은 냄새 표시로 자신들의 상태를 널리 알린다. 그때 아름다운 꼬리가 필요하고 수컷은 암컷의 관심을 끌기 위해 경쟁한다. 다른 여우원숭이와 달리 꼬리에 연한 색과 검은색이 번갈아 들어간 무늬를 가진 알락꼬리여우원숭이들은 냄새 샘이 손목과 겨드랑이에 있다. 수컷은 꼬리를 이 샘에 대고 비벼서 꼬리에 자극적인 분비물을 진하게 바른다. 그리고 경쟁자를 겁주기 위해 악취나는 꼬리를 그의 머리 위로 흔든다. 다른 수컷도 같은 방법으로 대응하지만 얼마 후에 냄새를 더 풍긴 꼬리의 주인이 승리하고 압도당한 경쟁자는 도망친다. 이 냄새 전쟁은 실제로 싸우지 않고 다칠 위험도 없이 지배권을 확립할 수 있다. 여우원숭이의 악취 무기처럼 강한 냄새는 금방 사라지는 편인 데 비해 덜 강한 냄새는 대개 안정적이고 오랫동안 지속될 수 있다.

모든 종류의 동물들은 독소와 비상신호를 만들어서 스스로를 방어한다. 지렁이는 흙에서 앞으로 나가기 쉽게 온몸에서 점액을 분비한다. 예를 들어 포식자가 나타나는 것과 같은 자극을 받으면, 지렁이는 훨씬 더 많은 점액을 분비하고 경보 페로몬을 추가하는데 포식자와 다른 지렁이는 그 페로몬이 비위에 거슬리는 것을 느끼게 된다. 그것으로 지렁이는 공격을 막을 뿐 아니라 다른 지렁이들에게 위험이 있다는 것을 경고한다. 같은 식으로 포식자의 공격을 받은 진디는 화학적인 경고를 발산하는데, 이 경고를 받은 진디들은 먹고 있던 식물을 떨어뜨리고 도망친다. 벌이나 개미와 같은 사회적인 곤충은 처음에는 벌집이나 굴로 피신하는 반응을 보일 수 있다. 그러나 우리가 아직까지 확실히 이해하지 못하는 화학적 변화를 일으켜 후퇴에서 공격으로 전환한다. 이 경보 페로몬은 가볍고 대단히 휘발성이 강한 화학물질로서 집단 전체에 급속히 퍼져서 경보 반응을 일으킨다. 일단 위험이 지나면 다시 정상적인 활동을 계속하라는 신호가 똑같이 신속하게 퍼진다.

바다 밑의 말미잘은 화려한 꽃들처럼 보이지만 해파리에 가까운 동물이다. 그 이름에서 알 수 있는 것처럼(역자 주 : 말미잘의 영어 이름은 바다 아네모네sea anemone이다) 가장 아름다운 말미잘의 하나는 앤토플루라 엘레간티시마(Anthopleura elegantissima)로 캘리포니아 해안의 만

조와 간조가 교차하는 지역에서 산다. 직경이 약 2센티미터인 말미잘은 원통형의 기둥처럼 생겼는데 밑은 바위에 붙어 있고 위는 촉수들에 둘러싸인 입으로 구성된다. 입은 선명한 흰색이고 촉수는 그보다는 색깔이 약간 어둡고 끝이 엷은 핑크색이다. 말미잘은 촉수를 흔들어서 먹이를 찾아 입으로 보낸다. 그러나 흔들리는 촉수들은 포식자의 공격을 받기 쉽다. 촉수가 물리면 말미잘은 발작적으로 급히 촉수를 움츠려서 더 이상 위협이 없을 때까지 입을 단단히 닫는다. 말미잘은 또 앤토플루린(anthopleurine)이라고 불리는 경보 페로몬을 만들어 같은 종의 이웃에게 포식자가 주위에 있다는 것을 알린다.

말미잘은 촉수로 먹이를 수집하지만 흔들리는 동안 바다민달팽이와 같은 포식자의 공격을 받기 쉽다. 말미잘은 민달팽이가 돌아다닌다는 것을 이웃에게 경고하기 위해 경보 페로몬을 만들고 민달팽이는 그 페로몬을 섭취한 후 가는 곳마다 경보 페로몬을 전한다.

　그러나 이 특별한 동물이 사는 바다는 사납게 파도칠 때가 많아서 이 경보 페로몬을 빨리 흩어지게 하므로 가까운 이웃 외에는 경고 신호가 아무 쓸모가 없게 된다. 그래서 더 높은 단계의 의사소통 시스템이 필요하다. 말미잘의 중요한 포식자는 바다의 민달팽이인데 공교롭게도 앤토플루린을 쉽게 소화시키지 못한다. 민달팽이가 말미잘의 촉수를 물어뜯어 먹은 다음 5일 동안은 말미잘의 화학적인 경고물질을 자체의 조직에 저장한다. 그리고는 어디를 가든 그것을 천천히 발산시킨다. 그러므로 먹이에게 포식자 자신이 위험한 존재임을 알리는 경고 신호를 전하는 셈이다!

영역 표시

캘리포니아 남부 팜스프링스의 잘 다듬어진 골프장과 정원 너머로 햇볕에 달구어진 회갈색의 관목지가 수백 킬로미터 펼쳐져 있다. 큰 바위에서 햇볕을 쬐고 있는 우아한 도마뱀의 모습을 보기까지 그곳은 아무것도 없이 비어 있는 것처럼 보인다. 흐릿한 반점들이 얼룩덜룩한 사막이구아나는 머리부터 꼬리까지 이어지는 섬세한 볏을 가지고 있다. 느긋하게 보이는 이구아나 수컷들은 4월부터 7월까지 교미하는 동안은 물론 그 후까지도 영역을 유지하면서 그 땅에 대한 권리를 주장한다.

옆면 | 알락꼬리여우원숭이는 다른 수컷들과 싸우는 동안 냄새를 꼬리에 묻혀 흔든다.

사막 이구아나는 번식기 외에는
조용한 성질을 가지고 있다.

사막이구아나는 각 넓적다리 밑에 작은 구멍을 한 줄씩 가지고 있어서 바위와 흙 위를 지나면서 두 줄의 냄새를 남긴다. 이것은 작은 동물이 넓은 지역의 권리를 주장하기 위한 효과적 방법이긴 하지만 문제가 있다. 남부 캘리포니아의 타는 듯이 뜨거운 섭씨 45도의 높은 온도에서 강한 휘발성의 냄새는 순식간에 증발한다. 그래서 이구아나는 은은하고 안정적인 냄새를 며칠 동안 신선하게 보관하기 위해 밀랍 코팅을 한다. 그렇게 애를 써도 희미한 냄새가 나는 작은 땅은 동료 이구아나들이 바쁘게 사막을 오갈 때 쉽게 무시하고 지나칠 것이라고 생각된다.

이구아나가 냄새 표시를 어떻게 발견하는지에 흥미를 느낀 샌디에이고 소재 캘리포니아 대학교의 앨리슨 앨버트는 그 냄새의 속성을 발견하기 위해 이구아나의 냄새가 밴 흙을 분석했다. 냄새 표시의 일부 성분이 자외선광을 반사하는 것을 발견한 앨버트는 이구아나의 시력을 조사하기 시작했는데 이구아나는 우리보다 색채를 훨씬 더 잘 구별할 수 있을 뿐 아니라 자외선광을 볼 수 있었다. 더욱이 그들은 주위의 물질로부터 반사되는 빛의 차이를 가장 낮은 단계부터 구별할 수 있었다. 모래는 반사면이 크기 때문에 이구아나에게는 사막을 배경으로 모든 것이 아주 잘 보일 것이다. 밝은 이 우주에서 그들이 좋아하는 먹이 크레오소트 관목의 작고 노란 꽃은 마치 도로변 레스토랑의 네온사인처럼 밝게 빛날 것이 틀림없었다. 앨버트는 도마뱀에게 냄새 표시는, 이를테면 밝은 노랑에 자줏빛처럼 대단히 화려할 것이라고 생각한다. 그래서 모든 이구아나들이 할 일은 가까이 가서 살펴보면 되는 것이다. 일단 냄새표시 위에 혀를 내밀어 탁월한 미각으로 맛을 느끼고 냄새를 맡아서 메시지의 내용을 해독한다. 연구가 아직 진행중이지만, 초기의 결과들은 신호를 남긴 이구아나가 암컷인지 수컷인지, 이웃인지, 친척인지, 혹은 낯선 종인지를 알 수 있고, 어쩌면 그들의 번식 상태도 확인할 수 있다는 것을 보여준다. 사막이구아나는 이웃이나 친척, 잠재적인 배우자에게 대체로 관대하지만 경쟁자나 낯선 종이 불법 침입하면 조용한 성질이 급변한다.

많은 동물들이 영역의 경계선을 표시하기 위해 냄새를 이용한다. 지구상의 거의 모든 육식동물은 어떤 형태든 냄새 표시에 탐닉한다. 혼자 돌아다니는 호랑이들은 자기 영역에 매우 민감한데 암수 모두 갈등을 방지하기 위해 쓰러진 나무나 관목에 분비물을 내뿜는다. 특히 경계선과 교차지점, 논쟁을 불러일으킬 수 있는 장소에 더 심하게 표시하는 경향이 있다. 이런 장소에서 다른 호랑이의 냄새 표시를 발견한 호랑이는 자기 영역이라고 주장하면서 아마 그 위에 다시 표시할 것이다. 그들이 내뿜는 물질은 암모니아 냄새가 나는 하얀 지방분의 '표시용 분비액'으로 오줌이 아니다. 암수 모두 땅에서 1미터 이상 높은 곳에 직접 분비액을 뿌리기 위해 뒷다리를 든다. 항문으로 표시를 문지르고, 땅을 긁어서 발가락 사이의 샘에서 나오는 냄새가 스며들게 함으로써 이 지역은 이미 임자가 있다는 메시지를 더욱 강화한다. 건기에는 냄새가 몇 주일 동안 남아 있지만 장마가 지난 후에는 영역 표시가 물에 씻겨나가기 때문에 호랑이는 다시 바쁘게 돌아다니며 영역을 표시한다.

호랑이 암컷은 발정기가 되면 평소보다 훨씬 자주 냄새를 뿌려서 수컷의 영역이 자신의 것과 중복되었음을 경고한다. 이 신호에 응한 수컷은 신중하게 냄새 표시를 해서 다른 수컷들에게 '출입금지' 메시지를

뒷면 | 사막 이구아나는 자외선광을 볼 수 있는 특별한 시력을 가지고 있다. 이것은 그림에 보이는 것처럼 바위에 남긴 냄새 흔적이 밝게 빛나는 것을 의미한다.

호랑이는 영역의 경계선이나
교차로에 냄새 표시를 남기는데
다른 호랑이들이 자기들의
영역이라고 주장하기 위해 그 위에
다시 한번 냄새 표시를 남긴다.

강력하게 전하고 짝짓기를 위해 암컷을 찾아 나선다. 이 시기는 성체 호랑이들이 자진해서 함께 시간을 보내는 드문 기간이다.

개과의 수컷들은 대부분 가정에서 기르는 개처럼 다리를 들고 오줌이 높은 곳에 뿌려지도록 냄새 표시를 한다. 회색늑대를 조사한 연구는 수컷들이 평균 450미터마다 표시를 하지만 변두리에 더 자주 표시한다고 한다. 영역 표시의 거의 절반은 길이 합류하는 지점에 있고 가능하면 잘 보이게 한다는 것이다. 더 큰 집단이라고 표시를 더 많이 하는 것은 아닌데, 이것은 모든 수컷들이 냄새 표시를 하는 것이 아니라 지배력을 가진 두목의 특권이라는 것을 암시한다.

안내 표지판

영역에 특히 민감하지 않은 동물들도 여전히 서로 냄새 표시를 남긴다. 갈라고스원숭이류는 야행성 동물이고 주로 숲에서 산다. 그들은 가슴과 성기의 특별한 샘에서 분비되는 화학 물질을 그들이 다니는 공중 통로의 나뭇가지에 문질러서 자신의 존재를 상기시키는 냄새를 남긴다. 또 두 손으로 오줌을 받아서 그 오줌을 발에 문지르는데 오줌을 묻히면 나뭇가지를 더 잘 움켜쥘 수 있다. 갈라고스원숭이가 나뭇가지를 타고 이동하는 것을 고려하면 이 냄새나는 발자국은 길을 따라서 아주 잘 전해지는 표시가 될 것이다.

수컷은 암컷보다 오줌으로 냄새 표시를 더 자주 하는데 소유욕이 더 강한 것을 암시한다. 그들은 영토에 대한 소유욕만 강한 것이 아니다. 암컷이 발정하면 수컷은 암컷의 몸에 직접 오줌을 누거나 가슴을 암컷에게 비벼서 냄새를 남김으로써 그 암컷이 자신의 것이라고 주장한다.

많은 동물들이 환경의 특성을 이용하여 나뭇가지를 타고 이동하는 통로나 영역의 가장자리에 있는 관목 혹은 바위에 냄새 표시를 남겨서 다른 동물들이 그 표시를 분명히 알아보도록 한다. 냄새 표시의 위치는 대단한 정보가 될 수 있다. 사자 수컷과 치타는 영역 주변의 관목과 나무에 표시하기 위해 꼬리 바로 밑에 있는 항문 샘으로 특수한 화학물질을 뿌린다. 그들도 늑대나 다른 동물들처럼 잘 보이는 곳이나 교차지점에 표시한다. 그러나 호랑이 등 고양이과의 동물들은 몸을 쭉 펴고 서서 위쪽으로 뿌린다. 이것은 가능하면 자신을 크게 보이기 위한 영리한 수법이다. 난쟁이몽구스와 같은 작은 동물들은 물구나무서기와 같은 방법을 써서 높은 곳에 표시하고 항문을 문지른다.

표시를 남기는 것은 특정 장소를 기억하기에 좋은 방법이다. 여우, 코요테, 늑대는 식량을 구했거나 약탈했거나 혹은 전에 묻어 놓았던 먹이를 파낸 장소를 기억하기 위해 오줌 표시를 해놓는다. 이것은 그 지

데미도프여우원숭이는 오줌을 발에 문지르고 나뭇가지를 타고 이동하면서 냄새나는 흔적을 남긴다.

난쟁이몽구스는 몸을 높일수록
잘 보이는 표시를 남길 수 있다.
그 표시는 다른 동물들이 몽구스를
실제보다 더 큰 동물이라고
생각하도록 속인다.

역이 먹이가 있을 것 같고 냄새도 나지만 최근에 찾아본 곳이며 오래 머물 가치가 없다는 것을 일깨워줄 수도 있다. 몽구스의 행동을 조사한 연구는 몽구스 역시 일종의 '장부 정리'를 위해 냄새를 표시한다는 것을 알려준다.

유럽수달은 스프레인트(spraints)라고 알려진 배설물을 바위와 덤불이 튀어나온 곳에 보관한다. 쉐트랜드 제도와 스코틀랜드 북부에 사는 수달은 바다에서 먹이를 구하지만 마실 물과 털에서 소금기를 씻어내기 위해 맑은 물이 필요하다. 이곳 해안에는 수달이 대대로 높이 쌓아놓은 배설물 더미가 고르게 분포되어 있다. 그래서 육지로 들어가는 수달은 배설물 더미에서 멀리 벗어나지 않는다. 배설물 더미는 한 장소에서 다음 장소로 이어져서 수달이 깨끗한 물을 얻을 수 있는 내륙으로 안내한다. 이 인정 많은 행동은 낯선 해안에 상륙해서 안내를 받을 필요가 있는 같은 종의 다른 일행들에게 도움이 된다.

남부 아프리카 칼라하리 사막 지대의 갈색 하이에나는 연고를 분비

144

하는 항문 주머니를 가지고 있다. 이 연고는 두 가지 메시지를 전한다. 주머니는 보통 몸 안에 숨겨져 있지만 연고를 분비할 때는 풀줄기 위를 걸으면서 뒷다리 사이의 주머니를 앞으로 향한다. 그리고는 꼬리를 말아 올리고 뒷다리를 약간 굽히며 주머니를 밀어내는데 주머니는 가운데 긴 홈이 있다. 하이에나는 조심스럽게 풀줄기가 하얀 분비물 연고로 덮인 홈에 꼭 들어맞도록 한다. 그리고 앞으로 이동하면서 하얀 분비물을 풀에 칠한다. 하이에나는 앞으로 계속 움직이면서 주머니를 오므리는데 홈의 양쪽에 위치한 샘으로부터 더 묽은 액체 상태의 검은 분비물을 내보낸다. 이렇게 해서 줄기를 하얗게 칠한 바로 위에 가늘게 검은 칠을 하게 된다.

　관찰자들은 냄새가 몇 주일 지속되는 하얀 연고는 영역을 표시하는 것으로 이 지역은 이미 임자가 있는 곳임을 침입자에게 알리려는 의도를 가지고 있다고 믿는다. 물기가 있는 검은 분비물은 냄새가 단지 몇 시간만 지속되며 이 지역에서는 최근 먹이를 찾은 곳이니 시간을 낭비하지 말라고 자신이 속한 하이에나 떼에게 말하는 것일 수 있다.

　다른 하이에나도 모두 같은 식으로 분비물을 만들지만 갈색 하이에나는 유일하게 검은 분비물만 만드는 종이다. 탄자니아의 엔고롱고로

수달은 몇 대에 걸쳐서 스프레인트라고 불리는 배설물을 눈에 잘 띄는 장소에 쌓는다. 이 배설물 더미는 한 장소에서 다음 장소로 이어져서 깨끗한 물을 찾는 안내판 역할을 한다.

145

분화구 근처의 작은 지역에는 30~80마리 정도가 생활할 수 있는데 그곳에 사는 얼룩하이에나도 영토의 경계선과 시냇가에 영역을 표시한다. 칼라하리의 훨씬 더 넓고 광활한 공간에서는 아홉 마리의 한 집단이 충분한 먹이를 찾기 위해 3백 제곱킬로미터가 넘는 지역을 가져야만 할 수도 있다. 이들과 갈색하이에나 모두 변두리보다는 영토의 중앙에 더 많이 연고를 분비한다. 아마 작은 무리가 넓은 영토를 방어하기 위해 자원을 낭비할 수 없기 때문일 것이다. 그래서 먹이가 충분하고 대부분의 시간을 보내는 핵심 지역에 집중한 것으로 보인다. 그리고 중심지와 영토의 경계선에 임시 변소를 만든다. 모든 구성원들이 똑같이 전략상 중요한 장소에 배변해서 화학적인 메시지를 가진 일련의 위치 표시를 만든다. 칼라하리 사막지역에 있는 위치 표시의 4분의 3은 눈에 잘 띄는 양치기 나무에 있다.

오소리는 좀더 복잡한 단계로 냄새 표시를 한다. 암수의 성체 몇 마리와 그 새끼들로 작은 일족을 이루고 사는 유라시아의 오소리들은 족제비, 흰담비, 수달, 스컹크를 포함하는 오소리종 가운데 가장 독특하다. 모든 오소리가 항문샘에서 나오는 분비물을 이용하여 냄새 표시를 하지만 유라시아 오소리는 꼬리 밑에 복잡한 혼합 화학물질을 분비하는 큰 주머니를 가지고 있다.

유라시아 오소리는 다양한 크기의 영토를 점유하고 사는데 1제곱킬로미터보다 넓은 곳을 점유한 경우가 드물긴 하지만 대개 0.15~2제곱킬로미터 크기의 영토를 가지고 있다. 영토의 중앙에는 터널로 연결된 많은 개별적인 굴로 구성된 세트(sett)라는 굴이 있다. 오소리들은 영역 곳곳에 변소를 파고 공동체 구성원들이 그곳에 배변하는 것은 물론 항문샘과 꼬리 아래의 주머니에서 나오는 분비물을 퇴적시킨다. 가장 집중적으로 자주 이용되는 변소는 영토의 경계선 부근에 있다. 특이한 것은 세트 가까운 곳에서도 변소가 발견된다는 점이다.

외부에 있는 변소는 영역을 표시하는데 특히 침입하는 수컷이 씨족의 암컷에게 접근하지 못하도록 막기 위한 것이라고 추측된다. 영역 안의 변소는 침입자가 세트에 가까워질수록 누군가 영역의 주민을 만날 수 있으며, 자기가 침입하고 있다는 것을 깨닫게 만들고, 집단의 크기와 그 구성원들의 나이와 성별에 대해 올바로 판단할 수 있게 한다는

옆면 | 갈색하이에나가 두 부분으로 된 메시지를 조사하고 있다. 첫째, 뚜렷하게 보이는 하얀 연고는 그 영토가 자신의 무리에게 속해 있다는 것을 말한다. 둘째, 물기가 있는 검은 연고는 자기 무리 중 하나가 최근 이곳에서 먹이를 찾았으니 근처에서 먹이를 찾기 위해 시간을 낭비하지 말라고 말한다.

것이다.

가을이 되면 암컷과 수컷 모두 경계선 부근의 변소를 더 자주 이용한다. 오소리들이 겨울 동안 필요한 지방을 몸 속에 비축하기 위해 멀리까지 식량을 찾아다니기 때문일 것이다. 이 모든 것은 냄새 표시가 식량 자원을 방어하기 위한 것뿐 아니라 외부의 침략으로부터 한 집단의 구성원들을 보호하기 위한 것임을 보여준다.

사회적인 냄새

나는 언젠가 사람이 기른 늑대 다코타의 환영을 받은 일이 있다. 내가 그 옆에 웅크리고 앉자 다코타는 내게 코를 비비고 몸을 문지르면서 나를 환대했다. 그 암컷 늑대는 냄새를 교환함으로써 나를 늑대 무리의 일원으로 만들었다. 각 개체의 냄새는 같은 종이라도 서로 다른 복잡한 화학물질이 혼합된 것이다. 예를 들어 비버의 냄새를 분석해 보면 개체마다 농도가 다양한 50여 가지의 다른 화학물질을 포함하고 있다.

사자와 고양이과의 서로 다른 동물들이 만나면 호기심에서 머리와 목을 뻗어 서로 코를 킁킁거리며 냄새를 맡기 시작한다. 그들은 계속 냄새를 맡으면서 수염으로 서로의 목덜미와 옆구리와 엉덩이를 가볍게 어루만진다. 우호적인 상황이라면 그들은 흔히 꼬리를 들고 다른 동물이 살펴보도록 내버려두지만 기분이 좋지 않으면 한쪽이 꼬리를 내리고 옆으로 한 걸음 옮겨 서서 냄새로 정보를 얻으려고 빙빙 도는 일을 그만둔다. 냄새는 신원을 확인할 뿐 아니라 한 동물의 사회적인 위치와 그가 속한 집단에 관한 정보를 제공할 수도 있다. 긴밀한 유대를 가지고 사는 사자떼에게 신체 접촉은 냄새를 교환하고 개체 사이의 친밀감을 강화하는 매우 중요한 수단이다. 친척 사이의 사자떼 암컷들은 특별한 의식을 가진 인사를 나눈다. 먼저 코를 비비기 시작해서 그 다음 머리와 뺨을 비비고 서로 옆구리를 깨끗하게 털어 주는 이 행동은 짝짓기할 때 받아주는 완곡한 접촉과 매우 비슷하다. 하지만 이것은 의사를 소통하는 신호표시의 실제적인 방법으로서, 사자는 자신이 속한 집단의 구성원들과 적대적인 침입자를 구별할 수 있다.

개별적인 냄새를 섞는 것은 일반적으로 포유동물이 일체감을 유지하는 방법이다. 나는 얼마 동안 헤어져 있다가 다시 만난 줄무늬몽구스들

이 완전히 미친 것처럼 코를 비비고 서로 휘감겨 몸부림치고 꿈틀거리는 정열적인 만남을 본 적이 있다. 몽구스과의 다른 구성원들처럼 줄무늬몽구스들은 가끔 성체가 70마리나 될 만큼 많은 무리가 떼를 지어 산다. 대개 번식하는 쌍은 3~4쌍이고 계급이 낮은 몽구스들은 번식을 억제한다. 그러나 모든 구성원들이 매우 가까운 관계를 유지하며 포식자들이나 다른 몽구스떼의 위협이 있을 때는 연합 전선을 펼친다.

집단의 결속을 유지하기 위해 몽구스들은 굴과 물웅덩이 주변에 놓아 둔 희끄무레한 사향에 자주 몸을 비비고 누워 뒹굴어서 집단의 냄새가 몸에 배어들게 한다. 헤어졌다가 다시 만나면 열광적인 감정을 서로 나타낸다. 자신이 속한 무리의 냄새를 지니는 것은 이웃의 씨족과 싸움이 벌어질 때 특히 중요하다. 축구 시합에서 같은 팀끼리 똑같은 옷을 입는 것처럼 전쟁이 한창일 때 누가 그들 편인지 구별하기 쉽기 때문이다. 몽구스는 구성원들 사이의 유대가 아주 튼튼해서 함께 경쟁자들이

암사자들은 냄새를 교환하고 유대를 강화하기 위해 머리를 비비고 서로 털어 주면서 인사한다.

줄무늬몽구스떼는 놀라운
단결력을 과시한다.

나 위협적인 태도를 취하는 폭도들을 쫓아낼 뿐 아니라 포식자들에게
잡힌 가족을 구조하기도 한다. 호전적인 독수리가 몽구스 수컷을 물고
내려앉은 나무에 몽구스 수컷 두목이 기어올라갔다는 놀라운 이야기
가 있다. 두목의 공격이 너무 사나워서 독수리는 먹이를 떨어뜨렸고 둘
은 잘 도망쳤다는 것이다.

어떤 종들은 서로의 냄새를 비비고 섞기도 하고, 한두 마리가 다른
구성원들에게 냄새를 바름으로써 그 냄새가 집단 전체의 냄새가 되기
도 한다. 사육되는 토끼는 떼를 지어 사는 종들이다. 토끼는 주로 야행
성이고 많은 시간을 지하에서 보내기 때문에 사회 생활의 여러 문제를
조절하기 위해 냄새에 크게 의지한다. 토끼는 둘에서 여덟 마리 정도의
사회적인 집단으로 나뉘어진다. 모든 집단의 구성원은 먹이, 집, 수컷
의 경우 교미하기 위해 암컷에 접근할 수 있는 서열이 뚜렷하다. 세력

을 가진 암컷들은 가장 좋은 번식 장소를 차지하는 우선권을 가진다. 모든 수컷들은 영역을 방어하기 위해 서로 돕지만 가장 지배력이 강한 수컷의 냄새에 흠뻑 젖는다. 그놈은 또 턱밑샘에서 나오는 분비물을 다른 수컷들에게 칠함으로써 집단 내의 다른 토끼들에게 냄새 표시를 하거나, 불운한 부하에게 단순히 오줌을 뿌려서 표시하기도 한다.

오소리들도 같은 종의 구성원들 간의 관계를 강화하기 위해 서로 냄새를 표시한다. 오소리들은 '쪼그려 앉기'라고 알려진 동작으로 냄새 표시를 하는데, 오소리 하나가 항문샘을 다른 오소리의 옆구리와 엉덩이에 비벼서 오줌 냄새와 다른 화학물질을 옮긴다. 힘이 센 수컷은 규칙적으로 모든 구성원들에게 쪼그려 앉기를 시키고 표시를 하면서 누가 두목인지를 상기시킨다. 뿐만 아니라 영역의 변두리에서 실시되는 쪼그려 앉기 표시는 모두 두목의 뚜렷한 냄새를 지니고 있다. 어미들은 새끼들에게 표시를 해서 낯선 침입자에게 강력한 암컷이 새끼들을 지키고 있다는 것을 깨닫게 만든다.

수컷들은 발정기의 암컷들에게 냄새 표시를 하는데 암컷이 구애하는 수컷을 좀더 잘 받아들이게 만드는 행동으로 보인다. 그리고 암수 모두 다른 암컷들에 표시를 하는데 아마 종 내의 위계질서를 유지하는 하나의 방법일 것이다. 이렇게 냄새를 표시하는 것은 결과적으로 각자가 신원을 확인할 수 있는 혼합된 냄새를 지니는 것이며 수컷 두목이 이 냄새를 장악한다. 만약 한 집단의 두 마리가 멀리 떨어진 곳에서 밤에 만나면 옆구리와 엉덩이 냄새를 킁킁 맡아보고 확인한다. 그러면 친구인지 적인지를 바로 확인할 수 있다. 오소리의 개별적인 냄새 표시는 각자의 행동을 조정하기 위해 도움이 된다. 예를 들어 냄새 표시는 갈등이 있을 때 달래는 수단으로 자주 이용된다. 많은 종들의 어른 수컷들은 자주 싸우고 큰 상처를 입는데, 야생에서 먹이를 찾는 맹수로서는 비능률적인 행동이다. 상대의 힘을 평가하기 위해 정교한 신호를 이용하고 필요할 때 후퇴하는 것은, 힘이 약한 동물도 언젠가는 싸워 이길 수 있고 짝짓기할 기회를 얻을 때까지 살아남기 위한 전략이다.

화학물질의 지배를 받는 집단

사회생활을 하는 많은 동물들의 행동이 화학적인 메시지의 조정을 받

오소리들은 집단 내에 뚜렷이
정해진 위계질서를 가지고 있다.

지만 동물의 왕국에서 곤충의 세계만큼 엄격하게 화학물질의 지배를 받는 곳은 없다. 하나의 개체가 어떻게 수천 마리의 행동을 정확하게 통제할 수 있는가?

여왕벌은 벌집의 중앙에 안전하게 앉아서 전체 집단을 통제한다. 여왕벌은 특수한 페로몬을 생산함으로써 집단을 지배하는데 여왕벌의 당번 일벌이 이 페로몬을 왕국 전체에 전달한다. 여왕이 자신의 응접실에 있고 이 사실이 끊임없이 나머지 벌들에게 확인되는 한 '모든 것이 만족스럽다.' 일벌은 일을 계속하고 벌집은 원활하게 돌아간다. 그러나 만약 여왕벌에게 무슨 일이 있거나 혹은 집단이 너무 커지고 벌의 숫자가 많아져서 여왕벌의 페로몬이 구성원 모두에게 돌아갈 수가 없게 되면 혼란이 빠르게 확산된다. 일벌들은 먹이를 찾고, 저장하고, 집을 만들거나 벌집이 순조롭게 유지되는 일을 하게 만드는 자극을 더 이상 받지 못한다. 일벌은 여왕벌의 페로몬을 충분히 받지 못하면 오직 한 가지 일, 새로운 여왕을 만드는 일에만 집중한다. 그러므로 여왕벌은 페로몬을 충분히 분비해야만 자신의 지위를 안전하게 지킬 수 있다. 여왕벌의 화학적인 신호가 그녀의 신하들을 행복하게 만들만큼 충분히 강한 동안에는 경쟁자가 나타나지 않는다.

그러나 조만간 여왕은 너무 늙어서 자신의 일을 계속할 수 없고 페로몬의 분비는 약해진다. 이 단계가 되면 일벌들은 가능한 대역으로 많은 '버진 퀸(아직 교미하지 않은 여왕벌)'을 만들고 이 경쟁자들은 누가 여왕의 자리를 물려받을 것인지를 결정하기 위해 죽기까지 싸운다. 그들은 싸우는 동안 일벌을 쫓는 유동성의 배설물을 배출해서 싸움이 끝날 때까지 일벌을 안전하게 지킨다.

꿀벌은 복잡한 생활의 모든 면을 제어하기 위해 페로몬을 이용한다. 심지어 죽은 꿀벌도 화학적인 신호를 활용한다. 썩어가는 사체는 올레인산을 분비하기 시작하는데 이것은 기름기가 많은 산으로 살아 있는 일벌들이 시체를 제거하도록 자극한다. 그들은 시체를 조금씩 입구로 옮긴다. 지나다니는 모든 일벌은 올레인산이 있는 것을 알고 여기 반응해서 시체를 조금씩 문을 향해 옮기고 마침내 문에서 장의사 벌들이 그것을 밖으로 내보낸다.

위기가 오면 꿀벌들은 휘발성이 높은 경계 물질인 아세테이트 이소아밀(무색의 인화성 액체)을 만들어서 벌집 안의 다른 벌들에게 위험을 경고한다. 이것은 일본에서 사회적인 두 종의 곤충 사이에 화학전이 벌어진 재미있는 예로 발전했다. 가을이 되면 일본의 거인말벌 집단에는 벌집 안에 먹이가 필요한 수백 마리의 어린 벌들이 있다. 말벌이 좋아하는 먹이의 하나는 꿀벌이다. 말벌은 보통 혼자서 먹이를 찾아 돌아다니지만 두세 번 꿀벌의 벌집을 성공적으로 약탈하면 다른 말벌들에게 먹이가 있다는 것을 알리는 페로몬으로 장소를 표시한다. 만약 세 마리 이상의 말벌이 같은 벌집을 공격하게 되면 그들은 도살하는 것처럼 순식간에 수백 마리의 꿀벌을 죽일 수 있다. 20~30마리의 말벌 집단이라면 세 시간 내에 꿀벌 집단 전체를 전멸시키고 벌집을 점령한 후 꿀벌의 유충을 집으로 옮겨서 배고픈 말벌 유충들에게 먹일 수 있다.

말벌 한 마리가 약탈하러 꿀벌의 집에 들어갔을 때 꿀벌들은 경계 페로몬을 만들고 재빨리 증원군을 모은다. 말벌은 성난 꿀벌들이 잠복하고 있는 것을 발견한다. 꿀벌들이 침입한 말벌 주위에서 흥분하여 윙윙거리며 소용돌이치면 온도가 섭씨 47도까지 급히 오르는데 꿀벌은 상관없지만 말벌에게는 치명적이다. 그렇게 되면 말벌은 벌집에 표시를 해서 다른 말벌들을 끌어들일 수 없게 되고 꿀벌들은 그들을 휩쓸 뻔한 말벌의 집단공격을 피한다.

개미도 벌만큼이나 화학적인 신호를 많이 사용한다. 개미는 땅에서 보내는 시간이 더 많기 때문에 그들의 목록에 다른 신호인 흔적 페로몬을 추가한다. 개미집과 어느 정도 떨어진 곳으로 먹이를 구하러 다니는 개미는 길을 따라 소량의 페로몬을 남기면서 틀림없이 먹이가 있다는 신호를 한다. 페로몬에 직접적인 정보는 없지만 지나가는 개미들은 집이 있는 곳을 알고 있으며 다른 길은 먹이가 있는 곳으로 가는 길이라고 추측할 것이다.

흔적 페로몬은 개미에게 약간의 문제를 불러일으킨다. 경계 신호와 다르기 때문에 꽤 오래 지속되어야 할 필요가 있지만 좋은 먹이가 있는 곳으로 가는 경쟁을 유도할 수도 있기 때문이다. 해결하는 방법은 페로

여왕벌은 특수한 페로몬을 생산함으로써 집단을 지배한다. 일벌들이 그것을 벌집 전체에 전달한다.

몬을 가능하면 화학적으로 복잡하게 만들어서 다른 종들이 암호화된 메시지를 해독할 수 없게 만드는 것이다. 그러나 이 수법이 항상 효과가 있는 것은 아니다. 풍뎅이는 규칙적으로 나무개미의 먹이 흔적을 따라서 잠복한다. 이 풍뎅이는 화학적인 신호가 무엇에 대한 것인지 터득했다. 즉 공동생활을 하는 개미는 입을 두드리면 집단의 다른 개미들과 함께 나누기 위해 먹이를 토한다는 것을 알아차린 것이다. 그래서 숨어 있던 풍뎅이가 갑자기 개미의 입을 두드리면 개미는 반사적으로 토하고 풍뎅이는 그것을 먹는다. 만약 개미가 반격하면 땅에 바짝 웅크리는데 개미는 풍뎅이의 뚫을 수 없는 등껍질만 만질 수 있을 뿐이다. 질 것이 뻔한 이 싸움을 포기한 개미는 다음 무료 식사를 기다리는 풍뎅이를 남겨두고 가던 길을 간다.

아프리카 베짜기개미(African weaver ant)는 나뭇잎들을 서로 붙여서 나무에 집을 짓기 때문에 베짜기개미라는 이름을 가지고 있다. 이 개미는 흔적 페로몬, 경계 페로몬을 혼합해서 사용하고 서로 정보를 전하기 위해 춤을 추는 것으로 보인다. 대부분의 개미 사회에서 일개미는 모두 번식하지 못하는 암컷인데 각기 한정된 역할만을 맡는다. 처음부터 식량을 구해오는 일만 하는 개미가 있는가 하면, 집에 남아서 집을 지키고 유충을 돌보는 개미들도 있다. 그러나 특별히 풍부한 먹이를 발견하면 먹이를 나르기 위해 집에 있는 일개미들까지 동원해야 할 때가 있다. 이때 먹이를 구하는 일개미들은 집과 먹이 사이에 흔적 페로몬을 남긴다. 또 일종의 흔드는 춤을 추어서 중요한 일이 일어나고 있는 것을 자매들에게 알리고 더듬이로 다른 개미들을 건드려서 먹이의 냄새를 알린다. 이것은 집에 있는 개미들에게 나가서 먹이를 공동의 식품저장실로 나르라고 자극하는 것이다.

먹이를 구하는 개미는 침입자가 있으면 집에서 멀리 떨어진 곳에서 만났다고 하더라도 먹이 찾는 일을 중지하고 싸우면서 경계 페로몬을 발산한다. 침입자들이 심각한 위협을 가하면 몇 마리의 개미들은 싸움터를 떠나 화학물질을 뒤에 남기면서 증원군을 부르기 위해 집으로 달려간다.

집에 돌아온 개미들은 자매들 앞에서 다시 춤을 추고 더듬이로 그들을 건드리지만 이번에는 경계 페로몬을 전달한다. 도날드 그리핀은 그

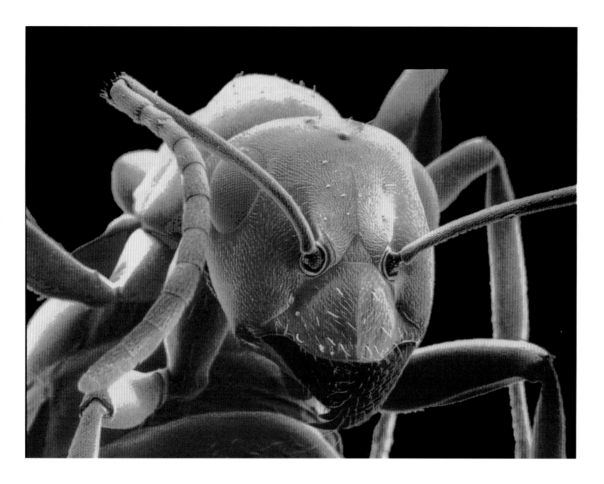

의 책 『동물의 정신세계』에서 두 가지 춤이 비슷하지만 동일하지는 않다고 말한다. 시각적이고 화학적인 신호들은 집에 있는 개미들에게 위기가 어떤 것인지 알린다는 것이다. 그리핀은 또 '그곳으로 가서 싸우자'라는 뜻의 춤을 본 모든 개미가 즉시 떠나는 것이 아니라 일부는 남아서 집에 있는 다른 개미들에게 '증원군을 보내자'라는 제스처를 되풀이하는 것들도 있다고 말한다. 이것은 동물이 직접 부딪치지 않은 사태에 대한 정보를 전하는 가장 독특한 예이다. 첫 사람만 정확한 문장을 알고 다음 사람에게 말을 전달하는 일종의 게임이 개미 집단에 나타나는 셈이다.

영국의 곤충학자 존 브래드쇼는 아프리카 베짜기개미의 또 다른 경계 시스템을 발견했다. 그것은 다른 의미를 가진 복합 페로몬에 관한 것이다. 일개미가 집단의 영역 내에서 적을 만나면 머리에 있는 큰 샘

나무개미는 먹이가 있는 곳에 관한 정보를 전하기 위해 복잡한 화학물질을 만든다.

아프리카 베짜기개미는 동료
일개미의 아래턱에 있는 특수한
지점을 두드려서 먹이를 뱉어내
다른 개미들을 먹이도록 설득한다.

에서 네 가지의 화학물질을 발산한다. 샘은 아래턱 바닥에 바깥쪽으로
열려 있다. 개별적인 화학물질은 다른 속도로 공기 중에 퍼지기 때문에
일개미들은 다른 단계에서 혼합된 다른 성분을 받아들인다. 처음 물질
은 가장 가벼운 물질로서 자매 개미들에게 주의를 집중할 것을 촉구한
다. 두번째 물질은 개미들이 문제의 근원을 찾게 만든다. 세번째 물질
은 일개미들을 침입자가 있는 장소로 유인하여 바깥에서 들어온 대상
은 어떤 것이든 물게끔 자극한다. 마지막은 적을 무조건 총공격하라는
나팔 소리이다.

　과학자들은 곤충의 페로몬이 특히 복잡하다는 것을 서서히 밝혀내고
있다. 베짜기개미들은 화학적인 '단어'들을 사용할 뿐 아니라 이 단어
들을 다양하게 짜맞추어 실질적으로 화학적인 구문론의 형태로 다른
'어구'를 만드는 것으로 밝혀졌다. 조그만 로봇처럼 보이는 생물들이

이처럼 정교한 수준의 의사소통을 한다는 것이 놀랍게 느껴진다. 그러
나 베짜기개미들은 3천만 년 이상 살아왔고 아프리카에서 호주까지 구
대륙의 열대지방을 가로질러 퍼져나갔다. 그들이 성공적으로 생존해
온 비밀은 어쩌면 놀랍도록 효과가 있는 화학적인 의사소통 때문인지
도 모른다.

진동, 전기, 그리고 접촉

한 쌍의 돌고래가 우아하게 모든 동작을 서로 일치시키며 춤추는 것처럼 바하마의 깨끗하고 푸른 바다 속을 질주한다. 암컷은 매우 빠르게 움직였지만, S자 형으로 몸을 굽힌 수컷은 목을 빼고 암컷에게 바짝 접근해서 헤엄치는 중에도 이따금 가슴지느러미로 암컷을 애무했다. 갑자기 암컷의 움직임이 달라졌다. 방향을 바꾸고 몸을 뒤집더니 물 속에서 수직으로 서성거리는 수컷에게 몸을 비비고 박치기를 하기 시작했다. 국외자인 내게 암컷의 움직임은 여전히 구애 댄스의 일부로 보였지만 돌고래의 언어로는 그 의미가 매우 다르다. 그것은 수컷의 구애를 거절하는 것이다. 아마도 아직 성적으로 받아들일 준비가 되지 않았다고 말하는 것인지도 모른다. 마지막으로 암컷은 꼬리로 수컷의 얼굴을 찰싹 때리고 사라졌다.

옆면: 거미줄은 거미에게 거대한 감각기관과 같다. 암컷은 거미줄에 걸린 먹이가 빠져나가려고 몸부림치거나 수컷이 구애하기 위해 특별히 전해오는 진동을 기다린다.

전기는
전기뱀장어에게
무기 이상의
의미를 지닌다.

우리는 정보를 수집하기 위해 눈과 귀와 코만 사용하는 것이 아니라 몸 전체가 수신기 역할을 할 수 있다. 신체적인 접촉은 매우 효과적인 형태의 의사소통 방법이다. 새끼의 몸을 핥고 단정하게 손질해주는 것은 깨끗이 하려는 이유도 있지만 애정을 표현하는 강한 방법이기도 하다.

사회적인 무리를 이루고 사는 많은 동물들이 코를 비벼대고 몸을 손질해주고 쓰다듬고 문지르는 것은 서로 인사하거나 안심시키기 위한 것이고, 또 공격적인 대상을 달래는 방법이기도 하다. 기본적으로 위해를 가하는 행동인 물고, 치고, 때리는 것도 메시지를 보내는 것으로 사용될 수 있다. 많은 동물들이 새끼를 혼내주기 위해 꼬집고 구혼자를 비난하기 위해 때리거나 물지만, 장난으로 꼬집거나 달려드는 것은 놀자고 권하는 것일 수도 있다. 촉감 신호들은 우리에게도 매우 친근하지만 놀랍게도 우리는 동물들에 관해 아직 아는 것이 많지 않다.

의사소통 채널이 무수히 많지만 인간들과는 너무 달라서, 우리는 오랫동안 그런 것이 존재하는 것도 모르고 있었다. 기술이 발달하면서 우리가 느끼는 감각영역을 훨씬 넘어선 낯선 감각의 세계가 밝혀지고 있다. 전기뱀장어가 사람을 기절시켰다는 보도는 한동안 호기심을 불러일으켰지만 지금은 전기가 무기 이상의 의미를 가지고 있음을 알아냈다. 전기는 몇 종류의 어류에 의해 다양한 용도와 개인적인 대화채널로 사용되고 있다. 그러나 매우 가까운 거리에서만 작용하는 시스템이라 어류는 자기 몸길이의 약 절반 정도의 거리에서만 대화할 수 있다. 팔을 뻗은 것 이상의 세계를 알지 못한다고 상상해 보라!

우리에게 가장 완벽하게 숨겨진 대화의 방식은 진동이다. 진동은 인간이 쉽게 느낄 수 있는 채널이 아니기 때문에 현재까지 지진에 반응하는 동물들의 신호를 크게 의식하지 못하고 있었다. 그러나 진동은 동물들 사이에서 가장 오래된 대화의 형태이다. 원시인의 화석에서 귀와 턱의 구조를 연구한 학자들은 초기의 육지 포유동물들은 오직 진동을 통해 '들었다'고 믿는다. 지금도 작은 곤충에서부터 거대한 코끼리에 이르기까지 많은 동물들이 여전히 이 고대의 언어로 이야기하는 것을 발견할 수 있다.

접촉

콩고 북부의 울창한 삼림에 오드잘라 국립 공원이 수백 킬로미터에 걸
쳐 뻗어 있다. 그곳에는 옛날부터 수많은 세대를 내려오면서 코끼리들
이 지나다니는 평평하게 다져진 길들이 교차한다. 넓고 질퍽한 개간지
마야 노르드가 가까워질수록 길은 점점 넓어져서 가로수 길로 변한다.
그곳은 코끼리들이 물을 마시고 목욕하러 오는 곳이다. 코끼리들은 자
주 오는 곳이지만 긴장을 풀지 않는다. 이 늪지는 상아 밀렵꾼들이 숨
어서 기다리는 숲의 창이라고 할 수 있다. 경험이 많은 코끼리들은 연
신 코를 높이 들고 사람 냄새를 맡는다. 나는 자연보호론자인 쟝 마르
크 프로먼트와 촬영기사 한 사람과 같이 인상적인 여족장이 이끄는 여
덟 마리의 코끼리떼를 지켜보고 있었다. 태어난 지 두세 달쯤 된 어린

어미는 새끼를 안심시키거나
꾸짖거나 혹은 단순히
뒤를 따라갈 때도 코를 사용한다.

뒷면 | 콩고 북부 마야 노르드의
코끼리들은 이 개간지에서
밀렵꾼들의 공격을 받기 쉽다.
코끼리들은 사람 냄새를 맡으면
나무가 있는 안전한 곳으로 향한다.

161

새끼가 코끼리들 틈에 끼어 있었다. 물을 다 마신 코끼리들은 숲으로 돌아가기 시작했는데 갑자기 여족장이 속도를 높였다. 바람의 방향이 바뀌어서 개간지의 가장자리에 숨어 있는 우리 냄새를 맡은 것 같았다. 어른 코끼리들은 급히 서둘렀지만 후미에 남은 어린것은 서서 어떻게 해야 할지 잘 모르는 것 같았다. 아마 새끼의 어미인 듯한 암컷이 돌아와서 코를 뻗어 부드럽지만 단호하게 새끼를 밀었다. 그것은 안심시키는 신호이자 다른 코끼리와 보조를 맞춰야 한다는 뚜렷한 메시지로 보였다. 새끼는 즉시 말을 들었다. 어미는 코로 새끼의 꼬리를 잡고 안내하면서 안전한 곳에 이를 때까지 계속 새끼를 뒤에서 보살폈다.

코끼리는 의사를 전달하기 위해 여러 가지 냄새와 소리(1장, p.15, 2장, p.33)를 이용하면서도 접촉을 많이 하는 동물이다. 코끼리 가족들은 쉬거나 물을 마시는 동안에도 종종 몸을 서로 기대고 비비거나 코로 만지면서 서 있다. 코끼리의 코는 믿을 수 없을 만큼 예민하고 표현력이 풍부하다. 어미는 코로 새끼를 자주 만지고 껴안아 주지만 잘못했을 때는 찰싹 때리기도 한다. 어린것들은 코로 장난스럽게 레슬링을 하고, 구애하는 코끼리들은 코로 상대를 애무하거나 코를 마주 껴안는다. 두 마리가 접근하면 흔히 코를 내밀어 인사한다. 코를 건드리거나 서열이 낮은 코끼리가 높은 코끼리의 입에 코를 넣는데 이것은 새끼가 음식의 맛을 보거나 안도감을 느끼고 싶을 때 어미의 입에 코를 넣는 습관을 생각나게 한다.

접촉은 매우 직접적이고 설득력 있는 의사소통의 한 방법이다. 아프리카산 큰영양인 누(wildebeest)의 어미는 갓 태어난 새끼가 일어서도록 코로 새끼를 밀면서 격려한다. 암사자는 새끼가 너무 거칠게 굴면 꾸짖기 위해 부드럽게 문다. 한 쌍의 얼룩말이 머리를 서로의 등에 올려놓고 다정하게 서 있는 모습도 볼 수 있다. 여러 형태의 접촉으로 의사를 전달하는 것은 우리에게도 제2의 천성이지만 그 역할에 관해서는 알려진 것이 별로 없다. 시청각 장애에 시달리는 사람들을 위해 새로운 의사전달 도구를 발견할 희망으로 인간의 접촉을 연구하는 학자들이 있지만 여전히 압도적으로 시각과 청각 채널에 관한 연구에 노력이 집중되고 있다. 따라서 동물의 접촉에 관한 우리의 지식은 종종 이야깃거리나 될 뿐이다.

접촉은 메시지를 보내는 사람과 받는 사람의 신체적인 접촉이 필요하다. 대부분의 접촉 신호는 서로 인사하거나 안심시키기 위해 손을 내미는 것처럼 우호적인 의미를 가진다.

인사하면서 서열이 낮은 코끼리는 서열이 높은 코끼리의 입에 코를 넣는다. 이 행동은 먹이를 맛보거나 안도감을 느끼고 싶을 때 어미의 입에 코를 넣는 새끼의 습관을 생각나게 한다.

　촉감으로 의사를 전하는 것에는 유리한 점이 많이 있다. 다른 형태의 의사소통은 특별한 기관이 필요하지만 접촉은 몸 전체로 느낄 수 있다. 피부는 눈의 망막보다 천 배나 더 넓게 덮여 있고 말초신경이 충분히 퍼져 있다. 또 온도의 변화와 통증과 압력을 거의 끊임없이 자동으로 기록한다. 의사를 전하기 위해 누르는 것은 다소 제한적으로 보일 수도 있지만 사실 그것은 충분하고도 다양한 용도를 가지고 있다. 누군가 손을 우리 팔에 올려놓았다면 얼마나 많은 것을 알 수 있는지 생각해 보라. 눈을 감고도 그 접촉이 애정 어린 것인지, 유혹의 뜻이 담겼는지, 방어적인지, 경계하는 것인지, 혹은 질책하는 것인지 알 수 있다.

거리에서 이야기를 나눌 때 우리는 지나가는 행인이나 자동차 소리, 바람이나 빗소리, 심지어 요란한 착암기 소리도 여과하면서 상대방과 이야기해야 한다. 만약 방안에 있는 어떤 사람을 보고 미소지으려면 사람들이 서로 싸우거나 밝은 빛 때문에 눈이 부셔도 우리는 그의 시선을 끌어야만 한다. 그러나 접촉은 이런 장애가 없이 대단히 직접적이다. 내가 당신의 팔을 건드리면 내가 말하려는 사람이 다른 사람일 리가 없는 것이다. 접촉은 메시지를 보내는 사람이 받는 사람과 나누는 육체적인 접촉이 필수적이다. 이것은 대부분의 촉감 신호들이 우호적임을 의미한다. 그래서 종종 부리로 배우자의 날개를 다듬어 주는 짝짓기한 새들이나 태어나는 순간부터 정해지는 어미와 자식의 관계처럼 두 개체 사이의 특수한 관계를 나타낸다.

갓 태어난 새끼 양은 어떻게 암양의 젖을 빨 수 있을까? 실험에 의하면 소리와 시각과 냄새가 모두 하나의 역할을 하지만 아기는 어미와의 친밀한 접촉을 통해 젖을 찾아 빨 수 있다고 한다. 암양은 새끼를 낳자마자 일어나서 먼저 새끼의 머리와 앞쪽부터 핥기 시작한다. 어미가 새끼를 진정시키기 위해 낮게 웅얼거리는 동안 새끼는 매애하고 울면서 일어나려고 한다. 새끼가 서려고 애쓰는 동안, 어미는 새끼를 깨끗하게 씻겨 주며 새끼 양을 앞에 놓고 천천히 돈다. 발에 힘을 주며 일어나기 시작한 새끼는 주둥이로 어미의 앞다리와 목이나 얼굴을 더듬는다. 그리고는 주둥이를 아래로 밀어 넣어 어미의 배밑에서 얼굴과 눈이 덮이고 눌리는 것을 느끼며 주둥이를 아래위로 움직여서 젖을 빠는 동작을 시작하고 꼭지를 찾는다. 새끼 양은 볼 수 없으면 더 격렬하게 젖을 찾는 것을 실험으로 알 수 있다. 암양은 새끼의 머리가 자신의 배를 밀면 등을 활처럼 굽히고 꼬리를 내리고 뒷다리를 뻗어서 꼭지가 나오게 한다.

의사소통을 위한 신체적인 접촉은 새끼를 키우는 동물 사이에 널리 애용된다. 새끼를 핥고 몸치장을 해주는 것은 새끼를 깨끗하고 건강하게 해주며 기생충을 없애 주지만 다 자란 동물들 사이에서는 애정을 표현하는 방법으로 진화했다. 코를 비비고, 살짝 물고, 몸을 비비고, 몸단장을 해주고, 쓰다듬는 것은 상대방을 달래거나 친해지는 방법

신체적인 접촉은 새끼를 기르는 동물들에게 중요하다. 그리고 암양과 어린 양은 신체 접촉을 통해 밀접한 유대관계를 발전시킨다.

이다. 대부분의 영장류는 집단 내의 다른 구성원들과 많은 시간을 가까운 거리에서 보내기 때문에 친한 관계를 유지하는 것이 중요하다. 영장류는 평균 깨어 있는 시간의 약 20%는 서로 몸을 다듬어주면서 시간을 보낸다. 그것은 몸을 깨끗하게 유지할 뿐 아니라 튼튼한 유대관계를 갖게 해주는 것으로 사람들이 만나 이야기를 나누는 것과 마찬가지라고 할 수 있다. 침팬지들은 휴식을 취할 때 작은 무리가 함께 모여 친구들의 몸을 손질해주고, 헤어졌다가 만나서 제일 먼저 하는 일은 자리를 잡고 앉아 즐겁게 치장해주는 것이다.

몸단장은 침팬지 수컷들에게 특히 중요하다. 집단의 모든 수컷들은 가까운 친척관계이고 공동체의 영역을 함께 지켜야 한다. 몸단장은 강한 일체감을 갖기 위해 없어서는 안되는 일이지만 몸단장에 의해 내부적인 편애가 밝혀지기도 한다. 수컷들은 계급을 정하기 위한 시도로 특별 동맹을 맺는다. 그리고 침팬지들은 마치 비밀 협정에 도장을 찍은 것처럼 서로 몸단장에 열중한다. 그런데 수컷 두목이 갑자기 그 자리에 나타나면 두목의 관심을 몸단장하는 것으로 돌리는 것이 현명하다! 자신의 권위에 문제가 있다고 느낀 두목이 누가 두목인지 상기시키기 위해 잔가지를 잡아뜯거나 돌아가며 다른 원숭이의 뺨을 때리는 극적인 행동을 할 수도 있기 때문이다. 그러면 다른 원숭이들은 두목을 숭배하는 팬들처럼 몸단장을 위해 자주 그에게 모인다.

마모셋원숭이들은 4~15마리의 확대가족이 함께 사는데 암컷 한 마리만 새끼를 낳는다. 다른 원숭이들은 해마다 태어나는 두 쌍의 쌍둥이를 키우는 일을 돕는다. 나이 많은 원숭이들은 새끼를 핥아서 깨끗하게 하지만 핥는 것은 어른들 사이의 인사로도 쓰인다. 가족들 사이의 관계는 매우 중요하고 어린 원숭이들은 장난치고 레슬링하고 서로 뒤쫓으며 어린 시절을 즐긴다. 하나가 손을 뻗어 친구를 건드리거나, 밀어서 혹은 서로 손뼉을 치면서 놀이가 시작된다. 친구를 장난스럽게 물고 쫓아오기를 바라면서 도망친다. 가끔 장난이 너무 심해지면 아기 원숭이가 다칠 수도 있으므로 어른 원숭이는 소년기에 해당하는 원숭이들을 주먹으로 혼내주기도 한다. 그래도 그들을 진정시키기에 충분하지 않으면 목을 날카롭게 물기도 한다.

말과에 속하는 동물들도 영장류처럼 대단히 사회적이다. 촉감 신호

는 구성원들 사이의 유대를 위해 필수적이다. 사바나얼룩말은 수컷 한 마리와 그의 암컷들이 영구적인 집단을 이루며 산다. 사회적인 동물들로서는 독특하게 얼룩말 무리의 구성원들은 친척이 아니고 새끼는 성숙해지면 출생 집단을 떠난다. 이들은 어른들 사이의 혈연관계가 부족한데도 불구하고 대개 화목하게 생활한다. 두 마리가 서로 머리를 꼬리에 대고 나란히 서 있거나 머리를 서로의 등에 얹어놓고 어깨 너머를 바라보는 것은 얼룩말 특유의 평화로운 모습이다. 이런 자세로 그들은 꼬리를 휘둘러 친절하게 파리를 쫓는 동시에 위험한 징조가 있는지 360도로 둘레를 살펴본다. 몸단장은 얼룩말의 사회생활에서도 중요한 요소이다. 얼룩말들은 짝을 지어 서서 앞니와 입술로 서로의 목과 어깨, 등을 긁어주고 깨물어준다. 친밀하게 코를 비비는 것은 어미와 그 새끼들 사이, 어린 동기들 사이에 자주 있는 일이지만 서열이 다른 얼룩말 사이에도 일어난다. 대개 낮은 계급의 얼룩말이 빗질해주려고 조심스럽게 접근하면서 머리를 내밀고 귀를 쫑긋 세우는 것으로 시작한다. 높은 계급의 얼룩말도 비슷한 반응을 보이며 둘은 서로 몸단장을 시작하는 것이 보통이지만, 돌아서거나 이빨을 드러냄으로써 접근을 막을 수도 있다. 그것은 혼자 있고 싶다는 의사표시이다.

의사소통을 위해 접촉하는 것은 포유동물만이 아니다. 놀랄 만큼 많은 곤충, 거미류, 그리고 갑각류 동물들이 피부를 접촉한다. 농게는 짝을 얻기 위해 접촉하는 것으로 보인다. 집게발을 흔들어서 일단 암컷의 관심을 끈 수컷은 뒤에서부터 암컷의 껍질 위로 기어올라가서 거의 암컷을 완전히 덮는다. 암컷을 품에 껴안은 수컷은 커다란 집게발로 암컷의 껍질을 두드리고 쓰다듬는다. 이 부분에 솜털이 있는 종들은 그것을 잡아뜯는다. 집게발이 털을 쥐어뜯는 동안 다른 발들은 계속 암컷의 껍질을 쓰다듬는데 이 모든 것들이 암컷을 완전히 움직이지 않게 만드는 것으로 보인다. 이 감각적인 '마사지'를 몇 분 동안 계속하면 암컷은 아주 조용해진다. 그러면 수컷은 암컷을 뒤집어서 다리로 암컷을 붙잡고 짝짓기에 들어간다. 짝짓기는 한 시간 이상 계속되기도 한다. 어떤 종들은 서로 너무 단단히 붙어 있어서 조심스럽게 접근한 포식자에게 교미 중에 잡히기도 한다.

전갈의 구애는 매우 다르다. 수컷은 불길한 짝짓기 왈츠로 암컷을 이

옆면 위 | 우리처럼 잡담하는 것일까? 침팬지의 몸단장은 친구를 만드는 방법이다.

아래 | 검은귀원숭이 새끼는 대가족의 품안에서 양육된다. 핥는 것은 새끼를 깨끗하게 해주는 것이며, 어른들의 인사 방법이기도 하다.

'짝을 지어 서 있기' —
얼룩말이 우정을 보여주는 한
방법이다.

끈다. 영국에 사는 유일한 전갈은 유스코르피우스 플래비카우디스
(Euscorpius flavicaudis)종이다. 크고 안정된 집단을 이룬 이 전갈은 켄
트의 쉬어니스에 있는 조선소 벽틈에서 산다. 이 종의 수컷들과 유스코
르피우스 속의 수컷들은 집게발로 암컷의 집게발을 단단히 잡고 경련
하듯 떠는 동작으로 앞뒤로 걸으면서 앞다리로 암컷의 생식기 부근을
두드린다. 그리고 여러 번 암컷을 찌른다. 처음에는 암컷의 몸 아무 곳
이나 찌르지만 그 뒤에는 계속 집게발의 관절을 찌른다. 이것은 평균
13분 동안 계속되는데 처음에 도망치려던 암컷은 곧 가만히 있게 된다.
수컷은 가끔 찌른 독침을 상처에서 비틀기도 하지만 독이 주입되는지 혹은 순수하게 기계적인 부상을 입히는 것인지는 알려지지 않았다. 마지막으로 수컷은 정액 주머니를 암컷에게 집어넣는다. 전갈의 짝짓기는 여러 시간 계속되는데 수컷의 괴상한 의식은 암컷이 정자 주머니를 받아들이도록 자극하기 위한 중요한 요소로 보인다.

촉감 신호는 꼬리가 없는 채찍전갈에게도 매우 중요하다. 이 전갈은 대단히 의식화된 방어책으로 싸움을 해결한다. 수컷은 물론 가끔 암컷도 같은 종의 같은 성별을 가진 전갈을 공격한다. 싸움은 다리를 불규칙하게 도전적으로 두드리는 것으로 시작된다. 그러면 결투가 선언되고 뒤로 한 걸음씩 물러난 전갈은 한 걸음에 적에게 닿을 수 있다. 양쪽은 서로 두드리고 쓰다듬고 하지만 각자 정확하게 상대가 하는 대로 동작에 맞춘다. 한동안 이렇게 하다가 갑자기 작고 날카로운 앞다리를 활짝 펼치고 돌진한다. 격렬한 싸움이 일어나서 두 전갈은 서로를 잡고 밀고 당기기를 계속한 끝에 마침내 한 쪽이 패배를 인정한다. 그 후 둘이 다시 길에서 마주치면 승자는 다리를 독특하게 흔들고 진 편은 급히 후퇴한다.

곤충들의 만남

곤충들은 서로 가깝게 생활한다. 처음의 의사소통을 위해서는 페로몬뿐 아니라 촉감 신호가 사용된다. 개미는 서로 두드리거나 쓰다듬는 것으로 단순한 메시지를 전달한다. 일개미는 앞다리를 내밀어 다른 개미의 머리에서 아랫입술이라고 불리는 특별한 부분을 건드려서 먹이를 토하게 유도한다. 아랫입술은 사람의 혀에 해당한다고 할 수 있다.

그런데 건드리는 힘이 너무 강력해서 개체의 행동에 영향을 주는 정도가 아니라 문자 그대로 다른 생물로 바꿀 수 있는 곤충이 하나 있다. 이집트 땅메뚜기가 그것이다.

이 메뚜기들은 성격이 둘로 나뉜다. 두 유형은 외모와 행동이 완전히 달라서 한때는 다른 종에 속한 것으로 생각되었다. 하나는 수줍어하고 내성적인 초록 생물로 혼자 살아가면서 같은 종의 다른 메뚜기를 피한다. 다른 하나는 검고 노란 색으로 지나치게 사회적이라 지구상에서 가장 큰 떼를 만든다. 하나의 떼에 10억 마리가 넘게 모이고 2백 제곱킬로미터의 지역을 덮을 수 있으며 전체 무게를 합치면 1만 톤이 넘는다.

그러면 어떻게 얌전한 지킬 박사가 광란의 하이드 씨로 변하는 것일까?

극적인 변화를 일으키는 것이 무엇인지 알아내기 위해서는 조사하는 작업이 필요하다. 옥스퍼드 대학교의 스티브 심슨과 데이비드 라우벤하이머가 실시한 일련의 실험은 변화를 일으키는 것이 시각이나 냄새인지, 혹은 접촉인지, 아니면 이것들을 혼합한 것인지 확인하기 위한 것이었다. 결과는 처음 두 감각은 혼합해서 어느 정도 영향력을 갖는 반면 접촉은 단독으로 중요한 자극이 되는 것으로 나타났다. 다른 메뚜기와 접촉할 필요도 없었다. 외톨이 메뚜기를 작은 종이공으로 치기만 해도 떼를 짓는 행동을 유발하기에 충분했다. 접촉에 너무 민감하게 반응하기 때문에 들에 내리는 빗방울도 메뚜기를 모이게 할 수 있다. 먹을 것이 부족한 시기가 되면 혼자 지내는 메뚜기들은 어쩔 수 없이 함께 먹이를 먹는다. 먹이를 서로 빼앗으면서 메뚜기들은 서로 부딪치고 떼미는데 충격을 받을 때마다 마치 '세뇌' 받은 것처럼 행동이 변한다. 몸의 어느 부분이 접촉에 반응하는지 알기 위해 옥스퍼드 대학교의 연구자들은 이 고독한 메뚜기의 몸을 열한 부분으로 나누어 한 군데씩 4시간 동안 매분마다 5초씩 쓰다듬었다. 그들은 예민한 털을 가진 뒷다리를 쓰다듬는 것만으로도 메뚜기가 주목할만한 '군집' 반응을 일으키는 것을 발견하고 그곳을 성감대(G-spot)라고 불렀다.

성감대를 부딪친 메뚜기들은 몇 시간 내에 조용한 외톨이에서 과격한 외향성을 가진 메뚜기로 변해서 활발하게 서로를 찾으면서 수백만 마리의 떼를 이룬다. 점점 커지는 대군은 이제 겉모양도 변하기 시작해서 녹색의 껍질을 벗고 검고 노란 색을 가진 메뚜기가 된다. 새로운 외관을 가진 메뚜기들은 성경에 나오는 것만큼 참혹한 피해를 남기며 지나가는 곳마다 황폐화시킨다. 메뚜기는 각기 24시간 동안 자기 몸무게만큼 먹을 수 있기 때문에 한 떼의 메뚜기는 하루에 1천 톤의 작물을 먹어치울 수 있다. 결합 페로몬은 메뚜기들이 떼를 지어 모이도록 돕지만 시간이 지나면 결국 메뚜기들은 서로 연락이 끊어지고 바람, 기후, 혹은 수목이 울창한 서식지 같은 환경에 의해 흩어지거나 기아와 질병과 잡아먹힘으로 사라진다.

고립에서 떼를 짓는 행동으로의 전환은 세대를 너머 전해질 수도 있다. 사실상 어미는 자손들이 스스로 떼를 지어 모일 가능성을 예상하고

옆면 위와 중간 | 접촉은 메뚜기의 성격에 변화를 일으킨다. 고독한 녹색 메뚜기가 대단히 사회적이고 파괴적인 검고 노란 메뚜기로 변한다.

아래 | 메뚜기는 갑자기 떼를 지을 수 있고, 메뚜기떼는 하루에 1천 톤의 농작물을 먹어치운다.

자신의 경험을 미리 자손들의 행동에 소인으로 남겨서 자손들이 유리한 선택행동을 할 수 있게 만든다. 심슨과 그의 동료들은 짝짓기 후에 암컷 메뚜기들이 땅에 구멍을 파고 원통형의 알주머니에 30~100개의 알을 낳는 것을 발견했다. 암컷은 보조 샘에서 분비된 거품이 많은 물질로 알을 에워싼다. 거품이 든 물질은 '덮개' 역할을 해서 알들을 보호하고 마르는 것을 방지한다. 혼자 사는 암컷들의 알에는 '고립화하는' 요인이 있다는 증거가 없지만 떼를 짓는 암컷들이 만든 거품에는 알이 군집하는 개체로 부화하게 만드는 요인이 있다. 메뚜기의 촉감 신호를 막는 것은 불가능에 가깝지만 자연의 가장 파괴적인 생물의 하나와 싸우기 위해 거품에서 화학적인 활성 요인을 분석하기 위한 작업이 진행중이다.

전기적인 신호

밤이 되면 남부 캘리포니아 해안을 따라서 어뢰가오리라고도 알려진 시끈가오리가 작전명령을 받고 출동하는 스텔스 폭격기처럼 해저로부터 올라온다. 가오리는 직경이 2미터에 무게가 약 90킬로그램이 되는 것들도 있는데 그들의 앞길을 가로지르려는 것은 어느 것이나 조심하는 것이 좋다. 이 가오리들은 무자비한 포식자들이기 때문이다. 가오리들은 5분의 1초에 600볼트의 전압으로 번갯불처럼 잠수부를 공격해서 기절시킬 수 있으며 먹이를 꼼짝 못하게 하고 방향감각을 잃게 한다. 고대 그리스인들은 쇼크 요법에 이 가오리를 이용했다고 한다.

전기를 가지고 다른 생물을 공격하는 것은 공상과학소설의 영역에 속하는 것으로 보이지만 사실 모든 유기체는 전기를 발생시킨다. 인간도 심장 박동을 유지하고 신경이 몸 전체에 전달되는 미세한 흐름에 의해 발생하는 희미한 전기를 가지고 있다. 일부 사람들이 보고 싶어 하는 아우라(aura '기氣')는 사실 이 전기적인 에너지 때문이라는 설명도 가능하다. 그러나 우리 주변의 대부분의 다른 생물이 내는 전기장은 지극히 약해서 식물은 10억분의 1 볼트의 전압을 가지고 있다. 그러나 어류와 두세 종류의 양서류 동물들은 전기를 '육감'으로 활용하는 것으로 알려져 있다. 그들은 모두 수생 동물인데 공기와 달리 물은 전기의 훌륭한 전도체이기 때문이다.

상어와 같은 많은 어류들이 전기를 탐지하고 전기를 이용해서 사물을 식별할 수 있는데 옆선을 따라서 붙어 있는 특수한 감각기관으로 전기 신호를 입수한다. 단지 몇 종류의 물고기만이 실질적인 목적을 위해 충분한 전압을 가진 외부 전기를 발생시킬 수 있다. 시끈가오리, 얼룩통구멍, 전기메기, 그리고 전기뱀장어와 같은 전기적인 종들은 모두 어디서나 20~650볼트의 전압을 발전할 수 있는데 영국의 본선 전압의 거의 3배에 가깝다. 그들은 치명적인 결과를 가져오는 이 전력을 이용하여 스스로를 방어하거나 먹이를 기절시키고 죽인다.

다른 어류들은 비교적 매우 낮은 전력을 가지고 있다. 약한 전기를 내는 이 물고기들은 대개 중요한 두 집단에 속한다. 남아메리카의 강과 호수에서 발견되는 나이프피시(knifefish)를 포함하는 짐노티폼(gymnotiform)과, 코끼리코물고기와 같은 몰미리드(mormyrid)과의 물고기들이다. 이 물고기들은 겨우 0.1 ~ 0.75볼트의 전기를 발생시키는

시끈가오리는 직경이 2미터나 되고 5분의 1초에 600볼트의 전압을 발산한다.

175

중앙아메리카의 강과 호수의
탁한 진흙물에 사는 나이프피시는
의사소통을 위해 전기를 이용한다.

데 일반적으로 너무 약해서 아주 작은 먹이도 기절시키지 못한다. 그러
나 실제로 이들은 전력을 좀더 미묘한 곳에 이용함으로써 생물학자들
의 호기심을 끌고 있다.

중남미의 탁한 강과 호수의 둑 밑에 숨은 전기 나이프피시는 약 90센
티미터까지 자라기도 하지만 대부분은 약 45센티미터 정도의 칼날처
럼 납작하고 길다란 몸을 가지고 있다. 수생 곤충의 유충과 작은 갑각
류를 먹고 사는 그들은 물에서 아래쪽을 가리키며 거꾸로 선 채 소용돌
이와 해류에 몸을 맡긴 채 앞뒤로 흔들린다. 이 모습은 활발한 존재로
보이지 않는데 겉모양은 속임수일 수 있다. 플로리다 국제대학교의 필
립 스토다드 연구소의 도움을 얻어 촬영한 것을 보면 핀테일 나이프피
시는 불꽃을 날리며 번식기를 시작한다. 5월의 우기에 시작되는 번식
기에 분위기가 무르익으면 수컷은 불꽃을 휘날리며 암컷에게 구애하

는 행동을 시작한다. 야행성인 이 물고기는 어둡고 탁한 물에서 서로 볼 수는 없지만 수컷은 수면 근처의 식물 사이로 떠다니며 1초에 약 70번의 짧은 파동으로 주위에 전기를 흐르게 해서 암컷이 그를 향하도록 유인한다. 암컷이 접근하면 수컷은 화살처럼 튀어나와 암컷을 뒤쫓는다. 암컷은 원을 그리고 수컷은 날쌔게 뒤를 쫓아가 마침내 둘은 길게 늘어난 모습으로 나선형으로 회전하며 3차원적인 춤을 춘다. 수컷은 주기적으로 원을 가로질러 코를 암컷의 옆구리에 부딪친다. '코를 부딪치는' 동안 수컷은 1초에 약 200번의 빠르고 긴 신호로 강한 전기를 발산하는데 이것은 암컷을 매우 강하게 자극하는 것으로 보인다. 열광적인 이 전희 뒤에 수컷은 신호의 속도를 줄이고 둘은 알을 낳으러 해초 속으로 들어간다. 전 과정은 2~10분이 걸리지만 여러 번 되풀이되기 때문에 가끔 2시간 이상 걸리기도 한다.

물고기는 수천 개의 아주 작은 감각기관을 이용해서 주위의 3차원 전기장을 느낀다. 이 감각기관들은 온몸에 흩어져 있지만 주로 머리에 집중되어 있는데 제곱밀리미터당 80개가 몰려 있다. 두뇌의 일부는 전기 감각 정보를 처리하기 위해 확대되었고 헤엄치면서 전기장의 어떤 일그러짐도 피부를 통해 감지함으로써 주변을 인식할 수 있다. 돌출한 바위가 나타나서 전기장을 뒤틀거나, 지나가는 물고기가 전기장을 휘게 하는 것을 감지한다. 전기는 우리에게 매우 낯선 감각이다. 그러나 감도가 좋은 전극의 도움을 받으면, 물고기가 그들의 주변을 어떻게 영화처럼 볼 수 있고 항해할 수 있는지 알 수 있다. 우리도 새로운 전기 어휘를 사용하기 시작하고 있다.

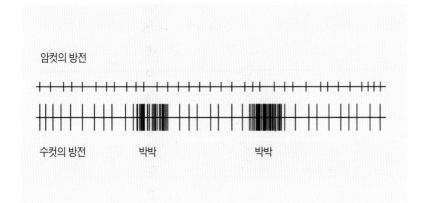

전기물고기의 서로 다른 방전에 의한 수컷과 암컷의 '대화'

암컷의 방전

수컷의 방전   박박   박박

전기물고기의 전기장은 '발전기관'이라고 불리는 특수한 구조에서 만들어지는데 대부분의 전기물고기들은 그 기관을 꼬리에 가지고 있다. 그것은 마치 회중전등의 배터리처럼 직렬로 배열된 수백 개의 근육이나 신경 세포로 구성되어 있다. 이 기관이 출력하는 것을 발전기관의 방전, 혹은 EOD(electric organ discharge)라고 하는데 물고기가 발산하는 특별한 형태의 에너지이며, 그 파형과 방전 속도는 물고기의 종류와 성별에 관한 정확한 정보를 전달한다.

서아프리카의 가봉에서 고래얼굴 마르커스니우스(whale-faced marcusenius)라고 불리는 몰미리드를 연구하는 연구자들은 EOD의 파형이 종과 성별을 인식하는 데 매우 중요하다는 것을 발견했다. 전기 방전은 독특한 배열을 갖지만 암컷은 수컷보다 훨씬 짧고 높은 주파수의 에너지를 생산한다. 번식기 동안 수컷은 둥지를 방어하고 초당 10EOD의 느리고 지속적인 방전으로 그가 둥지에 있다는 것을 누구나 다 알게 한다.

코넬 대학교의 칼 홉킨스는 컴퓨터가 변칙적인 간격으로 만든 EOD를 재생한 것과, 정상적인 EOD에 대한 수컷의 반응을 시험했다. 홉킨스는 파형이 암컷과 같은 것이면 수컷들은 시간 간격에 상관없이 어떤 재생에나 반응한다는 것을 발견했다. 분명 이 물고기들에게 EOD 사이의 시간 간격은 무엇인가 말하고 있었다. 어떤 물고기가 수컷의 둥지를 헤엄쳐 지나가면 파형은 그것이 암컷이라는 것을 암시하고 수컷은 암컷이 관심을 갖기 바라며 속도를 10배 올려서 '박박'하는 급한 EOD로 암컷을 부른다. 그러므로 전기물고기가 만드는 모든 형태의 전기는 다른 물고기에게 종과 성별을 알리는 것뿐 아니라 그들의 기분, 이 경우는 짝짓기를 간절히 원하는 수컷에 관한 정보를 전달한다.

전기가 빠르게 이동하고 신호가 순간적으로 온 오프(on/off)로 전환될 수 있다는 것은 전기가 예측할 수 없는 상황에서 신속히 바뀌는 메시지를 보내기에 이상적임을 의미한다. 가끔 전기적인 신호는 같은 종의 다른 물고기들에게 경고가 될 수 있다. 몇몇 종들이 날카로운 전기 신호를 방전하는 것은 어떤 동물이 공격할 것 같다는 암시와 같다.

짧은 신관을 가지고 있는 코끼리코물고기가 높은 주파수의 전기 신호를 방전하는 것은 심각한 도전으로 간주된다. 힘없는 물고기는 불행

옆면 | 그림을 이용한 이 묘사는 전기 물고기가 주변의 전기장에서 일그러짐을 감지함으로써 어떻게 환경을 인식하는지 보여준다.

179

코끼리코물고기는 어떻게
그 이름을 갖게 됐는지 쉽게
이해할 수 있다.

을 피하고 싶으면 코끼리코물고기의 아주 느린 전기 신호나 방전을 멈추는 것에도 유의해야 한다. 코끼리코물고기들은 똑같이 도전을 받으면 비슷한 반응을 일으킨다. 경쟁자들은 재빨리 싸울 자세를 취하고 공격에 들어가서 어느 한쪽이 질 때까지 서로 박치기한다. 또 서로 몸의 측면을 강타하며 종종 물기도 하는데 상처와 비늘이 떨어진 것을 보면 그 싸움이 어떠했는지 알 수 있다.

어떤 물고기들은 사회적인 지위를 바꾸기 위해 할 수 있는 일이 없지만 고스트나이프피시(ghost knifefish)는 누가 두목인지 결정하기 위해 전기를 이용한 싸움을 벌인다. 고스트나이프피시는 강바닥에서 산만하게 집단을 이루며 사는데, 밤이 되면 바위틈에서 곤충의 유충과 작은 갑각류를 사냥한다. 각 집단에는 우두머리 수컷이 하나 있고, 초당 900펄스의 높은 전기를 방전하면서 그가 두목이라는 것을 광고한다. 보통 수컷들은 초당 약 800펄스 정도이다. 섹시하게 성숙한 암컷은 정반대로 암컷들의 평균인 700펄스 이하로 방전한다. 집단의 다른 물고기들은 방해가 되지 않도록 중간 주파수를 유지한다. 만약 어떤 물고기가 수컷에게 도전하기로 결정하면 주파수를 두목이 쓰는 주파수에 맞추기 시작한다. 이 모욕적인 행동에 대해 두목은 갑자기 짧게 1천헤르츠의 고주파로 그 물고기를 강타한다. 공격자가 이 경고를 무시하고 계속 두목의 높아진 주파수를 흉내내면 둘 사이에는 격렬한 싸움이 벌어진다. 일단 싸움이 붙으면 둘은 이를 악물고 밤새도록 싸운다. 만약 도전자가 성공하면 그는 유일하게 알을 수정시킬 권리를 얻는다.

전기를 생산하고 받아들이는 능력은 몇몇 어류 집단에서 사냥, 방어, 그리고 항해와 같은 다양한 목적을 위해 정교하며 융통성 있는 의사소통 채널로 진화했다. 그렇더라도 전기는 전기를 발산하는 개체를 위험에 노출시킬 수 있다. 만약 원하지 않는 물고기가 듣고 있다고 생각하면 빨리 침묵하는 것이 유익하다. 쉐필드 대학교의 맥스 웨스트비는 전극을 이용하여 나이프피시의 전기 신호를 기록하고 있을 때 갑자기 접근하는 전기뱀장어의 방전을 포착했던 일을 이야기한다. 전기뱀장어의 가까운 친척인 나이프피시 역시 전기뱀장어를 탐지하고 즉시 전기 방전을 중단했다. 그런데 불행하게도 나이프피시는 안전해질 때까지 오래 참지 못했다. 아마 위험이 지나갔다고 생각했는지 전기 방전을 다시 시작했다. 물에서 전극을 가지고 기록하던 연구자는 그 다음에 일어난 일을 목격했다. 그는 일련의 고압 방전을 기록한 것과 물이 철벅철벅 튀기고 요란한 동요가 일어나는 것을 보았다. 그리고는 뱀장어가 사라지면서 저주파의 윙하는 소리가 계속 들렸다. 나이프피시의 신호는 더 이상 들려오지 않았다.

전기는 예측할 수 없는 상황에서 신속하게 바뀌는 메시지를 전하는데 이상적이다.

진동

우리가 깨닫지 못할 수도 있지만 주변의 정원과 들판과 산울타리에는 수많은 생물들이 미세한 대화를 나누며 전율하는 그들만의 우주가 있다. 야생생물을 크고 뚜렷하게 보이는 동물이라고 생각하는 경향이 있지만 지구상의 대다수 동물들은 곤충으로 약 1천만 종은 될 것 같다. 어느 때나 약 1,000경京(10,000,000,000,000,000,000) 마리의 곤충이 살고 있으며 그들 모두 바쁘게 메시지를 주고받는다.

5월이 되면 슬로베니아의 지중해 해안을 따라서 펼쳐진 아름다운 포도원들과 들판은 바쁘게 움직이는 작고 밝은 녹색의 곤충들로 활기가

나뭇잎 위의 노린재 암컷이 자신의
배로 진동 형태의 신호를 수컷에게
보낸다. 이 그림들은 진동이
나뭇가지와 줄기를 따라서 수컷에게
전해지는 것과 수컷이 신호를
쫓아가서 암컷을 발견하는 것을
보여준다. 특수 장비를 이용해서
이 진동을 들을 수 있었던 나는
노린재들 사이의 놀라운 대화를
도청했다.

노린재는 세상에서 가장 파괴적인
해충의 하나이다.

넘친다. 남쪽풀색노린재는 원래 에티오피아에서 왔지만 지금은 열대
와 아열대 지방에서 발견된다. 노린재라는 이름에도 불구하고 건드리
면 부드럽고 거슬리지 않는 냄새를 풍기는데 그들이 나쁜 평판을 얻은
것은 결코 냄새 때문이 아니다. 노린재는 훨씬 더 비난받을 만한 죄가
있다. 그것들은 펜타토미대과에 속하는데 그 과의 곤충들은 세상에 가
장 널리 퍼져 있으며, 파괴적인 농작물 해충이라는 악명을 가지고 있
다. 늦은 봄 슬로베니아의 노린재는 특히 비옥한 언덕에서 자라는 포도
와 콩과 토마토의 새싹들을 탐욕스럽게 먹어치운다. 그러나 이 시기의
노린재에게 먹이는 가장 중요한 과제가 아니다. 문자 그대로 사랑이 미
결 상태인 것이다.

밖에서 식사하는 동안 수컷들은 지나가는 암컷들을 유인하기 위하여
페로몬 향기를 내뿜어서 암컷들을 초대한다. 암컷들은 부드러운 지중
해의 미풍에 날리는 냄새 흔적에 열렬하게 반응한다. 노린재는 몇 주
안에 짝짓기를 하고 자손을 퍼뜨려야 하는 다급한 과제를 안고 있다.
하지만 이렇게 초대장을 보내는 수컷을 어떻게 발견할 수 있는가? 포도
원에서 노린재의 시각으로 세상을 보면 1센티미터도 안되는 작은 노린
재로서는 어마어마하게 큰 세상이라는 것이 분명해진다. 무성한 초목
가운데 나뭇잎 하나에 앉아 있는 수컷의 정확한 위치를 찾는 것은 아마
존에서 어떤 나무 아래 있는 친구와 만나려고 하는 것과 마찬가지다.

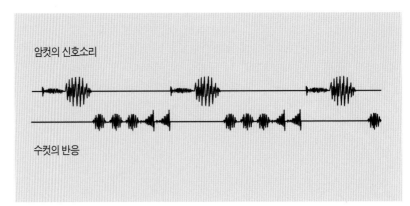

노린재 '대화'의 소나그램*

암컷의 신호소리

수컷의 반응

* sonagram :
소나그래프에 의해 얻어지는
기록도. 소나그래프는 음향
스펙트로 그래프의 하나로서
음성이나 소리의 주파수를
분석해 시간에 대한 각 주파수의
에너지 변화를 농담濃淡으로
기록하도록 한 장치이다.

수컷의 페로몬을 감지하면 암컷은 페로몬이 나오는 곳을 향해 날아가서 나뭇잎에 앉아 '노래'를 시작한다. 이것은 평범하게 노래하는 것이 아니다. 성대가 아니라 배를 나뭇잎에 대고 눌러서 나뭇잎을 진동시켜서 노래하는 것이다. 암컷은 수컷과 다른 종류의 진동으로 수컷에게 신호를 보낸다. 처음 시작되는 짧은 진동 뒤에 강하고 좁은 신호가 나타나고, 5초 동안 정지한 뒤에 각각 분리된 진동들이 이어진다. 그리고 계속해서 다시 노래를 되풀이한다.

노린재의 진동은 약 100헤르츠의 매우 낮은 주파수이다. 이렇게 작은 생물들은 낮은 주파주의 진동만 만드는데 진동의 주파수가 높으면 소리처럼 공기를 통해 효과적으로 전달될 것이다. 예를 들어 길이가 1센티미터에 불과한 곤충은 상대 강도 1만 헤르츠 이상의 소리를 낼 수 있다. 이 현상은 우리의 일상생활에서 뚜렷이 볼 수 있다. 저음은 큰 스피커로 재생되고 고음은 작은 스피커로 재생된다. 그러나 작은 생물이 만드는 고주파음은 수목을 통해 이동할 때 현저히 약화된다. 그리고 포식자들이 쉽게 엿듣는다. 그래서 작은 곤충들은 그들이 살고 있는 식물을 이용해 진동의 형태로 메시지를 전한다. 진동은 초당 30~100미터의 속도로 나뭇잎에서 옆의 줄기로, 줄기에서 다시 큰 줄기로 전해지고, 사방으로 퍼져 있는 뿌리로 빠르게 내려간다. 여기서 진동은 사방으로 연결된 다른 뿌리로 전해지고 같은 리듬의 펄스로 뿌리에서 줄기로, 줄기에서 잎으로 이동하면서 차츰 신호가 약해지고 마침내 사라진다.

잎에 앉아 있는 수컷은 발로 조심스럽게 그 진동을 듣는다. 만약 진동을 보낸 암컷이 같은 종의 암컷이면 수컷은 자신의 진동을 보내고 암컷을 향해 움직이기 시작한다. 진동은 암컷이 어디쯤 있다는 단서를 알려준다. 숨바꼭질할 때 들킬수록 다음에 더 잘 숨는 것처럼 수컷은 길이 갈라지는 지점마다 멈추고 듣는다. 그리고 암컷의 신호를 기다렸다가 진동방향으로 움직인다. 암컷이 내는 낮은 윙윙 소리가 잠시 그치고 그 사이에 수컷은 자신의 노래로 응답한다. 수컷은 매우 규칙적이고 좁은 진동 리듬을 되풀이하고 넓은 진동으로 전환하는데 점차 깊고 높아지기 시작한다. 넓은 진동은 몇 개의 다른 주파수로 구성되어 매우 '시끄러운' 반면 좁은 진동의 성분은 보다 순수한 음이다.

슬로베니아 국립 생물학 연구소의 안드레이 코클과 메타 바이런트 도버렛이 이끄는 연구팀은 작은 곤충이 서로 어떻게 대화하는지를 연구해왔다. 우리는 그들이 가진 고도의 정교한 장비로 노린재의 대화를 엿들을 수 있었다. 대화는 미세한 진동을 기록하기 위해 레이저빔을 이용하는 진동계로 탐지되고 컴퓨터에 저장되어 사람이 귀로 들을 수 있는 소리로 변환되었다. 우리는 갑자기 노린재의 세계로 들어갔고 작은 진동은 실제 대화가 되었다. 뚜렷이 들리는 윙윙 소리들이 규칙적이고 의미있는 패턴으로 변화했다.

수컷과 암컷의 노래는 다르다. 암컷의 신호에 수컷은 구애 노래로 반응하고, 암컷은 수컷이 접근할 때 가락을 구애 노래로 바꿨다. 수컷의 구애를 받아들이지 않는 암컷은 시끄럽고 낮은 진동을 냈는데 이것은 특히 가까운 범위에서 효과적이며 수컷의 구애를 중단시킨다. 만약 노래하던 수컷이 같은 암컷에게 다른 수컷이 신호하는 것을 들으면 그 수컷은 자기 노래를 경쟁자의 노래로 바꿔 부른다. 두 수컷은 교대로 노래 경쟁을 하다가 마침내 한 쪽이 사라진다.

새로운 기술의 발달로 전에는 들을 수 없었던 대화를 듣게 되었고 진동이 동물의 왕국에서 얼마나 널리 이용되는지 밝혀지고 있다. 현재 많은 곤충, 거미, 개구리, 게, 그리고 일부 포유동물들이 진동신호를 사용하며, 거의 어떤 기관이나 매개물도 도구 역할을 할 수 있다고 알려지고 있다. 예를 들어 소금쟁이는 파문으로 이야기한다. 소금쟁이는 발에 달린 기름기가 많은 패드를 이용해서 연못이나 호수의 수면에서 스케이트를 타면서 여섯 개의 다리 관절에 있는 진동 감각기관을 가지고 표면장력으로 몸부림치는 작은 곤충 먹이를 찾아낸다. 그리고 또 다리로

노린재 암컷이
내는 윙 소리가 그치고
그 사이에 수컷이
자신의 노래로
응답한다.

185

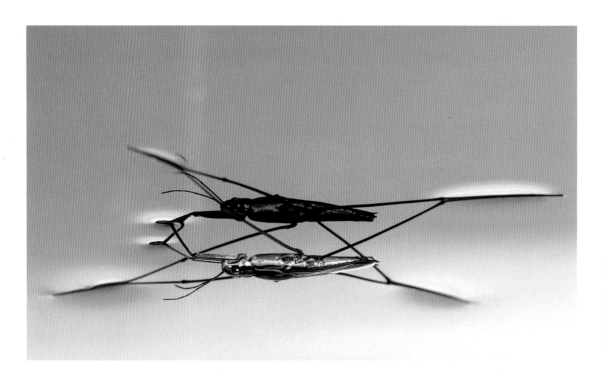

소금쟁이는 파문으로 이야기한다.
수면을 두드려 특별한 형태의
파문을 만듦으로써 스스로 수컷
혹은 암컷임을 나타낸다.

수면을 두드려 만든 파문으로 메시지를 전한다. 수컷들은 1분에 90번의 파문을 만들어 집중적으로 성별을 알리는 데 비해 암컷은 겨우 10번의 느린 파문으로 반응한다.

　수면 아래 엎드려 있는 악어(crocodile)는 옆구리를 퍼덕거리는데 그 실룩거리는 움직임이 연못으로 퍼져나간다. 악어는 조용한 타입으로 보이지만 주변에 메시지를 보내기 위해 초저주파와 진동을 혼합해서 사용하는 대화가 많은 동물이다. 가장 널리 사용되는 신호의 하나는 머리를 철썩 치는 것이다. 수면 위에 아래턱을 내놓은 악어는 위턱을 철썩 닫아서 큰 소리를 내고 물을 튀긴다. 그것은 지역의 서열이 높은 악어가 하는 행동이고 분명 주의를 끌기 위한 것으로 생각된다. 가끔 이 행동 뒤에 콧구멍으로 거품을 토해내기도 하는데 이것도 의사소통의 한 형태일 수 있다. 이런 신호들을 해독하려면 갈 길이 멀지만 악어는 압력을 느끼는 감각기관이 온몸에 산재해 있어 물을 통해 오는 매우 낮은 주파수의 소리와 진동을 감지한다고 알려져 있다.
　미국 동남부와 중국 동부산 악어(alligator)도 크게 울부짖기 전에 초저주파 진동 신호를 보내는데 이것은 이성을 유인하기 위한 것과 가능하면 동성의 다른 악어를 흩어지게 하려는 것으로 생각된다. 그 신호는 너무 강력해서 약 25센티미터 수면 위로 올라온 악어의 몸통 주위는 물방울들이 마구 튀어오르며 독특한 파문을 만들어낸다. 약 10헤르츠의 주파수를 가진 이 신호는 아주 먼 거리까지 이동한다. 울부짖는 행동과 함께 진동 신호는 구애기 동안 암컷이 수컷의 위치를 찾을 수 있게 만든다.

지금까지는 곤충만 식물이 전하는 진동을 이용한다고 알려졌지만 파충류 매니아인 케네스 바네트는 어느 날 그의 애완동물 베일드 카멜레온을 길들일 때 앞다리 바로 앞에서 분명 진동 신호로 몸이 떨리는 것을 관찰했다. 두려워서 떠는 것이 아니라 괴롭다는 신호를 보내는 것이었다. 수컷이 나뭇가지 위에 혼자 있을 때는 진동이 감지되지 않는다. 수컷은 짝짓기할 준비가 된 암컷과 함께 있을 때 구애 행동을 시작하면서 색깔이 변하고 몸이 납작해지며 일련의 진동 신호를 만든다. 신호는 각기 105헤르츠 이상의 짧은 고음에 뒤이어 90헤르츠의 길고 낮은 주파수가 뒤따른다. 이것은 바리톤의 편안한 발성 범위에 들어간다. 그러나 사람은 도마뱀으로부터 1미터만 떨어져 있어도 이 신호를 들을 수 없고 카멜레온은 사람보다 공중의 소리에 덜 민감하므로 연구중인 도마뱀들은 나뭇가지를 통해 진동을 감지한 것이 틀림없다.

푸에르토리코의 흰입술개구리는 물이나 초목보다 진흙을 매개체로 선호한다. 신호를 보내는 수컷을 잡으려던 한 연구원은 그가 접근할 때마다 아무리 조심해도 개구리들이 즉시 침묵하는 것을 발견했다. 아직 먼 거리에 있을 때도 마찬가지였다. 개구리들은 지면을 통해 불길하게 다가오는 발자국을 감지할 수 있는 것처럼 보였다. 그러나 연구자들은 형세를 역전시켰다. 한때 베트남의 정글에서 발소리를 듣기 위해 군에서 사용했던 극도로 민감한 지오폰(geophone: 지중청음기)으로 개구리가 내는 이상한 쿵 소리를 포착할 수 있었던 것이다. 이 쿵쿵 소리들은 눈치 없는 개구리들이 돌아다니며 내는 소리가 아니라 암컷을 부르는 신중하고 뚜렷한 구애 신호이다. 흰입술개구리들이 사는 산 속의 시내와 늪과 도랑에는 시끄럽게 우는 많은 종의 다른 개구리들이 함께 살고 있다. 밤에 주변에서 들리는 요란한 개구리 울음소리 가운데서 흰입술개구리는 자신의 울음소리가 들리도록 하기 위해 다른 전법을 사용한다. 비가 온 뒤 흰입술개구리는 엉덩이를 진흙에 묻고 그 자세로 울 때 소리 주머니를 폭발적으로 팽창시켜서 땅을 친다. 그러면 대략 1초에 100미터 정도 거리에 영향을 주는 쿵 소리가 난다. 틀림없이 암컷의 관심을 끄는 방법인데 이웃 수컷들도 같은 방법으로 일제히 진동음을 만든다.

진동은 대단히 먼 거리를 이동할 수 있고 멀리 흩어지기를 잘하는 동물들에게 유용한 정보원이 될 수 있다. 코끼리들은 가청범위를 넘어서 있을 때도 같은 방향으로 이동하는데 이것은 그들이 어떤 식으로든 멀리 있는 코끼리떼의 동작을 감지할 수 있다는 것을 의미한다. 야외에 있는 연구자들은 다른 코끼리떼가 부근에 있을 때 코끼리들이 가끔 아주 이상한 행동을 한다고 보고한다. 지평선을 살펴보지도 않고 코를 들어올리거나 귀를 펄럭이지도 않는다는 것이다. 대신 꼼짝도 하지 않고 이따금 발을 들어올렸다가 내려놓곤 한다. 코끼리의 발가락은 실제로 물침대처럼 지방질의 조직을 가진 큰 쿠션 위에 놓여 있다. 그래서 조용히 걸을 수 있고, 지면을 통해 이동하는 진동을 알아차릴 수 있다. 발바닥을 통해 입수되는 작은 움직임들은 발을 젤리처럼 떨게 만들고 특수한 파치니 세포(pacinian cell)를 자극한다. 진동에 민감한 이 세포는 코끼리 코끝에 빽빽하게 채워져 있다는 것이 최근에 발견되었다. 현재 동물학자들은 코끼리가 발에도 같은 세포를 가지고 있는지 발견하기 위해 노력하고 있다. 추측이긴 하지만 정말 발로 진동을 감지한다면, 코끼리들은 지면을 통해 많은 유익한 정보를 수집할 수 있다. 아마도 그들은 접근하는 코끼리떼의 크기와 다른 무리와의 거리를 판단할 수 있거나, 위험에 도전하거나 한꺼번에 도망치면서 생기는 진동을 감지할 수 있을 것이다.

그런데 코끼리는 진동만 알아차리는 것이 아니다. 코끼리가 우르르 울리는 저주파음을 크게 낼 때(1장 p.15, 2장 p.32), 비슷한 지진파가 지면을 통해 전달된다. 이 지진파는 동반되는 음파보다 느리게 이동하지만 훨씬 더 멀리 가서 16킬로미터 떨어진 곳에서도 탐지될 수 있다. 코끼리들이 이런 식으로 자세한 정보를 받아들이는 것 같지는 않지만 굉음을 듣는 것과 지면을 통해 느끼는 것 사이의 시간 간격에 의해 신

*코끼리는
물침대처럼 지방질
조직의 큰 쿠션 위에
발가락이 놓인 발로
서 있어서 땅의 진동을
예민하게 느낄 수 있다.*

이 캥거루쥐의 커다란 발은 다른
캥거루쥐에게 메시지를 보내기 위해
두드리는 데 사용된다.

호를 보내는 코끼리와의 거리를 판단할 수 있다는 것이 코끼리들의 정
보수집에 대한 하나의 이론이다. 폭풍이 얼마나 멀리 있는지 알아보기
위해 번개가 번쩍 하는 것과 천둥소리 사이가 몇 초인지 계산하는 것과
같다고 할 수 있다.

　코끼리의 진동에 의한 의사소통 연구는 초기단계에 있다. 그러나 배
너테일드캥거루쥐가 먼 거리에서 연락을 취하기 위해 진동을 사용하
는 방법에 관해서는 많은 것이 알려져 있다. 이 작은 설치류 동물은 미
국 서부와 남서부의 척박한 지역에 잘 적응해서 살고 있다. 그들은 황
량한 서식지에서 생존하기에 충분한 영양과 물을 공급하는 씨앗을 먹
으며 고립된 생활을 한다(그들의 신장은 사람의 신장보다 불순물을 제
거하는 능력을 네 배나 더 가지고 있다). 주기적으로 캥거루쥐는 그들
의 집인 큰 흙둔덕 속으로 사라진다. 그리고 커다란 뒷발로 땅을 쿵쿵
밟는다. 포식자들의 눈과 귀로부터 숨을 곳이 별로 없는 탁 트인 사막

캥거루쥐는

무심코 발을 굴러서

스스로 저녁식사임을

광고한다.

에서 땅을 쿵쿵 치는 것은 같은 종들과 대화를 나누는 교묘한 방법이고 캥거루쥐가 자기 영역을 광고하는 방법이다. 이웃 감시 시스템처럼 확대 가족인 이웃과의 친교는 이웃과 침입자를 구별하기 위해 중요한 일이다. 캥거루쥐는 발을 구르는 방법을 달리하여 이웃과 이야기를 나눈다. 먼저 한바탕 발구르기라고 불리는 집단행동을 짧게 하고, 이 발구르기를 몇 번 반복해서 하나의 시퀀스를 만든다. 각 개체는 자신의 발구르는 패턴, 혹은 서명을 가지고 있는데 처음 발구르기에서 구르는 숫자와 시퀀스당 발구르는 수가 각기 독특하다. 이웃이 두드리는 소리를 들으면 쥐들은 급히 집으로 들어가서 두드리는 대답을 한다. 그리고 곧 다시 나타나서 정상적인 활동을 시작한다. 낯선 방문객이 부근에 있을 때는 훨씬 더 빠른 속도로 시간을 늘려가며 두드린다. 이렇게 하면 대개는 침입자를 쫓아버릴 수 있고, 마지막 수단으로 침입자에게 접근해서 교대로 발구르기를 해대면 마침내 한 쪽이 포기한다.

황소뱀(Gopher snake)은 캥거루쥐와 같은 환경에서 사는데 지면의 진동에 대단히 예민하다. 뱀은 먹이의 위치를 찾아내기 위해 아래턱과 두개골로 극히 작은 떨림도 포착한다. 그런데 캥거루쥐는 발을 굴러서 경솔하게 스스로 저녁식사임을 광고한다. 가끔 정면으로 문제와 맞붙는 것이 더 나을 때도 있다. 뱀을 만나면 쥐들은 격렬하게 발을 구르며 시퀀스의 끝에도 발구르기를 추가한다. 전에는 쥐들이 이웃 쥐들에게 경고하기 위해 경보를 울리는 것이라고 생각되었지만 이웃이 없을 때도 쿵쿵 소리를 낸다. 연구자들은 이제 캥거루쥐들이 뱀에게 그들이 이해할 수 있는 언어로 이야기한다고 믿는다. 뱀은 먹이를 잡기 위해 주로 비밀리에 기습하는데 발을 구르는 것은 뱀의 움직임이 낱낱이 감시되고 있음을 알리는 것이다. 뱀이 자신의 소재가 밝혀진 것을 알면 게임은 끝나고, 뱀은 대개 사냥을 포기한다.

우리도 별 생각없이 움직이면서 만드는 진동으로 우리의 존재를 다른 동물들에게 알린다. 집을 오랫동안 비워두면 몇 달 혹은 몇 년씩 동면할 수 있는 고양이벼룩의 거처가 될 수 있다. 그것들은 고양이나 사람이 지나가는 진동을 들으면 나와서 숙주에게 뛰어오른다. 새집으로 이사했을 때 일어나는 불쾌한 일이지만 더 이상의 위험은 없다. 자신의 존재를 발자국으로 알리는 것은 먹이감만 아니라 포식자에게도 중대

한 결과를 가져올 수 있다. 이를테면 에티오피아 늑대는 아프리카 고산
초원에서 발끝으로 '할머니 걸음'을 걷는다. 지하에 사는 설치류인 자
이언트두더지쥐와 같은 먹잇감이 땅 위의 발소리에 특히 예민하기 때
문이다.

거미줄

원형그물을 치는 거미의 거미줄은 확대된 감각기관 같은 치명적인 덫
이다. 왕거미(Areneidae)와 갈거미(Tetragnathidae)과의 종들은 복잡한
구형의 거미줄을 만들기 위해 방적돌기라고 불리는 서너 개의 특수한
샘에서 분비된 실크를 사용한다. 우선 그들은 끈끈하지 않은 거미줄을
방사상으로 치고, 그 다음 중심에서부터 바깥쪽으로 끈끈한 거미줄을
나선형으로 친다. 거미줄은 매우 가냘프게 보이지만 놀랍도록 강하다.
사실 거미줄을 끊기 위해 필요한 상대적인 장력은 강철을 끊는 것보다
더 크다. 거미줄 위에서 기다리는 거미에게는 거미줄 자체가 거대한 트
램펄린(trampoline : 용수철이 달린 매트를 편 체조 용구의 일종)처럼 모든
움직임을 포착하고 정보를 전달하는 확대된 감각기관의 역할을 한다.
지나가다가 함정에 빠지는 곤충은 모두 피할 수가 없으며 몸부림치는
것은 비참한 운명을 더욱 재촉할 뿐이다. 거미줄의 움직임으로 소식을
알게 된 거미가 달려와서 희생자를 확인하고 불운한 곤충을 명주실로
묶어서 꼼짝 못하게 만든다.

거미 수컷이 먹이로 오인받지 않고 암컷에게 접근하려면 매우 특별
한 리듬으로 거미줄을 흔들고 두드려야 한다. 연구자들은 패턴의 진동
을 연구하기 위해서 '레이저 진동계'라고 불리는 컴퓨터에 연결된 레
이저 시스템을 이용한다. 거미줄이 진동하면 빛이 다른 강도로 태양전
지에 반영되고 전압이 변한다. 이 변화는 컴퓨터에 모아져서 진동의 형
태로 변환된다. 모든 종은 나름대로의 리듬을 가지고 있다. 거미 암컷
은 발목과 다리 중간에 위치한 슬릿 센실라(slit sensilla)라는 털 같은 감
각기관과 가운데다리와 앞다리 사이에 난 작은 털로 진동을 감지하고
수컷이 내는 리듬을 읽는다. 수컷이 줄을 잡아뜯어 내는 진동 패턴은
필사적인 먹이의 괴상한 몸부림과 많이 다르지만, 수컷은 암컷에게 그
가 같은 종의 수컷이며 호감을 가진 짝이라는 것을 알리기 위해 정확한

호주의 붉은등거미에게 물리면
이 거미의 사촌인 검은과부거미에게
물린 것처럼 치명적이다.

암호를 사용해야만 한다.

거미 수컷 중에는 아무리 애를 써도 비운에 처할 수밖에 없는 운명을 가진 종이 있다. 호주의 붉은등거미(redback spider)는 등에 뚜렷이 구별되는 빨강 혹은 오렌지색 줄무늬를 가지고 있다. 그 아래쪽에는 위험한 거미 가문의 문장인 독특한 모래시계 모양의 표시가 장식되어 있다. 1956년 해독제가 만들어진 이후 사람이 사망하는 경우는 거의 없어졌지만 유명한 사촌인 검은과부거미와 붉은등거미의 암컷에게 물리면 치명적일 수 있다. 구애할 때 수컷은 암컷의 거미줄에 도착하자마자 최선을 다해 모든 방법을 동원해야 한다. 두번째 기회란 없다. 더욱이 여

섯 마리의 다른 구혼자들이 암컷을 감동시키려고 노력할 수도 있는 만큼 낭비할 시간이 없다. 암컷이 자기를 선택하도록 설득하기 위해 수컷은 다양한 동작을 선보인다. 걷고, 두드리고, 거미줄을 잡아당기는 동안 다리를 구부리고 뻗으며 배를 빠르게 회전하는 최고의 벨리 댄서가 되어야 한다. 수컷이 독거미 암컷에게 자기가 바로 어울리는 짝이라고 설득하는 데 여덟 시간이 걸릴 수도 있다. 수컷의 동작은 거미줄로 암컷에게 전달되어 배우자로서 수컷의 자질을 평가받게 한다. 그 결과 자신의 짝으로 부족하다고 여겨지면 암컷은 앞다리를 휘둘러 수컷을 거미줄 밖으로 던져버린다. 암컷은 수컷보다 3배나 크기 때문에 억지를

검은과부거미 암컷의 등에 독특한 모래시계 표시가 뚜렷하게 보인다. 암컷은 수컷보다 세 배나 크기 때문에 암컷에게 구애하는 것은 위험한 일이다.

193

가위개미는 나뭇잎 조각을 집으로
나를 때 그들을 기생파리로부터
지켜주는 작은 무전 여행자의
도움을 받는다.

부려보았자 헛수고일 뿐이다.

수컷이 간신히 암컷을 감동시키면 그의 운명은 훨씬 더 불행해진다. 산채로 먹힐 수도 있기 때문이다. 수컷 독거미의 섹스기관들은 머리 앞쪽에 있는 작은 권투 글러브를 닮은 한 쌍의 '촉수'에 둘러싸여 있다. 감긴 것을 풀면 긴 관인데, 수컷은 이것을 암컷의 배와 흉부가 연결된 허리 바로 밑에 삽입한다. 그리고 수컷은 갑자기 소름끼치는 행동으로 들어간다. 공중제비를 해서 암컷의 입 앞에 내려앉아 자신을 희생물로 바치는 것이다. 암컷이 수컷과 죽음의 키스를 하면서 입에서 분비되는 효소로 천천히 수컷을 소화시키는 동안 수컷은 정액을 계속 옮긴다.

이따금 배우자를 먹으려는 암컷 곤충들이 있지만 수컷들은 보통 잡아먹히는 것을 피하기 위해 공동으로 노력한다. 그런데 붉은등거미 수컷은 왜 기꺼이 암컷의 턱 앞에 스스로를 바치는 것일까? 단순한 이유는 수컷 붉은등거미가 힘든 삶을 산다는 것이다. 암컷을 찾는 동안 수컷의 80%는 죽는다. 수명은 불과 몇 주에 불과하며 구애에 성공한 수컷이 두번째 기회를 가질 가망은 없어 보인다. 그래서 수컷은 그의 유전자를 확실히 전해줄 한 번의 섹스에 모든 것을 걸기로 한다. 암컷이

194

먹어치우도록 자신을 바친 수컷은 섹스 행위를 15분 정도 연장할 수 있고 그는 아마 거미 자손의 새로운 세대를 창시하게 될 것이다.

인간인 우리는 거미의 의사소통 비밀을 어떻게 해독할 것인가? 새로운 기술이 우리를 도울 수 있다. 중앙아메리카에서 발견되는 바나나거미(wandering spider)는 노린재처럼 식물을 이용해서 메시지를 보낸다. 그들이 좋아하는 거주지는 바나나 나무인데 두드려서 신호를 보내기에 훌륭한 메시지 보드라는 것이 밝혀졌다. 볼프강 슈에허와 프레드릭 바스는 전자공학을 이용하여 거미 수컷의 진동을 합성하고, 그것에 대한 암컷의 반응을 시험했다. 진동하는 무대 위에 자리잡은 암컷들은 다른 버전의 구애 상대가 되었다. 수컷의 구애에서 어떤 측면이 암컷들이 허락 반응을 얻는지 알아내기 위해 다양한 요인들이 개조되었다. 컴퓨터가 알아낸 결과는 복부 진동에 의해 만들어진 음절이 구애에 필수적인 것으로 보였다. 촉수 끝의 신호들은 암컷에게 수컷의 위치를 알려주는 것으로 생각되었다. 복부 진동이 만든 음절의 가장 중요한 요소는 빈도, 지속기간, 반복 비율, 그리고 바로 다음 음절과의 간격 등이었다. 암컷의 반응을 보장하는 마법의 단어를 가진 요인은 없었다. 대신 수컷이 매력적으로 진동하는 것에는 많은 변수들이 영향을 미치는 것으로 판명되었다.

개미의 방송

진동은 식물과 물, 혹은 흙이나 거미줄 등 매개물을 통해 파문을 일으키며 모든 방향으로 퍼진다. 진동은 완전히 공공방송 시스템이고, 일부 동물들은 이것을 이용해서 많은 개체, 때로 수백만 마리의 행동을 조정한다.

텍사스 북부와 거기서 곧장 내려간 아르헨티나에서도 발견되는 가위개미(leafcutter ant) 중에는 높이가 6미터에 넓이가 200제곱미터에 이를 수도 있는 거대한 개미집에서 사는 것들도 있다. 5~8백만 마리의 개미들이 한 집단으로 모여 사는데, 이 개미 도시에는 방콕의 인구보다 더 많은 개미가 살고 있다. 가위개미가 나뭇잎 조각을 가지고 도시로 들어오고 나가는 행렬을 지켜보면 소인국에 온 걸리버처럼 축소화된 세계를 내려다보는 것 같다. 그들이 주로 하는 일은 식량원이 되는 곰팡이 따위의 균류를 경작하는 것이다. 개미들은 쉴새없이 활동한다. 나뭇잎 조각을 꾸준히 공급해서 침으로 펄프를 만들어 혼합비료로 사용한다. 지나다니는 개미들로 공중의 통로와 교차로들은 어수선하다. 개미들은 대단히 부지런해서 하룻밤에도 나무 하나의 껍질을 전부 벗길 수 있으며 그들 모두가 무슨 일을 해야 하는지 알고 있는 것을 보면 감탄하지 않을 수 없다. 개미는 몇 가지 다른 '언어'를 사용하는데 페로몬이 가장 중요하다(4장, p.153). 개미들은 또 땅이나 다른 기반의 진동에 극도로 민감하다. 개미들의 활동을 조절하는 진동의 역할이 최근 연구되었다.

가위개미들은 각기 다른 사회적 계급을 가진 일개미들이 많이 있다. 규모가 가장 큰 집단은 가장 작은 집단보다 200배나 많은 일개미들로 구성되어 있다. 크고 힘센 일개미들에게 어울리는 일이 있고 힘없고 작은 개미에게 어울리는 일이 있다. 나뭇잎을 찾아나선 일개미들 중에는 엄청난 일을 해내는 것들도 있다. 사람으로 치자면 300킬로그램의 짐을 지고 시속 24킬로미터의 속도로 15킬로미터의 거리를 가는 것과 마찬가지로, 사람은 아무도 해내지 못할 세계적인 기록이다. 그러나 모든 개미들이 나뭇잎 조각을 자르고 나르는 것은 아니다. 좋은 나뭇잎 재료를 새로 발견하기 위해 정찰하는 개미, 길을 치우는 개미, 수액을 옮기는 개미, 화학적인 냄새를 강화하는 일을 맡은 개미들이 있다.

나뭇잎을 수확할 때 일부 일개미들은 찌르륵거리는 소리를 내기 위해 개스터(gaster)라고 불리는 특수한 기관에서 고주파 진동을 만든다. 이 진동은 개미의 큰턱과 다리를 통해 나뭇잎으로 전해지고 미니 전기 톱처럼 나뭇잎을 찢는 효과를 낸다. 그런데 그 소리를 내면서 매끄럽게 자르긴 하지만 실제로 자르는 속도나 능률을 증가시키지는 못한다. 울음소리를 내는 이유를 알아보기 위한 실험에서 연구자들은 다른 종류의 나뭇잎을 개미들에게 제공했다. 그리고 울음소리를 내는 개미들의 수가 증가한 것은 나뭇잎이 억세기 때문이 아니라 나뭇잎이 좋기 때문이라는 것을 발견했다. 울음소리를 내서 만들어진 진동은 개미의 큰턱을 통해 나뭇잎으로 전해지고 다시 식물의 줄기를 따라 전해진다. 이 신호를 입수한 근처의 일개미들은 급히 소리 나는 곳을 향해 이동한다. 개미들은 잎을 수확할 기회를 박탈당하면 한동안 울음소리를 내는 비율이 매우 높아지고 그 후 극적으로 감소한다. 이것은 울음소리를 내는 기본적인 목적이 다른 개미들을 잎을 자르는 곳으로 모이게 하기 위한 것임을 의미한다.

너무 작아서 나뭇잎을 자를 수 없는 일개미들이 있지만 그들 역시 할 일이 있다. 이들은 잎을 자르는 장소와 양식을 찾으러 가는 길에 서서 짐을 나르는 개미를 점검하고 그들의 등이나 나뭇잎에 기어올라가서 짐을 끌어올린다. 또 너무 큰짐을 져서 움직임이 느린 일개미에게 알을 낳으려는 기생파리의 공격을 방어할 수 없는 운반 개미들을 보호한다. 이 기생파리들은 길에서 혼란을 일으키고 전체 작업의 진행 속도를 늦춘다. 자르는 동안에 울지 않는 일개미들도 운반 자세를 취할 때는 울음소리로 작은 개미들을 불러 뒤를 지키도록 한다.

진동은 비상경보 장치 역할도 할 수 있으므로 재난이 닥치면 가위개미들은 서로 돕기 위해 달려나간다. 독일의 동물학자 허버트 마클은 폭우로 개미집이 붕괴되는 것과 같은 위기를 맞아 함정에 갇힌 개미들이 도움을 청하기 위해 두드리는 것을 발견했다. 땅 위의 개미들은 다리에 달린 대단히 예민한 탐지 장치를 이용하여 땅 속 5센티미터(사람에게

뒷면 | 꿀벌이 뒷다리에 꽃가루를 잔뜩 묻힌 채 꽃의 꿀을 찾아다니고 있다.

197

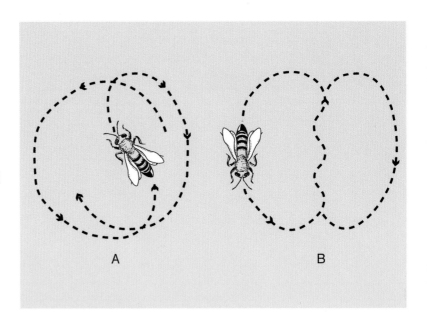

(A) 원을 그리는 춤은 다른 벌들에게 꽃을 찾는 정찰 임무를 계속하라고 격려한다.

(B) 꼬리를 흔드는 춤은 다른 벌들에게 꽃이 있는 정확한 위치를 알려준다.

는 150미터에 해당)에서 들려오는 SOS신호를 포착할 수 있다. 구조 요청을 받은 경우 친구를 돕기 위해 즉시 구조 작업을 개시한다.

꼬리춤(waggle dance)의 비밀

의사소통은 협동을 향한 열쇠이고 아주 작은 동물들이 특별한 위업을 성취할 수 있게 만드는 방법이다. 꿀벌과 그들의 친척인 호박벌은 세계의 꽃피는 식물 대부분을 꽃가루받이하는 대단한 과업을 수행한다. 그들은 하나의 여왕벌, 2천 마리까지 되는 수벌, 그리고 수천 마리에 이르는 암컷 일벌로 구성된 집단에서 산다. 그들이 수집하는 과즙과 꽃가루는 밀랍으로 만든 벌집의 육각형 방에 저장되고 꿀이 된다. 꽃들 사이를 수백만 번 왔다갔다 해야 병 하나를 채우기에 충분한 꿀이 벌집에 모아진다.

  벌이 식량을 찾는 능력은 꽃의 위치에 관한 정보를 공유하는 능력에 달려 있다. 정찰 벌은 둥글게 원을 그리는 춤을 추어서 자매 벌들에게 벌집 근처에서 수색 임무를 계속하라고 격려한다. 그러나 꽃이 많은 장소가 조금 먼 곳에서 발견되면 정찰 벌들은 '꼬리춤'을 춘다. 꼬리춤은 동물의 왕국에서 가장 예외적인 의사소통의 한 형태이다. 그 춤은 벌의 여정을 축소해서 재현하는 것으로 보이는데 놀랍게도 다른 벌에게 꽃이 있는 방향과 거리와 꿀의 품질까지 알려준다. 그것은 상징적인 형태의 의사소통이고 공간과 시간이 분리된 어떤 것에 관한 정보를 제공하는 신호이다.

칼 폰 프리쉬는 꼬리춤에 관한 선구적인 연구로 1965년 노벨상을 수상했고 꿀벌은 생물학자들의 마음과 정신에 특별한 자리를 잡았다. 댄서(춤추는 벌)는 수직의 벌집벽을 위아래로 오르내리며 춤을 춘다. 직선으로 오르내리다가 오른쪽으로 원을 그리면서 시작점으로 돌아오고 다시 직선거리를 다니다가 위에서 왼쪽으로 돌아서며 원을 그리는데 이것을 반복하면 8자를 옆으로 눕힌 모양이 된다. 직선거리를 오르내리는 동안 댄서는 날개를 진동시키면서 1초에 약 15번 좌우로 몸을 흔든다. 댄서가 춤출 때 다른 벌들은 그녀 뒤를 따른다.

춤에서 중요한 부분은 직선거리다. 방향과 직선거리의 간격은 지금 댄서가 광고하는 꽃밭의 방향과 거리와 밀접한 관련이 있다. 방향은 태양의 위치에 따라 정해진다. 태양과 일직선으로 위치한 꽃들은 직선거리 위쪽으로 묘사되고 태양 위치의 오른쪽이나 왼쪽에 대한 각도는 직선거리의 오른쪽과 왼쪽에 대응하는 각도로 코드화된다. 먹이가 있는 곳까지의 거리는 직선거리의 간격 및 흔드는 숫자와 상관관계가 있다. 그러므로 꽃이 멀리 있을수록 직선거리가 길고 춤의 속도가 더 느리다. 뒤쫓는 벌들이 어두운 벌집 속에서 어떻게 이 동작을 탐지하는지는 미스터리로 남아 있다. 폰 프리쉬는 이것에 대해 두 가지 설명을 제시한다. 댄서가 뒤쫓는 벌들에게 밀랍 집을 통해 전해지는 진동을 만들거나 뒤쫓는 벌들이 댄서의 몸을 접촉할 수 있다는 것이다. 진동을 측정한 결과 진동은 너무 약해서 믿을 만한 정보원이 될 수 없다는 것이 밝혀졌다. 그런데 덴마크 오덴스 대학교의 액셀 마이클슨은 로봇 벌을 이용하여 댄서가 접촉하지 않고 꽃의 거리와 위치를 뒤쫓는 벌들에게 알려줄 수 있다는 것을 발견했다. 고속 비디오를 통해 뒤쫓는 벌들이 한두 개의 촉수로 춤추는 댄서를 접촉하는 것을 보는 것이 가능해졌고 이 접촉이 중요한 역할을 할 것 같았지만 흔드는 동작이 매우 격렬해서 뒤쫓는 벌들이 정확한 정보를 입수하기가 어려울 것 같았다.

최근에 마이클슨과 그의 동료들은 또 다른 가능성을 조사하기 시작했다. 직선거리를 오르내리는 동안 댄서의 날개 진동은 진동하는 공기가 흐르는 3차원의 장을 만든다. 이것이 먹이가 있는 곳의 방향을 자매 벌에게 알려주는 데 중요한 역할을 하는 게 아닐까? 공기의 흐름을 측정하는 것은 쉬운 작업이 아니지만 마이클슨과 그의 팀은 PIV(Particle Image Velocimetry, 전유동계측시스템)시스템을 이용했다. 레이저 광선이 원통형의 렌즈를 통과하게 만들어 납작하고 얇은 광선판을 만들었고 이 판 위의 공기 흐름이 특수한 연기 입자의 움직임에 의해 탐지될 수 있도록 했다. 매우 짧은 간격으로 찍힌 사진들은 시간이 지나면서 입자의 위치가 변하는 것이 보였다. 연구자들은 특히 강력한 공기가 댄서의 뒤로부터 직접 분사되어 나오는 것을 발견했다. 이 분사물이 뒤쫓는 벌에 부딪치는 것은 직선거리의 축에 비례하는 벌의 위치에 따라 다르고, 이것을 통해 댄서의 방향과 속도에서 정보를 입수할 수도 있다는 추측을 가능하게 만들었다. 마이클슨과 그의 동료들은 댄서가 배를 흔드는 것은 뒤쫓는 벌들의 촉수를 스치면서 살펴보기 위한 것일 수도 있고, 공기의 분사는 또 댄서가 방문했던 꽃으로부터 가져온 향기를 전할 수도 있어서 다른 벌들에게 꽃의 품질을 암시하는 것일 수도 있다고 생각한다.

꼬리를 흔드는 춤은 같은 벌집의 친구들에게 먹이를 발견한 장소를 알려주는 것뿐 아니라 새로운 집을 찾기 위해서도 사용된다. 늦은 봄이나 이른 여름, 먹이가 풍부할 때 벌집은 곧 벌들로 넘친다. 그러면 여왕벌은 새집을 찾기 위해 수백 마리의 정찰 벌들을 내보낸다. 그들은 나무에서 구멍을 찾거나 적어도 부피가 20리터 정도가 되는 우묵한 곳이나 그 비슷한 곳을 찾는다. 벽은 두껍고 튼튼해야 하며 입구는 30제곱센티미터 이상 크면 안되고 지면에서 3미터 이상 위에 있어야 하고 남향이어야 한다. 정찰 벌들은 후보지를 10여 개 이상 발견할 수도 있지만 이틀 내에 한 장소로 의견을 모은다.

벌이 잔디씨 크기만한 두뇌를 가진 것을 고려하면 축적된 이 지혜는 어디서 오는 것일까? 이것을 밝히기 위해 코넬 대학교의 톰 실리 교수와 학생인 수산나 버맨은 모두 4천 마리의 벌에게 번호와 색깔 코드를 가진 태그를 붙였다. 66시간의 힘든 작업 끝에 연구자들은 편안히 앉아 벌떼를 지켜볼 수 있었다. 그들은 장소의 질이 춤의 활력에 영향을 주는 것을 발견했다. 가장 좋은 장소가 가장 활기찬 춤을 추게 했다. 그러

잔디씨 크기만한
뇌를 가진 벌에게
이 놀라운 지혜는
어디서 온 것일까?

나 벌들은 최선의 후보지라는 의견일치에 도달하기 위해 어떻게 장소를 비교하는 것일까? 연구자들은 개별적인 벌의 행동을 추적함으로써 중요한 것을 발견했다. 정찰 벌들은 장소를 평가하고 춤을 추지만 장소에 대한 평가를 바꾸지 않았다. 만약 관심을 끄는 데 실패하면 그들은 다시 춤추지 않고 그 장소는 신속히 지지를 잃는다. 사소하게 보이는 이 행동은 의사결정 과정이 정체되지 않는다는 것과, 최고의 장소가 아주 빨리 선택된다는 것을 의미한다.

벌들이 좋은 집을 어떻게 평가하는지는 여전히 큰 미스터리다. 그러나 실리는 정교한 장치를 이용하여 벌들이 잠재적인 집의 크기를 직접 측량하는 것을 보여주었다. 벌들은 구멍의 둘레에 선을 긋게 되는 걸음걸이의 양을 근거로 하고 있었다.

인간의 관점에서 보면 특히 그처럼 작은 두뇌를 가진 백 마리 이상의 벌들이 적당한 시간내에 적절한 결정에 도달할 수 있다는 것은 경탄할 만한 일로 보인다. 그러나 수가 많은 것을 활용하여 혼자라면 할 수 없는 일련의 과정을 협동으로 해내고, 몇 가지 간단한 규칙을 따름으로써 벌들은 정교하고 정확한 결정을 내릴 수 있는 뛰어난 사회 조직체를 만든다.

6

학습, 유연성과
속임수

이른 아침 알락꼬리여우원숭이들이 숲의 바닥에서 무리지어 햇볕을 쬐고 있다. 원숭이들은 똑바로 앉아 해를 향해 얼굴을 기울이고 무심히 두 팔을 무릎 위에 놓고 있다. 그러나 평온하게 보이는 이 태도는 믿을 게 못된다. 그들은 언제 하늘에서 급습할지 모르는 개구리매나 말똥가리를 끊임없이 경계하고 있는 것이다. 공중의 포식자를 발견한 원숭이는 즉시 날카로운 비명을 지르면서 다른 원숭이들에게 경고를 보낸다. 비상신호가 내려졌지만 원숭이들은 위험을 정확하게 식별했는지에 따라 다른 반응을 나타낸다. 어린것들은 이따금 과도한 열정으로, 전혀 해롭지 않은 때까치가 날아가는 것을 보거나 천진한 앵무새가 날고 있을 때도 크게 비명을 지르기 때문이다.

옆면: 새들의 노래는 매우 복잡하다. 기본적으로 새들은 노래를 하게끔 태어나지만 완전한 노래를 부르기 위해서는 부모의 노래를 듣고 배워야 한다.

올바른

의사소통 기술은 전후관계를 잘 살피고 상대의 신호에 적절하게 어울리는 신호를 보내는 능력이 요구된다. 동물들은 정확하게 신호를 보내고 대답하는 것을 어떻게 배우는 것일까? 선천적인 것은 어느 정도이고 후천적인 것은 또 어느 정도일까?

우리는 인간과 동물들의 의사소통이 많은 부분 정착된 것이고 본능적이며 생리적 상태와 직접 연결되어 있다는 것을 알고 있다. 개가 공격적인 메시지를 보내기 위해 으르렁거리거나 목덜미 털을 세우는 것을 배우지 않아도 아는 것처럼 아기는 어머니의 관심을 끌기 위해 어떻게 울어야 하는지 알고 있다. 그러나 학습은 의사소통의 많은 형태, 특히 언어와 관련된다. 우리는 자신의 언어와 외국어도 배울 뿐 아니라 새로운 표현을 개발하기도 하는데, 단어는 시간이 지나면서 의미가 변한다. 배우는 능력과 그것에 의지해서 행동을 수정하는 능력은 보통 지능의 좋고 나쁨을 나타내는 척도로 간주된다.

알락꼬리여우원숭이 무리가 일광욕을 즐기고 있다.

우리는 특히 새들의 노래와 영장류의 울음소리처럼 일부 동물들이 신호를 발전시키기 위해서는 학습이 결정적인 역할을 한다는 것과 그들의 사회적인 환경이 매우 중요하다는 것을 알고 있다. 더욱이 동물의 신호는 반드시 고정된 것이 아니고 시간이 지나면서 변화할 수 있는데 혹등고래의 노래에서 알 수 있는 것처럼 가끔 짧은 기간에 급격하게 바뀔 수도 있다.

학습

암컷 구경꾼들이 자리를 잡자마자 수컷 마나킨 새들은 재주넘기를 시작한다. 깃이 아름다운 긴꼬리마나킨(long tailed manakin)은 코스타리카에 서식하는 작은 새인데 암컷의 인정을 받기 위해 수컷 두 마리가 춤을 춘다. 머리에

긴꼬리 마나킨이 완벽한 구애 댄스를 하려면 10년이 걸린다. 짝을 지어 춤추는 수컷은 암컷을 감동시키기 위해 나뭇가지 위로 뛰어오르는 팝콘 디스플레이를 한다.

는 붉은 볏, 등은 엷은 청색, 나머지 몸은 짙은 검정색 깃털로 덮이고, 꼬리에 두 개의 깃털이 길고 우아하게 뻗어 있는 화려한 차림새의 마나킨 새들이 공중으로 뛰어오르고 뒤쪽을 향해 차례로 회전한다. 이것은 워밍업에 불과하다. 쇼는 계속되어 수컷 두 마리는 마치 팝콘이 튀어오르는 것처럼 나뭇가지 위로 나란히 깡총깡총 뛰어 오르내린다. 새까만 날개 위의 청색 깃털을 번쩍이며 나비처럼 날아다니는 동작 사이에 변화를 준 것이다.

공연은 너무 복잡하고 또 제대로 하는 것이 아주 중요하기 때문에 수컷들이 완벽하게 춤추기 위해서는 10년이 걸릴 수도 있다! 과일을 먹는 암컷 마나킨들은 새끼를 기르는 데 수컷의 도움이 필요없다. 그래서 수컷들은 자신의 가치를 암컷이 깨닫도록 하기 위해 필요 이상의 수고를 한다. 그런데 혼자서 그 일을 하려고 하지 않는다. 긴꼬리마나킨들은 10~12마리가 무리를 지어 구애 장소를 만들고 순전히 구애 행위를 하기 위해 모인다. 암컷의 관심을 끌기 위해 노래를 부르는데 성공하면 암컷은 다른 일을 멈추고 나뭇가지에 앉아 공연을 감상한다. 쇼의 중요한 두 연기자는 두목과 그의 친구이다. 수컷들은 어느 팀에 합류할 것인지 결정하기 위해 4년이 걸릴 수도 있지만 일단 참가하기로 결정하면 협력은 평생 지속된다. 새끼를 키우기 위해 일할 필요가 없는 수컷

들은 주체하기 어려울 만큼 시간이 많다. 그래서 종종 암컷들이 없을 때도 그들의 일과를 연습하기 때문에 암컷 관객이 있을 때는 충분히 예행 연습을 마친 후이다.

일단 동작을 완전히 익히면 암컷들에게 공연을 펼칠 시간이다. 수컷 마나킨들은 한목소리로 아름다운 가락의 노래를 불러서 암컷의 관심을 끄는데, 두번째 음절을 한음 반 높여서 '톨레도(toledo : 마나킨이 노래하기 위해 사용하는 여러 가지 발성 중 하나)'를 노래한다. 두 수컷은 그 구절을 시간당 1천 번까지 반복할 수도 있다. 마침내 지나가는 암컷이 가까이 보려고 들어온다. 와이오밍 대학교의 데이비드 맥도날드는 거의 20년 동안 마나킨 새를 연구한 전문가이다. 그는 이 톨레도 신호를 노래하는 수컷들이 가장 많은 암컷들의 방문을 받는 것을 발견했다. 그는 두 대의 바이올린을 연주할 때 어느 쪽이 더 화려한 음색을 내는지에 대한 유추를 사용한다. 암컷 마나킨들은 음악을 식별하는 비평가들이다. 훈련받지 않은 사람의 귀에는 별 차이가 없는데도 가장 잘 어울리는 이중창을 선택하는 것이 이를 증명한다.

공연이 성공적이면 수컷 두목은 암컷과 짝짓기를 하게 되고 2위의 수컷은 도제로서 자기 역할을 받아들인다. 암컷들은 해마다 같은 구애 장소에 돌아와서 보통 같은 수컷과 짝짓기를 한다. 그래서 좋은 평판을 얻는 것은 매우 중요하다. 성공적인 두목은 한 해에 50~60번의 짝짓기를 할 수 있는 데 비해 대부분의 수컷들은 전혀 기회를 얻지 못한다. 도제가 되는 것은 많은 인내가 요구된다. 2인자는 두목이 죽었을 때만 그 역할을 할 수 있고 암컷과 연애할 기회를 얻을 때까지 10년을 기다려야 할 수도 있다.

동물의 세계에서 이런 식의 지루하게 긴 훈련은 매우 드문 것이다. 어떤 신호를 보내야 하고, 다른 신호에 대해서는 어떻게 적절하게 대답해야 하는지 대부분의 동물들이 알고 있을까? 일반적으로 동물은 적절한 신호를 이용하고 반응하는 것을 의식하지 않는다. 오히려 정해진 식으로 행동하기 위해 자연 선택에 의해 만들어진다.

새의 노래와 같은 몇 가지 예외가 있지만 대다수의 동물들은 적절한 신호를 만들기 위한 준비를 갖추고 세상에 태어나며 학습이 필요하지 않다. 이것은 귀뚜라미를 연구함으로써 분명히 증명되었다. 귀뚜라미

대부분의 동물들은 미리 적절한 신호를 할 수 있는 준비를 갖추고 태어난다.

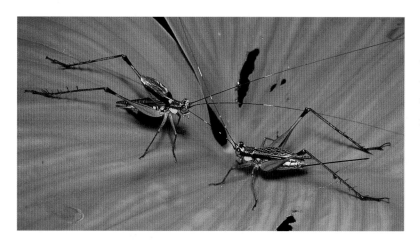

귀뚜라미 수컷은 같은 종의
독특한 노래를 하도록 이미
예정되어 있는데 앞날개를 문질러서
소리를 낸다.

는 앞날개를 올리고 깃을 문지르며 소리를 낸다. 찌르륵 소리를 내는
것은 수컷이고 그들이 내는 소리의 하나는 암컷을 유인하는 종 특유의
신호이다. 다른 귀뚜라미들과 격리되어 길러진 귀뚜라미도 여전히 독
특한 이 신호소리를 내며 전에 어떤 신호도 들어본 적이 없는 암컷 역
시 같은 종의 신호 소리를 쉽게 인식하고 반응한다. 연구자들은 귀뚜라
미가 발육하는 동안 다른 종의 신호를 포함하여 외부의 소리에만 노출
되어도 수컷은 여전히 자기 종의 신호를 개발하고 암컷은 무엇보다 이
수컷의 신호를 선호하는 것을 발견했다. 어떤 사람은 신호소리는 항상
아비로부터 물려받는다고 생각하지만 두 종을 교배한 수컷들은 어미
아비 종의 중간 소리를 냈다. 귀뚜라미는 신호를 보내는 것과 그에 대
한 반응이 유전적으로 정착된 것이다.

귀뚜라미가 신호소리를 배울 필요가 없다는 것은 크게 놀랄 일이 아
니다. 같은 예로 개미는 도와줄 군대를 불러오려면 어떤 화학적 혼합물
이 효과적인지 알기 위해 페로몬을 실험할 필요가 없고, 농게도 집게발
을 흔드는 것이 암컷을 유인하는 훌륭한 방법이라는 것을 배워서 알아
낼 필요가 없다. 그들은 적절한 신호를 하도록 이미 예정되어 있다. 하
지만 어떤 동물이 더 지능적이라고 생각하는가?

연구에 의하면 영장류 역시 본능적으로 신호를 발달시킨다고 한다.
다람쥐원숭이는 같은 종과 격리되어 길러져도 여전히 야생 원숭이의
소리와 매우 비슷한 울음소리를 낸다. 그리고 이것은 태어난 첫날부터
변하지 않는다. 유전이 환경보다 훨씬 중요하다는 주장처럼 보이지만,

피그미원숭이 가족.
어린 원숭이들은 정확한 어휘를
배우기 전에 '옹알이' 단계로
신호소리를 뒤죽박죽 섞어서 낸다.

최근의 연구결과를 보면 그리 명쾌하지가 않다. 어린 원숭이들은 나면서부터 적절한 신호소리를 내도록 되어 있지만 언제 신호소리를 내야 하는지 혹은 어떻게 적절히 반응하는지 자동적으로 아는 것은 아니다. 이것은 종종 약간의 연습이 필요하다.

피그미원숭이들은 트릴(떨리는 소리로 내는 울음소리)의 요령을 터득하기 전에 옹알이를 한다. 영장류 동물학자인 위스콘신 매디슨 대학교의 찰스 스노우든과 A. 마가렛 엘로우슨은 원숭이들이 생후 3년 동안 내는 신호소리를 연구했다. 피그미원숭이는 가장 작은 원숭이인데 길이가 20센티미터를 넘지 않으며 무게는 약 100그램 정도의 아주 작은 영장류이다. 이들은 아마존 상류의 강변을 따라서 가족이 집단을 이루어 함께 산다. 계절적으로 물에 잠기는 숲에서 그들은 수액을 먹고 곤충을 잡기 위해 나무에 구멍을 뚫는다. 생후 2주 동안은 아비나 나이 많은 형제들이 새끼를 들어서 나른다. 혼자 이동할 수 있게 된 후에도 성숙해지려면 약 2년 정도가 지나야 한다. 유아기 동안 원숭이들은 다양한 배경에서 다른 트릴을 섞어서 사용한다. 이를테면 J-신호소리는 주로

210

집단에서 떨어지게 된 어른들이 사용하지만 새끼들은 J-신호소리를 다른 가족이 가까이 있을 때도 부르는 소리 속에 섞어 넣는다. 스노우든은 이것을 여러 가지 신호 유형을 마구 뒤섞어 쓰는 '옹알이' 단계로 여겼다. 시간이 지나면서 섞어 쓰는 트릴이 차츰 세련되고 마침내 적절한 상황에 어울리는 트릴을 사용하게 된다. 사람도 비슷하다. 어린 시절에는 소리와 단어와 구절과 어법에 맞는 문장을 사용하는 것에 변수가 많지만 어른이 되면 충분한 언어능력을 구사할 수 있다.

스노우든과 엘로우슨은 원숭이들도 어른 보호자가 자주 관심을 표시하고 접촉을 허용하며 몸단장을 해줄 때 새끼는 신호소리를 내므로, 새끼가 자주 발성하도록 격려하고 적절한 발성을 하도록 이끌기 위해서는 부모의 가르침이 절대적이라는 것을 발견했다.

동아프리카의 버빗원숭이는 포식자의 유형에 따라 다양한 비상신호를 보낸다(2장, p.68). 다가오는 위험에 따라 다른 도피 전략이 필수적이고, 잡아먹히는 것을 피하려면 표범에 대한 비상신호와 독수리나 뱀에 대한 신호를 구별하는 것이 최선의 방법이다.

새끼 버빗은 음향으로 보면 어른과 같은 비상신호를 보내지만 그들이 신호를 항상 이해한다는 의미는 아니다. 어른 원숭이는 표범에 관한 비상신호를 표범과 치타일 때만 보내고, 독수리 신호는 호전적이거나 머리 위에 떠 있는 독수리에게, 뱀 신호는 비단뱀과 코브라과의 큰 독사일 때 보내지만, 청소년기의 버빗은 흑멧돼지와 심지어 비둘기처럼 전혀 위협적이지 않은 동물을 포함하여 다양한 종에 대해 비상신호를 발한다. 두어 번 그런 경우를 당한 원숭이 집단은 새끼 버빗의 '독수리가 떴다' 는 신호 소리가 떨어지는 나뭇잎에 지나지 않는 것으로 밝혀졌을 때 틀림없이 난감했을 것이다.

그런데 버빗원숭이 새끼가 신호를 잘못 이해해도 완전히 제멋대로는 아니라는 것이 재미있다. 이를테면 표범 신호는 주로 육지에 사는 동물에 대해서, 독수리 신호는 새, 뱀 신호는 뱀과 도마뱀을 보고 소리를 지르는 식이다. 이것은 새끼들이 다른 종을 부류별로 나누는 경향이 있다는 것을 의미한다. 이것은 나이가 들면서 점점 세분화되어 청년기가 되면 좀더 선별적이 된다. 그들은 너무 작아서 아무런 위협이 되지 않는

비상사태를 알리는 버빗원숭이.
새끼 버빗은 다른 유형의 포식자와
그에 따른 비상신호를 관련지을
수 있는 법을 배워야 한다.

옆면 | 어떤 유형의 비상신호는
이 다람쥐원숭이와 같이 매우
어린 영장류에게도 본능적인
반응을 일으킨다.

참매(goshawk)에게 독수리 경보를 낼 수도 있지만 이미 맹금류와 일반
새들을 구별할 줄 안다.

그러면 새끼들은 신호소리와 포식자를 어떻게 정확하게 연관지을 수
있는가? 어른들로부터 언제 비상신호를 사용하는지 적극적으로 배운
다거나 실수했을 때 혼이 난다는 증거는 없다. 그럼에도 불구하고 사회
적인 환경은 학습과정에 매우 중요하다. 어른 버빗원숭이들은 모든 비
상신호를 진지하게 받아들여서 어른이나 청소년기의 원숭이, 새끼에
의한 비상신호에 똑같이 반응한다. 만약 새끼가 처음 독수리 경보를 냈
는데 그것이 단순히 해가 없는 새라면 어른들은 하던 일을 계속할 것이
다. 그러나 새끼가 옳았고, 호전적인 독수리가 머리 위에서 떠돈다면
즉시 어른 버빗들은 스스로 비상신호를 다시 보내기 시작할 것이다. 이
두번째 비상신호는 새끼들에게 비상신호와 특별한 포식자 사이의 연

계를 인식하도록 가르치고 보강하는 역할을 할
것이다. 새끼가 자라는 중에 어른 버빗으로부터
다른 비상신호에 대해 대처하는 반응을 배우는
것은 매우 중요하다. 세이파스와 체니는 새끼들
에게 비상신호를 녹음으로 들려주고 그들의 반
응을 촬영했다. 새끼들의 반응은 '어미에게 달
려가기', '어른처럼 반응하기', 그리고 '틀린
반응'의 세 가지였다. 3~4개월 된 새끼들은 판
에 박은 듯이 어미에게 곧장 달려갔다. 4~6개월
사이의 새끼들의 일부는 어른처럼 반응했지만
독수리 경보를 듣고 나무 꼭대기로 올라가거나
표범 경보를 듣고 아래로 내려오는 것처럼 완전
히 잘못 반응하는 경우가 많았다. 6개월 후에는
어미에게 달려가는 새끼가 드물었고 잘못 반응
하는 경우도 거의 없으며 대부분이 어른처럼 행
동했다. 연구자들은 신호를 이해하는 새끼들은
행동하기 전에 근처의 어른에게 자문을 구하는
경향이 있고 자기 뜻대로 반응한 새끼들은 잘못
이해하기 쉽다는 것을 알 수 있었다. 이것은 버
빗원숭이들이 신호를 이해하기 위해 어른의 본
보기가 필요한 것을 증명하는 것은 아니지만 근
처의 힌트를 활용하는 게 매우 유용하다는 것을
암시한다.

영장류의 적절한 의사소통 기술은 사회적인
환경에 의해 형성되는 것으로 보인다. 이것은
사실 아기가 처음 말을 배우는 방법과 비슷하
다. 아기들은 약 7개월이 되면 자연발생적으로
'마……마……마'와 '바……바……바'와 같은
반복적인 음절을 소리내며 옹알이를 시작한다
(많은 언어에서 어머니, 아버지, 누나 등의 단어
들은 이런 요소들을 가지고 있다). 처음에 이 음

절들은 구별할 수 없이 사용되지만 차츰 아기는 사회적인 환경으로부터 피드백을 받아들이기 시작해서 특수한 사물, 사람 혹은 상황과 관련된 단어를 구체화한다. 예를 들면 아기가 '우유'라는 소리를 내면 아마 실제적인 보충 역할로서 우유병을 받게 될 것이다. 사회적인 상호작용이 없다면 아기는 특별한 소리의 사용을 배우지 못하게 되고 차츰 음절을 입밖으로 소리내지 않게 될 것이다. 그러나 인간과 다른 영장류의 학습과정에는 중요한 차이가 있다. 인간인 우리는 자식들에게 사물의 이름을 일일이 알려주면서 적극적으로 가르친다. 이런 점에서 인간은 다른 종과 비교할 수 없다고 하겠다.

고운 노래와 사투리

새들의 고운 노래는 대대로 시인과 철학자와 자연주의자들의 영감을 불러일으켰다. 새들의 노래는 놀랍기 그지없다. 겨울굴뚝새는 1분에 740음절을 노래하고, 유럽산 개개비속 새의 일종인 와블러(sedge warbler)는 재즈 가수처럼 즉석에서 연주하는데 같은 노래를 두 번 하는 일이 결코 없다. 가장 즐거운 음유시인은 300여 곡의 러브송 레퍼토리를 가진 나이팅게일이다. 명금류가 만드는 노래는 너무 복잡해서 새들이 어떻게 그 노래를 익히는지 상상하기가 어렵다.

1803년 임마누엘 칸트는 몇 마리의 참새를 기르면서 그들의 노래가 본능적인 것이 아니라 학습된 것임을 발견했다. 새들은 노래하는 방식이 종마다 다르지만 어느 정도 기본적인 규칙들을 가지고 있다. 봄이 오면 유럽, 중앙아시아, 그리고 북아프리카의 산울타리와 잡목숲과 정원에서 푸른머리되새의 노래를 들을 수 있다. 모든 수컷은 트릴로 시작해서 몇 구절을 부른 후 '추-에-오'로 화려하게 끝나는 짧고 감미로운 노래로 자기 영역을 선언한다. 수컷의 노래는 영역을 침범하는 다른 수컷을 단념시키고 지나가는 암컷을 유혹한다. 번식기 동안 수컷은 50만 번이나 노래할 수도 있다! 만약 암컷을 성공적으로 유혹하면 암컷은 둥지를 틀고 알을 품는데 대개 2주일 후에 부화하는 4~5마리의 새끼를 암수가 함께 기른다. 번식기가 끝나면 둘은 헤어져서 종종 이성의 무리에 합류하거나 다른 참새과의 무리와 섞인다. 다음해 봄에 그들은 번식지로 돌아와서 흔히 재결합하지만 이번에는 그들의 새끼도 짝짓기를 희망한다. 전년도에 태어난 젊은 수컷들은 처음으로 그들의 영역을 확보하기 위해 노래를 불러야 한다. 그러나 무엇을 노래해야 하는지 어떻게 아는가? 부모나 다른 어른 새들과 접촉하지 못하고 사람의 손에서 길러진 새끼들도 여전히 노래를 시작한다. 이것은 새들이 미리 노래부르게끔 타고난 것을 암시하지만 그 노래는 매우 기본적이어서 길이와 빈도는 적당하지만 세부적인 구성이 부족하다.

새끼들은 놀랍게도 부화되는 순간부터 노래를 듣고 배운다. 그런데 시간이 그리 넉넉하지 않다. 새끼들이 태어나서 불과 3개월이 되는 8월이면 어른들은 노래하기를 중단하기 때문에 새끼들은 다음해 봄에 그들 스스로 연주를 준비할 때까지 배울 기회가 없다. 새들을 기르고 다른 장소에서 녹음된 노래를 들려준 연구자들은 노래 학습에 중요한 두 시기가 있는 것을 발견했다. 하나는 부화한 직후이고 다른 하나는 이듬해 봄으로 새들이 보통 야생에서 노래를 들을 수 있는 시기와 일치했다. 새끼들은 두 시기 이외의 다른 기간에는 노래가 들려와도 배우지 않는다.

이 분야의 가장 뛰어난 학자의 한 사람인 캘리포니아 대학교의 피터 말러는 이 연구를 통해 '청각 원형 모델'이라는 가설을 제안했다. 그는 새들이 그들 노래의 일반적인 특징을 가진, 고유의 다듬어지지 않은 원형을 가지고 있다고 생각한다. 초기의 예민한 학습 단계에서 새끼들은 많은 다른 새들의 노래를 듣지만 오직 이 원형에 어울리는 노래만 기억한다. 이것은 나이팅게일이 지빠귀나 굴뚝새의 노래를 배우지 않는 것처럼, 자기 것이 아닌 노래를 받아들이지 않게끔 한다. 아비나 근처 다른 수컷들의 노래를 들음으로써 투박한 원형은 차츰 세련되고 마침내 정확한 노래를 부르게 된다. 이듬해에 젊은 수컷들은 이 원형에 맞추려고 노력하는데 처음에는 노래가 잘 맞지 않으며 대개 여러 번의 예행연습이 필요하다. 노래는 대단히 변조가 심해서 수컷은 다른 음을 시험하거나 남의 이목을 꺼리는 것처럼 다소 조용하게 노래하는 경향이 있다. 그러나 얼마간의 시간이 지나면 완전하진 않지만 차츰 노래를 만드는 힘이 붙고 소리가 커지면서 정상적인 구성을 갖추게 되고 마지막으로 그가 속한 종의 노래를 정확하게 부른다.

노래 학습의 정확한 패턴은 종마다 다르지만 타고난 지식과 감수성

푸른머리되새 수컷은 번식기 동안 50만 번을 노래할 수도 있다.

215

이 강한 시기의 학습 사이에는 복잡한 상호작용이 있는 것으로 보인다. 예민한 시기 동안 노래를 들어서만 익히는 새들도 있고, 서로 영향을 주는 가정교사로부터만 배우는 까다로운 새들도 있다. 이를테면 금화조는, 무선 링크를 통해 소리는 들을 수 있지만 칸막이의 다른 쪽에 있어서 가정교사를 볼 수 없다거나 혹은 단순히 녹음테이프만 들려준다면 노래를 배우지 못한다. 또 다른 실험에 의하면 투명한 칸막이를 통해 살아 있는 가정교사를 보면서 노래를 부를 수 있어도 가정교사가 그들의 노래를 들은 후 반응을 보일 수 없으면 여전히 노래를 배우려고 하지 않았다. 그러나 어린 새들의 눈을 가리고 가정교사와 같은 새장에 함께 넣으면 쉽게 노래를 배운다. 그러므로 상호작용이 가장 중요한 요소로 보인다.

이 실험은 어린 새들이 노래를 배우는 데 사회적인 환경이 결정적이라는 것을 증명한다. 그러면 부모가 없이 다른 종의 새에 의해 길러지는 새끼에게는 어떤 일이 일어나는가? 이런 새의 하나가 갈색머리흑조 (brownheaded cowbird)이다. 북미에 사는 갈색머리흑조는 기생 번식 동물이다. 즉 흑조 암컷이 다른 새의 둥지에 알을 낳고 그들이 자기의 새끼를 기르도록 속인다. 흑조 암컷은 매우 성공적인 전략으로 1년에 40개나 되는 많은 알을 노래참새, 미국솔새, 노랑휘파람새, 쇠아메리카딱새, 북미산 멧새 등 자신의 알보다 작은 알을 낳는 다른 1백여 종의 둥지에 낳는다. 흑조 암컷은 둥지 주인이 알을 낳을 것으로 보이는 둥지를 골라서 둥지가 잘 보이는 자리에서 인내심을 가지고 지켜본다. 점찍은 대리인이 알을 낳기 시작하는 것을 보면 암컷은 새벽에 살그머니 들어가서 재빨리 자신의 알을 하나 낳는다. 이따금 주인이 불쾌한 알을 둥지 밖으로 밀어내려고 할 때도 있지만 흑조는 용케 그것을 모면한다. 새끼들을 알지도 못하는 베이비시터에게 남겨두고 자유로운 부모는 어슬렁어슬렁 걷는 소떼를 따라가서 진드기를 청소해주거나 끊임없이 이동하는 동물들에 놀라 날아오르는 곤충을 잡아먹는 성찬을 즐긴다.

같은 기생동물인 뻐꾸기와 달리 갈색머리흑조 새끼들은 부화했을 때 둥지 친구들을 쫓아내지 않는다. 그러나 흑조 새끼들은 보통 제일 먼저 부화하고 더 크다는 이점이 있기 때문에 다른 새끼들과의 경쟁에서 쉽게 이긴다. 이런 환경에서 자라는 수컷들은 자신이 속한 종의 노래를

갈색머리흑조 암컷은 1년에 40개나 되는 많은 알을 다른 종에 속한 새의 둥지에 낳는다.

갈색머리흑조 새끼들은 다른 종,
위의 경우에는 미국솔새에 의해
길러지므로 자신의 부모로부터
노래를 배울 기회가 전혀 없다.

들을 기회가 전혀 없다.

어린 새들은 둥지를 떠나 겨울을 나기 위해 미국 동남부로 향한다. 이듬해 이른봄이 되면 번식하기 위해 다시 북으로 가지만 가장 나중에 도착한다. 수컷들은 '노래하는 나무'를 하나 고른 후 그 나무에 앉아 노래를 부르는데 전형적으로 유려한 휘파람으로 시작해서 빠르게 흐르는 듯이 끝난다.

전에 노래를 들어본 적이 없는 덜 자란 수컷 갈색머리흑조는 어떻게 노래하는 법을 아는 것일까? 그들 역시 기본적인 원형을 가지고 태어나는 것으로 보인다. 그러나 가락을 완벽하게 노래하는 다른 수컷들의 노래를 듣기보다는 몇 가지 버전을 시도하는 동시에 가장 좋아하는 노래를 알려주는 암컷에게 많이 의지하는 것으로 보인다. 이것은 각기 자기 종의 노래를 부르는 흑조의 다른 두 아종亞種과 관련된 실험으로 알 수 있다. 다른 아종에 속하는 암컷들과 함께 있는 젊은 수컷들은 자신의 노래가 아니라 아종들의 노래를 발달시켰다. 또 수컷들이 노래할 때 암컷들은 가끔 '홰치기'라는 동작을 했는데 날개를 펼쳐서 앞뒤로 빨리 움직이는 동작이다. 이것은 인정한다는 신호로 보인다. 왜냐하면 수컷은 암컷 친구들로부터 홰치기를 이끌어내기 위해 그 노래를 훨씬 더 많이 반복하는 것 같았기 때문이다. 어른 수컷들은 3대 2의 비율로 암컷보다 많기 때문에 경쟁이 심하다.

새들이 성숙해졌을 때 훨씬 더 복잡한 학습이 이어지는 것을 알 수 있다. 따라서 많은 종의 수컷들이 자신의 독특한 정체성을 잃지 않고 개별적인 방법으로 다양하게 노래할 수 있다. 수컷이 노래를 배우고 영역을 확립할 때 익히게 되는 이 변주곡의 '레퍼토리'는 두 곡에서 수천 곡에 이를 수도 있다. 많은 레퍼토리를 가진 새들이 잠재적인 이웃과 어울려 노래를 더 잘할 수 있기 때문에 새로운 영역을 확보하기가 쉬울 거라고 생각하는 연구자들도 있다. 수컷들이 레퍼토리를 더 많이 개발하는 또 다른 이유는 암컷들에게 깊은 감동을 줄 수 있기 때문이다. 많은 종의 암컷들이 광범위한 레퍼토리를 가진 수컷들을 선호하는 것으로 보이는데 레퍼토리가 많다는 것은 나이를 먹고 경험이 많다는 것을 의미하기 때문이다. 마지막으로 레퍼토리를 개발하는 것은 넓은 영역을 방어하기에 편리할 수도 있다. 옥스퍼드 대학교의 존 크레브스가 이 제안을 내놓았다. 그는 이것을 '우아한 행동'(Beau Geste : 겉만 친절한 행동) 가설이라고 불렀는데 P.C. 렌의 책에 나오는 보우 제스트라는 이름을 가진 젊은 군인이 전쟁터에서 쓰러진 전우들을 기댄 자세로 세워놓아 적군으로 하여금 강한 군대와 싸우는 것으로 생각하게 만들면서 혼자 요새를 방어한 이야기에서 가져온 것이다. 만약 새가 계속 노래를 고쳐 부르고 노래하는 장소를 바꾸면 노래하는 새가 여러 마리라고 생각하게끔 다른 새들을 속일 수 있고, 자기 영역을 잘 방어할 수도 있다는 것이다. 물론 이것은 잠재적인 배우자를 속일 수도 있는 계략이므로 지역 내의 수컷과 암컷은 '사투리'를 배운다. 이 사투리들은 레퍼토리에서 비슷하게 인식될 수 있다. 암컷들은 노래를 하지 않지만 그들 자신의 사투리를 가진 새들을 선호하는 것으로 보인다.

지역의 사투리는 청소년기의 새들이 어른 새들의 노래를 모방하면서 약간 실수한 것이 발전한 것일 수도 있다. 이런 실수는 그 지역의 다음 세대로 전해지고 시간이 지나면서 같은 과정을 통해 사투리 자체가 차츰 변해서 지역 버전이 된다. 그러나 너무 빨리 변해서 2년만 지나도 지역의 멜로디가 아주 달라지는 종들도 두세 종 있다. 그런 새의 하나가 아프리카 새인 빌리지 인디고버드(village indigobird)이다. 갈색머리흑조처럼 인디고버드는 기생번식한다. 작은 무리의 수컷들은 암컷을 유혹하기 위해 힘을 합치고 특별한 장소에서 함께 노래한다. 집단 내의 수컷들은 공동으로 할 수 있는 20여 개의 다른 레퍼토리를 가지고 있다. 번식기 동안 한 수컷은 그 노래 하나를 약간 변경시킬 수 있고 같은 무리의 한두 마리 새가 그 변화를 받아들이면 이것은 다음해에 새 버전이 된다. 왜 새 버전이 더 인기가 있는 것일까? 새로운 속어는 매력적일 수 있고 많은 수가 사용하면 통용어가 된다. 빌리지 인디고버드의 경우 짝짓기에 성공하는 것은 인기를 얻는 보증이고 다른 수컷들은 아마 암컷을 가장 잘 유혹하는 그 수컷을 모방할 것이다.

융통성과 지능

호주 동남부의 숲을 걷노라면 갈가마귀의 거친 울음소리, 방울새의 고른 종소리, 이스턴 휩버드(eastern whipbird)의 아름다운 휘파람, 혹은 웃는물총새의 미친 듯한 웃음소리를 들을 수 있다. 숲이 유난히 울창하지만 않다면 이 새들 중 하나를 볼 수 있는데 가까이 가보면 당신을 반기는 것은 작고 청순하게 보이는 갈색 새이다. 이 큰거문고새는 화려한 꼬리만 아니면 다리가 긴 밴텀닭과 많이 닮은 모습이다.

큰거문고새는 레이스 모양의 깃털을 흔들면서 떨리는 노래를 흐르는 폭포처럼 쏟아낸다. 큰거문고새는 경쟁자들을 이기기 위해 다른 새들로부터 소재를 빌려다가 자기 노래를 길고 다양하게 만든다. 멋진 이 새 버전을 들으면 원래 노래의 주인인 새들도 종종 가까운 곳에 경쟁자가 있는 것으로 속아넘어간다.

큰거문고새는 20여 종이나 되는 다른 새들의 노래를 따라 하지만 이 모방의 대가는 여기서 멈추지 않는다. 장미앵무의 홰치기를 포함하여 사람들과 가까이 살면 개짖는 소리, 자동차 경적, 카메라 모터 소리를 노래에 집어넣고 심지어 전기톱 흉내를 내어 어리둥절하게 만들지도 모른다. 이런 것들이 암컷을 당황하게 만들 거라고 생각하는 사람도 있다. 암컷이 자기의 파트너가 큰거문고새인지, 웃는물총새인지, 혹은 벌

만약 어떤 새가
계속 노래를 바꿔 부르고
노래하는 장소를 바꾸면,
여러 마리가 노래하는
것으로 생각하게끔
다른 새들을 속일 수 있다.

큰거문고새는 다른 새들로부터 빌려온 소재로 노래를 길고 다양하게 만드는 것은 물론 화려한 꼬리를 머리 위에 아치 모양으로 펼치고 암컷을 유혹한다.

목꾼인지 의아하게 생각할지 모른다는 것이다. 그러나 수컷은 시각적인 표현으로 암컷에게 그가 잘 맞는 타입이라는 것을 충분히 확신시키고 소리는 단순히 재능을 자랑하는 것으로 보인다.

다양한 소리를 흉내내는 일부 새들의 능력은 새들이 노래를 배우는 방법에서 시작된다. 많은 종의 젊은 새들은 외부의 소리들을 노래에 포함시키고, 다른 새들의 노래를 빌려오지만, 시간이 지나면 진정한 자기 노래를 발전시키면서 잡다한 이 소리들을 빼버린다. 보통 흉내를 낼 수 있는 것은 오직 젊은 새들인데, 그 시기가 지나면 새 소재를 배우기 어렵다. 그러나 어른 새가 되어서도 흉내내는 능력을 계속 지닌 것들도 몇 종 있다.

흉내지빠귀는 다른 새들의 소리를 아주 잘 흉내내기 때문에 흉내지빠귀라고 불린다. 북미에서 실시된 연구들은 다양한 레퍼토리를 만들기 위해 다른 종의 소재를 가장 잘 훔치는 수컷들이 먼저 암컷들을 유혹할 뿐 아니라 음악적인 허세를 가지고 동료 수컷들을 겁먹게 하는 것을 발견했다. 찌르레기도 아주 흉내를 잘 낸다. 사실 북미의 여러 지역에서 찌르레기는 흉내지빠귀의 흉내를 쉽게 내는데 사람들에게도 혼란을 일으킨다. 영국에서는 찌르레기가 심판의 휘슬을 흉내내서 갑자기 축구 시합을 중단시켰다는 이야기가 있고, 런던에는 2차대전말 무인 비행기에 싣는 V1비행 폭탄, 혹은 소형 자동차 소리를 흉내내는 찌르레기에 관한 이야기도 있다. 최근에는 휴대폰 벨소리나 인터넷에 연결되는 모뎀의 이상한 소리도 흉내낸다는 보고들이 있다.

동물의 의사소통에서 이런 식의 '문화적인 진화'는 상당히 드물지만 동물이 환경에 적응하고 행동을 수정하는 능력이 있으며, 종종 뛰어난 지능을 지녔다는 표시를 우리는 발견할 수 있다. 고래와 돌고래도 뛰어난 모방 능력을 가졌다는 증거가 있다. 돌고래는 동맹자들과 어울리기 위해 휘파람을 바꾸고 혹등고래는 갑자기 너무 급격하게 노래를 바꾸기 때문에 '문화적인 진화'가 아니라 '문화적인 혁명'이라고까지 말할 수 있다.

시드니 대학교의 해양 생물학자인 마이크 노애드는 1995년부터 호주 동해안의 대산호초(역자 주 : 호주 퀸스랜드주 동쪽 연안에 있는 세계 최대의 산호초, 길이 약 2000km) 근처에서 번식하는 혹등고래의 노래를 들어왔다. 특정한 모집단의 수컷들은 모두 기본적으로 같은 노래를 부른다. 이 노래는 세월이 지나면서 매우 천천히 변해서 새 모티프가 추가되고 낡은 것들은 사라진다. 그래서 이듬해 고래의 노래를 들을 때 노래가 약간 바뀌어도 노애드는 크게 놀라지 않았다. 그러나 어느날 노애드는 놀랍게도 82마리의 고래 중 두 마리가 완전히 다른 노래를 하는 것을 발견했다. 다음해 수중청음기를 물에 넣었을 때 많은 고래들이, 그가 알기론 호주의 서쪽 해안에 있는 인도양 고래의 노래와 거의 같은 이상한 새 노래를 하는 것을 듣고 한층 더 놀랐다. 그는 인도양의 모집단에서 두세 마리의 고래가 진로에서 벗어나 배회하다가 태평양에 갔다 왔고 그들이 가져온 노래가 즉시 받아들여진 것으로 추측했다. 1998년이 되자 82마리 고래 전부가 그 노래를 부르고 있었다. 외부에서 온 고래가 이 지역의 노래를 받아들이기보다는 지역의 고래들이 외부 고래의 노래를 선택한 것이다. 수컷들은 암컷들을 유혹하는 데 새 노래가 효과가 있는지 평가할 수는 없을 것이다. 비교적 짧은 기간에 수천 제곱킬로미터에 달하는 대양에서 그들의 성공을 다른 수컷들과 비교해야 하기 때문이다. 그러니 이 고래들은 단순히 최신 노래를 좋아한다고 말할 수밖에 없다.

다른 상황에서 새 소재를 배우고 행동을 받아들이는 능력은 동물들에게 상당한 이점이 될 수 있다. 1984년부터 메인주에서 갈가마귀를 연구한 버몬트 대학교의 번드 하인리히는 일부 갈가마귀들이 말코손바닥사슴이나 다른 갈가마귀의 썩은 고기를 발견했을 때 고음의 비명을 지르는 것을 발견했다. 갈가마귀들은 왜 이런 식으로 경쟁자들을 끌어들이려는 것일까? 다양한 가설을 시험한 하인리히는 이런 대답을 제시했다. 일정한 영역을 가진 어른 갈가마귀들은 비명을 지르지 않고 젊은 갈가마귀를 먹이로부터 쫓아내지도 않는다. 오직 자기 영역이 없는 젊은 침입자들이 같은 상태의 다른 갈가마귀들을 먹이의 노다지로 유혹하면서 소리를 지른다는 것이다. 그들은 집단으로 연장자들을 습격해서 압도한다. 시간이 지나면서 갈가마귀 인구는 갑자기 많아지고 특히 겨울에 먹이가 부족하게 된다. 비명 신호는 바람직한 먹이가 있는 영토에서 짝지어 사는 늙은 커플들보다 젊지만 수가 많아진 영역이 없는 갈가마귀가 택한 집합 신호라고 할 수 있다.

갈가마귀가 신호를 이렇게 바꾸는 것은 임의적이고 우발적인가, 혹은 근본적으로 지능이 있다는 것을 의미할까? 동물이 세계를 어떻게 경험하는지 직접 아는 것은 불가능하다. 동물의 마음을 조금이나마 들여다볼 수 있는 유일한 방법은 겉으로 드러나는 표현을 통해서다.

알렉스는 조심스럽게 숫자를 센다. "투… 스리… 퍼… 파이브… 시." 식스를 소리내기 어려운 것은 알렉스가 앵무새이기 때문이다. 스물두 살의 아프리카산 앵무새 알렉스는 애리조나 대학교의 이렌느 페퍼버그가

옆면 | 혹등고래의 40톤이나 되는 몸이 물 밖으로 날아오른다. 이 엄청난 행동은 어쩌면 단순한 동작일 수도 있으나 다른 물고기들에게 충격을 주려는 것일 수도 있다.

오랫동안 연구해온 실험 대상이다. 알렉스는 7백 단어 이상을 배웠는데 평범한 여덟 살짜리 어린이가 아는 어휘와 비교할 만한 양이다. 앵무새에게 말을 가르치려고 시도한 초기에는 대부분의 가정에서 기르는 애완용보다 의사소통 능력이 더 나은 게 없었다. 그래서 페퍼버그는 다른 테크닉을 사용했는데 이것은 엄청난 결과를 가져왔다. 훈련 시간에 알렉스는 트레이너 한 사람과 학생 한 사람 모두 두 사람과 함께 훈련을 받았다. 트레이너는 학생에게 질문을 하는데 그는 알렉스의 모델 역할과 트레이너의 관심을 끄는 경쟁자로서의 역할을 한 것이다. 트레이너와 학생의 역할을 규칙적으로 바꿈으로써 의사소통은 쌍방향의 일이라는 것과 말하는 것은 한 개인에게만 하는 것이 아님을 알렉스가 이해하도록 했다. 트레이너와 학생이 묻고 답하는 게임을 하는 동안 알렉스는 참견하고 싶은 걸 참을 수가 없어 먼저 대답하고 나선다. 이 대답들은 그냥 제멋대로 쩍쩍거리는 게 아니다. 알렉스는 1백여 개의 물건 이름을 댈 수 있고 어떤 색깔인지, 어떤 재료인지, 어떤 모양인지 설명할 수 있는데 대답의 80%는 정확하다.

　　페퍼버그는 알렉스가 색깔과 형태는 다른 범주를 나타낸다는 것과, 따라서 물건들이 분류될 수 있다는 것을 이해하며, 더 나아가 하나의 물건이 한 범주 이상의 속성을 가질 수 있다는 것을 이해하는 것 같다고 설명한다. 예를 들면 녹색의 트라이앵글은 녹색이고 세모이다. '어떤 모양?' 혹은 '어떤 색?' 이라는 질문을 받으면 알렉스는 질문에 따라서 분류하는 그의 기초원리를 바꿔서 정확한 대답을 할 수 있다. 알렉스는 '같다' 와 '다르다' 의 개념을 이해하는 것으로 보인다. 한 가지만 다른 동일한 두 물건, 이를테면 하나는 푸른색이고 하나는 녹색인 나무 트라이앵글을 가지고 '같은 것은 무엇이야?' 라는 질문을 받으면 알렉스는 '재료' 혹은 '형태' 라고 대답할 것이다. 이것은 알렉스가 훈련에 따라 대답하기보다 질문을 이해하려고 주의 깊게 듣는 것을 의미한다. 이 경우 그는 아마 분명히 다른 것 — 색깔을 구분할 것이다. 알렉스는 일곱 가지 다른 물건들이 있는 정리함을 살펴본 다음 '블럭은 무슨 색이지?' '빨간 건 어떤 물건이지?' '나무는 어떤 모양이야?' '열쇠는 몇 개 있어?' 와 같은 질문에 정확하게 대답할 수 있다.

　　알렉스는 또 숙어와 문장을 배웠는데 가끔 절묘한 말을 쓰곤 했다.

한번은 폐수술을 위해 알렉스를 수의사에게 데려간 페퍼버그가 그를 두고 나가려고 돌아서자 알렉스가 소리를 질렀다.

"이리 와. 당신을 사랑해. 미안해. 난 돌아가고 싶어."

앵무새들이 야생에서 그들의 놀라운 흉내내기 능력을 사용한다는 증거는 없으며 그처럼 놀라운 재능을 가진 이유는 미스터리다. 그러면 앵무새의 지능은 어떨까? 알렉스는 확실히 자기가 무슨 말을 하는지 아는 것으로 보인다. 정말 그럴까? 일부 연구자들은 그 연구의 정당성에 이의를 제기하지만 결과가 너무 놀랍기 때문에 즉석에서 논쟁을 끝낼 수는 없다. 알렉스는 돌고래, 침팬지, 그리고 어린아이와 유사한 지각력을 가진 것으로 보인다. 매우 작은 두뇌를 가진 앵무새는 고등 포유동물의 인식 처리과정과 관련된 부분인 대뇌피질이 작기 때문에 알렉스가 보이는 것의 절반만 똑똑하다고 해도 지능에 대한 온갖 의문을 불러일으킨다.

그런데 앵무새, 돌고래, 침팬지, 그리고 인간은 모두 한 가지 공통점을 가지고 있다. 유대가 긴밀하고 구성원이 바뀌는 집단에서 생활한다는 것이다. 이런 사회에서 관계는 예측할 수 없고 개체는 다른 입장에 적응할 준비를 갖춰야 한다. 우리는 차츰 알렉스의 머리에서 일어나는 일을 더 잘 이해하게 될 것이다. 어쩌면 인식처리 수준은 보이는 것에 그치는 것이 아닐지도 모른다. 실제로 많은 동물들이 우리가 믿는 것과 우리의 평가방법이 발견할 수 있는 것보다 더 높은 지능을 가지고 있을 수도 있다.

다른 종의 언어

영하 30도의 추운 날씨에 사방을 돌아봐도 눈 닿는 곳은 모두 하얀 눈이 덮여 있다. 산등성이 위로 한 팀의 털북숭이 에스키모개들이 썰매를 끌면서 나타난다. 그 뒤로 하얀 구름이 큰 파도처럼 밀려온다. 두툼한 털모자에 가려 썰매를 조종하는 사람의 얼굴은 거의 보이지 않지만 '지' 또는 '하우' 하고 외치는 그의 신호소리는 상쾌한 공기 속에서 또렷하게 울린다. 개들은 즉시 그의 지시대로 알래스카의 눈 밑에 깊이 숨겨진 함정을 피하기 위해 오른쪽 혹은 왼쪽으로 일사불란하게 움직인다. 그것은 아주 인상적인 풍경의 하나로 야생의 아름다움뿐만 아니

아프리카의 관목 숲에서는
도가머리뻐꾸기의 날카로운
비상신호를 들으면 많은 동물들이
주위를 살피며 조심한다.

라 전혀 다른 두 생물 사이의 완전한 이해를 보여준다.

많은 사람들이 그들의 애완동물에게 말을 걸고, 애완동물이 그 말을 이해한다고 장담한다. 사람과 개의 경우에 그 관계는 적어도 1만4천 년 전으로 거슬러 올라간다. 그러므로 서로의 신호를 해석하는 비결을 배웠다고 해도 놀라운 것은 아니다. 개와 사람이 수많은 세대를 내려오며 같은 환경을 공유한 것처럼 다른 많은 동물들도 다른 종들과 오랫동안 이웃으로 지내왔고 종종 서로의 신호를 '이해' 하고 활용한다.

서로의 비상신호를 활용하는 것은 공통의 적을 가지고 있을 때 특히 좋은 생각이다. 캘리포니아 화이트 마운틴의 옐로우벨리드 마모트와 얼룩다람쥐는 같은 환경에서 사는데 둘은 크기의 차이에도 불구하고 코요테와 검독수리의 위협을 받는다. 그 둘은 같은 종이나 상대 종으로부터 비상신호를 들으면 크게 놀라서 도망치거나 똑바로 서서 주위를 살펴보지만 비상신호가 아닌 경우에는 서로에게 관심을 두지 않는다.

아프리카의 많은 지역에서 먹이에게 몰래 다가가려는 맹수는 도가머리뻐꾸기(grey go-away-bird)가 근처의 모든 동물들에게 알리는 위험신호 때문에 낭패를 보기 쉽다. 나는 언젠가 짐바브웨에서 잡목이 우거진 덤불을 조용히 걸으면서 혹시 동물들과 만날 수 있지 않을까 기대했다. 그러나 긴 꼬리에 눈에 잘 띄는 볏을 가진 회색빛의 도가머리뻐꾸기가 몹시 초조한 태도로 나를 졸졸 따라오며 푸드덕거리고 집요하게 소리를 질렀다. 두말할 필요도 없이 그날의 산책길에서 나는 흥분한 동반자 외에는 아무도 보지 못했다! 다른 환경에서 동물의 비상신호는 사람에게도 매우 유용할 수 있다. 케냐의 마사이 마라에서 여러번 일했던 음향 녹음계원 크리스 왓슨은 표범이나 치타를 찾고 싶을 때 자주 버빗원숭이(p. 211)의 비상신호를 듣고 참고했다고 한다.

226

버빗원숭이들은 자신의 비상신호를 가지고 있지만 한 걸음 더 나아가 새들의 신호소리를 인식하고 반응하는 것을 배운다. 케냐의 암보셀리 국립공원의 버빗원숭이들은 색깔이 화려한 명금 수퍼찌르레기와 이웃하여 산다. 버빗원숭이처럼 이 새도 포식자에 따라 다른 비상신호를 가지고 있어서 육지동물에 대해서는 긁는 소리로 찍찍거리고 매나 독수리를 보고는 맑은 소리로 물결치는 휘파람을 분다. 찌르레기가 거칠게 찍찍거리면 버빗원숭이는 나무 위로 올라가고 맑은 휘파람소리를 내면 하늘을 올려다본다.

암보셀리에서 일하는 연구원 마르크 하우저는 서식지가 다른 버빗과 찌르레기는 경고 신호의 비율이 다른 것을 발견했다. 예를 들어 늪지 근처에 사는 버빗은 약 15분마다 신호소리를 듣는 데 반해 건조한 삼림지역에 사는 버빗은 약 30분마다 찌르레기의 신호를 들었다. 하우저는 자주 경고신호에 노출되는 것이 찌르레기의 신호 인식을 배우는 버빗 새끼들에게 어떤 영향을 주는지 알아보기로 했다. 그는 연령이 다른 원숭이들을 두 집단으로 나누어 신호소리의 녹음을 틀어주었다. 그리고 늪지에 사는 원숭이들이 삼림지대에 사는 원숭이들보다 훨씬 어린 나이에 반응하는 것을 발견했다. 이것은 많은 동물들이 다른 종의 신호 인식을 배울 때도 자신의 종의 신호를 배울 때처럼 경험이 중요하다는 것을 보여준다.

같은 식으로 동물들은 위험을 경고하기 위해 서로의 비상신호를 공유하고 먹을 것이 충분한 장소를 알기 위해 서로의 먹이 신호를 엿듣는다. 식충성의 박쥐는 깜깜한 어둠 속에서 나방과 같은 먹이를 찾기 위해 반향탐사를 이용한다. 그러나 그들의 초음파가 다른 박쥐들에게도 간식거리가 있다는 것을 알려주기 때문에 재빠르게 행동할 필요가 있다. 그러나 어떤 경우 신호를 보내는 쪽이 먹이 신호로 유혹하는 덕을 보기도 한다. 예를 들면 닭처럼 사육되는 경우 수컷은 잠재적인 짝을 유혹하기 위해 먹이를 보면 암컷에게 먹이 신호를 보낸다. 많은 영장류 집단에서 발견한 바 있는 먹이를 나누기 위해 집단의 다른 구성원을 끌어들이는 개별적인 신호는 아마 나중에 보상을 받을 것이다. 마지막으로 다른 개체들을 한 장소에 모아들이는 것은 잠재적인 희생자의 수가 늘어나기 때문에 자신이 혼자 먹이를 먹고 있을 때보다 포식자에게 잡

사람과 개의 관계는 적어도 1만 4천년 전까지 거슬러 올라간다.

227

아먹힐 위험이 감소될 수 있다. 그래서 많은 경우 먹이 신호를 보내는 동물은 자신의 이익을 위해 일부러 도청당하는 계략을 활용하는 것으로 보인다.

다른 종이 말하는 것을 '이해' 할 수 있다는 것은 매우 유용한 일이지만 실은 이해가 아니라 그들을 흉내내는 것일 수 있다. 검은박새는 뱀의 소리를 흉내냄으로써 스스로를 훨씬 더 위험한 동물로 보이게끔 만든다. 검은박새는 남부 아프리카의 사바나 삼림지대에서 나무에 생긴 구멍에 둥지를 트는데 올빼미와 뱀의 공격을 받기 쉽다. 박새는 구멍 입구에서 뭔가 소란스러우면 어두운 구멍 속에 숨은 채 뱀 같은 쉿쉿 소리를 낸다. 이 소리는 대개 포식자가 다시 한번 더 생각하도록 만들기에 충분하다.

동물들이 자신의 안전을 확보하기 위해 다른 종을 흉내낼 때, 가장 효과적인 계략의 하나는 세계 대부분의 지역에서 최고의 포식자도 두려워하는 '인간' 을 흉내내는 것이다. 아프리카의 포크테일드 드롱고(fork-tailed drongo, 바람까마귀류)에 대한 놀라운 이야기가 있다. 그 까마귀는 그 지역의 포식자인 큰 새를 쫓기 위해 양치기의 휘파람을 흉내낸다는 것이다.

다른 종을 흉내내는 걸 배우는 것의 커다란 이점 중 하나는 그들의 신호를 이용해서 자신을 돕도록 설득할 수 있다는 것이다. 미국의 유명한 조류학자 유진 모턴은 포식자인 체하면서 시크빌드 유포니아(thick-billed euphonia)의 둥지에 접근하여 유포니아의 반응을 살펴보았다. 위험을 감지한 새는 자신의 비상신호 대신 풍금조나 벌새와 같은 다른 새들의 신호로 그들을 선동하면서 모턴을 쫓아내라고 격려하고 자신은 안전한 곳에 숨어 있었다. 다른 종의 비상신호를 이용함으로써 방어세력을 모을 수 있다면 그들을 물리치는 신호를 흉내냄으로써 쫓아 보낼 수도 있다. 아프리카의 개똥지빠귀는 그것을 위해 천부적인 흉내내기 재능을 이용한다. 이 새는 경쟁적인 종의 노래를 불러서 그 영역은 이미 주인이 있다고 생각한 경쟁자가 다른 곳으로 가도록 속인다.

그러나 가끔 동물들은 순수하게 협동을 위해 서로의 신호를 배운다. 먹이를 다른 개체에게 주는 것은 보편적으로 종의 장벽을 쉽게 넘을 수

다른 개체에게
먹이는 주는 것은
보통 종의 장벽을
쉽게 뛰어넘는
우정의 제스처이다.

있는 우정의 제스처다. 여러 종의 부전나비가 애벌레 단계에서 개미와 가까운 관계를 맺는다. 애벌레는 루핀과 같은 질소 고정 식물을 먹으며 특수한 샘에서 당과 아미노산이 풍부한 작은 방울을 분비한다. 영양분이 풍부한 이 단물은 그들의 적인 거미와 기생말벌로부터 애벌레를 보호하는 대가로 개미들에게 주어진다. 애벌레는 위험을 느끼면 즉시 촉수를 흔들고 개미는 급히 행동에 들어가서 애벌레 둘레에 바리케이드를 친다. 시중 드는 개미의 수가 증가하면 촉수를 흔드는 빈도가 줄어드는데, 애벌레는 이런 식으로 생산해야 하는 먹이의 양과 보호받을 필요의 균형을 맞추는 것으로 보인다. 촉수로부터 발산되는 물질은 개미 페로몬을 흉내낸 것이다. 하지만 개미는 단순히 속아서 행동에 들어가지는 않는다. 개미 역시 신호를 조심스럽게 읽고 그에 따라서 반응한다. 촉수를 크게 흔들수록 식사도 맛있다.

개미들은 나비의 애벌레를 거미와 기생 말벌로부터 보호해주는 답례로 달콤한 작은 방울을 보상으로 받는다.

다른 동물들이 갖지 못한 능력을 가진 동물들이 있다. 그들이 힘을 합치면 혼자서 하기 어려운 일도 해낼 수 있다. 야생생물 중에 꿀안내새보다 더 훌륭하게 다른 종으로부터 도움을 얻는 동물은 없을 것이다. 검은목 꿀안내새와 비늘목 꿀안내새는 까다로운 미각을 가진 작은 새들이다. 이들은 밀랍과 벌의 유충을 좋아하지만 야생벌의 벌집은 높은 나무나 바위틈 혹은 흰개미 언덕에 세워진 미니 요새들이다. 길이가 20센티미터도 안 되는 새가 튼튼한 벌집 벽을 뚫거나, 또 벌침에 찔려 죽는 것을 피하는 것은 쉬운 일이 아니다. 그렇기 때문에 도움을 청하는 것이 좋은데, 최고의 선택은 그 일을 완벽하게 해낼 수 있는 오소리를 찾는 것이다. 오소리는 큰 갈고리발톱으로 나무에 기어올라갈 수 있고, 벌을 꼼짝 못하게 만드는 분비액을 가지고 있으며, 더욱이 꿀을 아주 좋아한다. 친구를 찾으러 나간 꿀안내새는 꼬리를 부채처럼 펴고 깃털을 둥글게 곤두세워서 노란 어깨띠를 드러내며 찌르르 하고 우는 소리를 반복하며 날아다닌다. 일단 오소리의 관심을 끈 꿀안내새는 오소리가 따라오기를 기다리며 규칙적인 간격으로 나무에 내려앉아 지속적으로 '찌르-찌르-찌르-찌르' 소리를 내며 미리 알아둔 벌집으로 길을 안내한다. 벌집에 도착한 오소리는 벌집까지 기어올라가서 발톱으로 벌집을 잡아 찢는다. 오소리의 두툼한 발은 아무리 벌의 공격을 받아도 끄떡없다. 거기다가 오소리는 항문 샘에서 유독한 분비액을 발산해서 벌들을 쫓아내고 빨리 도망치지 못한 벌들을 움직이지 못하게 한다. 그런 다음 육식 오소리와 꿀안내새는 전리품으로 식사를 시작한다. 꿀안내새가 벌의 유충과 밀랍을 즐기는 동안 오소리는 벌집을 우적우적 먹어치운다.

꿀안내새는 오소리를 찾지 못하면 차선책으로 사람을 찾는다. 연구자들은 케냐 북부 보란 사람들과 꿀안내새의 관계를 연구했다. 꿀은 보란 사람들에게 중요한 식품이고 벌집을 찾기 위해서 꿀안내새는 큰 환영을 받는다. 꿀안내새의 도움을 받은 사람이 벌집을 찾는 데는 평균 3시간 10분 정도 걸리지만 도움을 받지 않은 사람은 8시간 55분이 걸렸다. 꿀안내새와 사람 사이에 특수한 관계가 구축되었고, 둘은 서로 신호를 교환해서 협력하게 되었다. 보란 사람들은 두 손을 꽉 마주 쥐고 공기를 불어넣거나 뱀껍질 혹은 이집트 종려 열매 같은 것으로 날카로

옆면 왼쪽 위부터 시계 방향으로 | 꿀안내새는 단단한 벌집을 깨뜨리기 위해 오소리나 사람의 도움이 필요하다.

오소리는 꿀안내새와 협력해서 일한다. 새가 벌집의 위치를 알아내면 오소리는 벌집에 접근하는 데 아무런 문제가 없다.

오소리는 커다란 갈고리발톱과 튼튼한 턱으로 벌집을 잡아 찢는다.

운 휘파람소리를 낸다. 이 소리는 아카시아 숲속으로 1킬로미터 이상 퍼져나가 함께 벌집을 찾으러 가자고 새들을 부른다.

꿀안내새가 벌집을 발견하면 꿀을 모으는 사람에게 날아와서 쉴새없이 이 나무 저 나무로 옮겨다니며 '찌르르 찌르르…… 찌르르' 하는 두 박자의 음을 낸다. 그리고 나무 꼭대기로 날아가서 하얀 꼬리 깃털을 내보이고 몇 분 동안 사라졌다가 다시 돌아와서 눈에 띄는 나무에 앉는다. 보란 사람들이 가까이 가면 다시 약 50미터 날아가서 다시 신호를 보내는 식으로 해서 마침내 벌집까지 도착한다.

보란 사람들은 꿀안내새의 날아오르는 패턴과 내려앉는 횃대의 높이와 신호소리로 벌집의 방향뿐 아니라 거리까지도 알 수 있다고 주장한다. 새가 처음에 사라지는 거리가 길수록 장소가 멀리 있는 것으로 생각되고, 새가 내려앉는 나무 사이의 거리가 넓고 앉는 곳이 높으면 벌집이 어느 정도 멀리 있다는 것이다. 이들은 인간과 야생동물이 이해하고 협동하는 특별한 예이다.

종의 장벽을 넘어 의사소통을 할 수 있다는 것은 엄청난 이익을 가져올 수 있다. 양식을 얻기 위해 다른 동물로 하여금 우리를 돕게 만들 수 있을 뿐 아니라 동물을 설득해서 우리를 돌보게 할 수도 있다. 우리는 자신의 이익을 위해 어떤 동물을 길들였다고 생각하는 경향이 있지만 동물이 우리를 받아들였다는 새로운 이론도 있다. 먹이와 피난처를 찾던 늑대가 스스로 길들여졌다는 주장을 근거로 하고 있다. 누가 먼저 접근했든 그것은 사람과 동물이 이렇게 가깝고 상호 유익한 관계로 발전할 수 있는 서로의 신호를 읽을 수 있었기 때문이다.

포식자가 의심받지 않고 먹이에게 가까이 가려면 위장이 필요하지만, 목표에 몰래 다가가는 또 다른 방법은 행동을 바꾸는 것이다.

진실을 말하는 이유

동물들은 서로 다른 종을 앞지르려고 노력하면서 많은 시간을 보낸다. 이것은 특히 포식자와 그들의 먹이에 해당되는데, 쫓고 쫓기는 게임에서 속임수는 질서를 깨뜨리는 것이 아니다. 먹이를 찾아 몰래 배회하는 포식자들은 먹이를 잡기 위해 교활한 속임수를 많이 쓰는데 가장 좋은 방법은 위장하는 것이다. 많은 포식자들이 완벽하게 위장한다. 뱀은 자주 잔디나 나뭇잎 쌓인 곳에 기가 막히게 어울리는 아름다운 무늬를 만든다. 어떤 물고기는 바위인 척하고, 변장의 대가인 카멜레온은 주변과 어울리기 위해 끊임없이 겉모양을 바꾼다. 포식자가 변장을 하면 의심받지 않고도 먹이에 다가갈 수 있지만, 목표에 몰래 다가가는 또 다른 방법은 행동을 바꾸는 것이다.

쇠황조롱이는 해를 끼치지 않는 딱따구리나 비둘기가 물결치며 나는 모양을 흉내냄으로써 주변과 어울리려고 노력한다. 작은 포유동물, 도마뱀, 개구리는 물론 풍금새류, 참새, 그리고 홍관조를 포함하는 그들의 먹이는 머리 위에서 '비둘기' 가 날아다니는 것을 보고 속아서 안전하다고 느끼지만 마지막 순간에 쇠황조롱이는 갑자기 가면을 벗고 치솟아 올랐다가 희생자를 향해 곤두박질치며 급강하한다. 이와 비슷하게 존테일드 호크(zone-tailed hawk)는 먹이에 다가가기 위해 칠면조콘도르 흉내를 낸다. 칠면조콘도르는 살아 있는 먹이가 아니라 썩은 고기만 먹기 때문에 육지 동물들은 칠면조콘도르를 위험한 존재로 여기지 않고 평소처럼 행동한다. 이 새는 칠면조콘도르의 나는 법을 흉내내고 날개 밑에 반점도 가지고 있지만 한 걸음 더 나가서 칠면조콘도르를 엄호물로 이용한다. 그들이 나선형으로 돌고 있는 바로 위에서 높이 돌기 때문에 들키지 않고 유리하게 목표물에 접근할 수 있다.

다른 포식자들은 더욱 적극적으로 덫을 놓는다. 동물을 죽음으로 유인하는 놀라운 방법 중 하나는 파나마의 포레스트팰콘(slaty-backed forest falcon)이 쓰는 수법이다. 포레스트팰콘은 무성한 잎 속에 숨어서 복화술(다른 목소리를 내어 마치 다른 사람이 말하는 것처럼 느끼게 하는 기술. 인형극 등에 쓰임)로 호기심 많은 새들을 유혹하는 맑은 휘파람소리를 낸다. 호기심 많고 대담한 새가 그것이 뭔가 보려고 접근하면 숨었던 곳에서 날쌔게 모습을 드러내서 사냥감을 낚아챈다. 아마 열대숲의 위험을 잘 모르는 북아메리카의 순진한 철새들이 거기 걸려들 것이다.

다른 동물의 신호를 흉내내는 것은 그들을 유혹하는 좋은 방법이다. 신호 가운데 성적으로 짝짓기할 준비가 된 암컷의 신호보다 더 매혹적인 신호는 없다. 보우러스거미(the bolus spider)는 암컷 나방을 흉내내어 불운한 수컷 나방을 자신의 턱 안으로 꾀어들인다. 이 거미 암컷은 야행성인 두 나방, 뻣뻣한 거세미(cutworm)와 테타놀리타(tetanolita) 암컷의 섹스 호르몬과 아주 흡사한 특수 화학물질의 냄새를 풍긴다. 취하게 만드는 암컷의 향기에 이끌린 수컷들이 실수를 깨달을 때는 이미

보우러스거미는 나방 암컷의
페로몬을 닮은 냄새를 풍겨서
안심하고 그 냄새에 취해
이끌려온 나방 수컷을
비참한 운명으로 유인한다.

옆면 | 자연 풍경의 일부처럼
낮에 잠자는 포투는 변장의
대가이다.

너무 늦었다. 그들이 바랐던 암컷 나방이 아니라 잡아먹기 전에 끈끈한
실크 덩어리로 갑자기 공격하는 탐욕스러운 거미 암컷과 대결하게 될
것이기 때문이다.

포식자들이라고 모든 것을 자기 마음대로 할 수 있는 것은 아니다.
그 반대로 가끔 먹이가 되는 희생자가 오히려 포식자를 놀라게 할 수도
있다. 많은 나방의 날개에 있는 둥근 표시들은 거대한 눈을 가진 괴물
처럼 보이게 하고 포식자들이 공격하는 일을 다시 생각하게 만들 수 있
다. 같은 식으로 바닷속의 나비고기의 가짜 눈은 진짜 눈보다 여섯 배
나 더 커서 공격자에게 훨씬 더 큰 동물과 대결하는 것으로 여기게끔
속인다. 만약 포식자가 공격하기로 결정하면 가짜 눈은 몸의 덜 중요한
것을 공격하도록 유도할 수도 있다.

스스로 관심을 끄는 편이 아닌 동물들은 또다른 속임수를 이용해서
그 자리에 없는 척한다. 포투(great potoo)는 파나마에서 브라질에 이
르기까지 숲에서 볼 수 있는 일종의 쏙독새이다. 야행성인 쏙독새는 낮
에 쉬어야 하지만 밝은 대낮에 잠자는 새는 공격을 받기 쉽다. 그래서

텍사스뿔도마뱀은 먹이를 기다리며
누워 있는 동안 주위 환경과
조화를 이룬다.

옆면 | 텍사스뿔도마뱀에 접근하는
포식자는 모두 도마뱀의 눈에서
솟구쳐 나오는 피 때문에 크게
당황한다.

포투는 나뭇가지와 똑같이 보이는 방법을 택했다. 회색 나무 조각처럼
변장한 새는 나무 줄기에 몸을 납작하게 붙이고 눈을 감아서 새가 거기
있는 것 같지 않게 만든다. 이렇게 위장하고도 아마존의 숲에서는 완전
하다고 느끼지 않았는지 눈꺼풀 위의 갈고리처럼 생긴 돌기의 작은 구
멍으로 주위를 계속 살펴본다.

　최선의 방어전략으로 단순히 겉모습에만 의지하는 것이 아니라, 행
동을 택하는 것들도 있다. 최고의 연기상은 텍사스뿔도마뱀(texas
horned lizard)에게 돌아가야 한다. 이 도마뱀은 개미와 야외에서 찾을
수 있는 작은 무척추동물을 잡아먹는데, 조용히 먹이를 기다리다가 재
빠르게 기습 공격한다. 이런 먹이 생태는 도마뱀이 오랫동안 기다려야
한다는 것과, 땅 위를 질주하는 뻐꾸기류, 코요테, 매, 뱀, 그리고 집에
서 기르는 개와 고양이는 물론 얼룩다람쥐를 포함하는 포식자 전체의
공격을 받기 쉽다는 것을 의미한다. 그러나 이 도마뱀에게 접근하는 포
식자는 모두 큰 충격을 받는다. 작고 멋진 회갈색 도마뱀이 위협을 받
으면 커다란 가시로 덮인 풍선처럼 변하기 때문이다. 더욱 경악하게 만

드는 것은 눈구멍 벽에서 피가 분출해서 1미터 이상 솟구치는 것이다. 이 괴상한 행동이 포식자들을 짜증나게 한다는 가설과, 포식자가 너무 놀라서 멈칫거리는 사이에 도마뱀이 거뜬히 도망칠 수 있는 시간을 번다는 가설이 있는데, 두번째가 꽤 그럴듯하게 보인다.

그처럼 놀라게 하는 일 없이도 동물들은 매우 자신만만한 행동으로 간단하게 다른 동물들을 속이고 당황하게 만들면서 자신과 또 사랑하는 대상을 지킨다. 땅에 알을 낳는 물떼새는 포식자들의 공격을 받기 쉽다. 그러나 이 물떼새는 방어에 아주 능한 부모들이다. 여우가 나타나면 물떼새는 여우를 속이기 위해 감동적인 연출능력을 나타낸다. 둥지에서 나간 물떼새는 꼬리를 이상한 모양으로 펼치거나 날개를 땅에 질질 끄는 자세로 부상당한 것처럼 보인다. 가끔 그 역할에 너무 열중한 나머지 날개를 맥없이 끌면서 털썩 주저앉기도 한다. 포식자들은 어떤 종류든 약한 것에 늘 재빠르다. 더구나 이렇게 손쉬운 식사는 아주 매력적이다. 여우는 자연스럽게 관심을 부모에게 돌리고 물떼새를 뒤쫓기 시작한다. 둥지로부터 상당한 거리까지 여우를 유인한 물떼새는 곧 날아올라 자신의 소중한 알에게로 돌아간다.

따뜻한 북아메리카의 모래 해변과 호숫가에 있는 피리물떼새의 둥지는 훤히 드러나 보이지만 동물이 접근해 오면 알을 품고 있는 새는 알 때문에 위축되지 않는다. 대신 당당하게 일어나서 천천히 걸어나간다. 그리고 둥지로부터 몇 미터 떨어지면 구슬프게 울음소리를 내기 시작한다. 그 가련한 소리 때문에 피리물떼새라는 이름을 가지고 있다. 종종 이 새는 포식자를 향해 눈에 띄는 행동을 하여 관심을 끈다. 그러한 행동 중 하나로 움츠리고 달리는 모습으로 땅바닥 가까이 몸을 굽히고 머리를 낮추고 마치 흑쥐와 같은 작은 설치류

물떼새가 소중한 알로부터
포식자를 유인하기 위해
날개가 부러진 척하는
계략을 쓰고 있다.

가 달리는 것처럼 보이게 만든다. 가끔은 쥐라는 인상을 강조하기 위해
찍찍하는 소리를 내기도 한다. 물떼새의 알과 새끼를 노리던 대부분의
포식자는 쥐를 먹는 것도 똑같이 좋아해서 원래의 목표를 쉽게 바꾼다.

과거에는 과학자들이 새가 새끼로부터 포식자를 유인하기 위해 의도
적으로 속임수를 쓴다는 것에 회의적이었다. 대신 물떼새의 독특한 날
개 부러진 연기는 달리고 공격하고 그래서 혼돈 상태로 빠지는 것에 대
해 새가 내면적인 갈등을 느끼는 것이라고 설명되었다. 그러나 물떼새
의 '쉬운 목표'인 척하는 연기와 여우를 둥지에서 멀리 유인하는 것의
효과는 내면적인 갈등을 느끼는 것과는 다른 의미가 있음을 보여준다.
더욱이 앞의 이론은 피리물떼새가 흑쥐인 척하는 것을 설명하기 어렵
다. 그러나 새들이 자신의 행동을 의식하지 않는다는 개념을 지지하는
증거가 하나 있다. 새들은 가끔 포식자가 둥지를 덮쳐 새끼들을 죽인
후에도 그런 행동을 계속한다는 것이다.

다른 한편 새들은 자신이 하는 일을 완벽하게 의식한다는 많은 반증
이 있다. 물떼새는 적을 유인하는 동안 침입자가 어떤 반응을 보이는지

살피기 위해 자주 바라본다. 침입자가 유혹에 넘어가지 않으면 새는 보통 더 잘 보이는 장소로 가서 더욱 격렬한 동작을 하기 시작한다. 물떼새들은 침입자들에게 어느 정도의 동작을 해야 하는지, 어떤 종류의 행동이 적절한지에 관해서도 선별할 수 있다. 떠들썩한 해변에서 낯익은 사람들이 접근하면 물떼새들은 연기된 행동을 하느라고 애쓰지 않는다. 가축이나 굽이 있는 동물들이 둥지에 접근하면 알이나 새끼가 잡아먹히는 것이 아니라 밟혀 죽을 위험이 있다. 그때는 부상당한 척하기보다 자신이 거기 있다는 것을 보이기 위해 눈에 잘 띄게 일어나서 날개를 펼친다. 극단적인 경우에는 접근하는 소에게 직접 날아가서 방향을 바꾸게 한다.

행동의 패턴은 신체적인 속성보다 더 빠르게 진화할 수 있고 그래서 더 유연하게 남아 있다. 물질적인 환경과 함께 동물이 같은 종의 구성원들과는 물론 다른 종들과 갖는 관계도 끊임없이 변하고 있다. 빨리 적응할 수 있는 동물, 이를테면 속이거나 속임수를 피하기 위해 행동을 바꾸는 동물이 역경에 더 잘 대처할 수 있다. 여우가 물떼새의 날개 부러진 연기에 늘 속기만 하면 여우는 굶어죽을 것이다. 어떤 곳에서는 여우들이 부상당한 척하는 물떼새의 속임수를 파악했다는 증거가 있다. 뇌조는 붉은여우가 둥지에 접근할 때 물떼새와 매우 비슷한 행동을 하지만, 테네시 대학교의 게이어 소너루드는 노르웨이 북쪽 지방에서는 여우가 속임수에 말려들지 않았을 뿐 아니라 그런 식의 속임수는 근처에 새끼들이 있다는 확실한 표시라는 것을 알고 적극적으로 근처를 샅샅이 뒤졌다고 설명한다.

여우가 일단 낌새를 알아챘다면 새들은 새끼를 보호하기 위해 새로운 대책을 마련해야만 한다. 진화하는 동안 상대적인 뇌의 크기로 판단하면 동물들은 일반적으로 점점 영리해졌다. 아마 속을 때마다 값을 톡톡히 치렀고, 속는 것을 피하기 위해 적절한 선택을 했기 때문일 것이다. 속임수와 역속임수의 이원적인 힘은 지적인 경쟁을 고조시킨다. 많은 과학자들은 그것을 동물의 지능이 진화하는 중요한 추진력이라고 믿는다. 만약 값진 경험으로부터 어떤 상황의 개별적인 반응을 예견할 수 있고 따라서 그것을 조정하기 위해 신호를 바꿀 수 있다면 지적인

뒷면 | 알락해오라기는 다른 새들에게 겁을 줘서 먹이를 빼앗으려고 눈이 붉은 괴물의 모습으로 변한다.

경쟁은 속도가 붙을 것이다.

다른 동물보다 한발 앞서는 것은 포식자와 먹이 사이에 국한된 것이 아니라 그밖의 온갖 상황에서 유리한 입장이 될 수 있다. 자신을 둘러싼 환경을 이용하는 것도 한 가지 방법이다. 포식자와 먹이가 생존을 위해 피나게 싸우는 동안 공짜 점심을 기대하며 싸우지 않는 방관자들이 있다. 알락해오라기가 하는 일은 먹이를 잡거나 잡아먹히는 것을 피하는 것이 아니라 다른 동물들의 먹이를 훔치는 것이다. 놀고 먹는 사기꾼으로서 생계를 해결하려면 모든 동물의 업무를 알아차리는 것이 중요하다.

동물의 신호는
정직하다.
만약 속여서 신호하면
결과적으로 무시당하기
때문이다.

알락해오라기는 베네주엘라 남부의 강변을 따라 무성하게 자라는 갈대밭에 앉아 세상 돌아가는 것을 지켜본다. 그리고 매가 도마뱀을 엿보다가 급습해서 잡으면 덤불에서 튀어나와 무시무시한 붉은 눈을 가진 괴물로 변한다. 알락해오라기는 몸을 낮게 웅크리고 날개를 활짝 펴서 거대한 눈모양의 반점을 드러낸다. 매는 유령처럼 갑자기 나타난 해오라기에 깜짝 놀라서 도마뱀을 떨어뜨리고 날아간다. 그러면 해오라기는 다시 본래 모습으로 돌아와서 도마뱀을 마음대로 요리한다.

또 다른 새는 경쟁을 없애기 위해 교활한 계략을 사용한다. 박새는 종종 먹이를 독점하는 참새떼를 쫓아버리기 위해 거짓 비상신호를 울린다. 그러나 식량이 부족하면 다른 새들은 박새의 거짓말에 속지 않게 영리해져야 하고, 박새는 다시 새로운 전략을 세워야 한다.

박새는 먹이가 부족한 겨울 동안이나 지방을 보충하기 위해 열심히 먹을 때(이른 아침과 잠자리로 가기 전 저녁때) 다른 박새들을 먹음직한 먹이로부터 쫓아 버리기 위해 거짓 비상신호를 보낸다. 계급이 높은 박새들은 먹이가 많은 곳에서 다른 힘센 박새가 먹고 있을 때만 속이는 비상신호를 사용한다. 힘이 없는 박새에게는 단순히 위협하는 행동으로 쫓아 버린다. 이것은 박새가 거짓 비상신호를 아주 잘 이용한다는 것과, 너무 자주 사용하면 다른 새들이 알아듣고 신호를 무시할 수도 있음을 의미한다.

속임수

경쟁적인 세상에서 남보다 한 걸음 앞설 수 있는 것은 확실히 성공할
수 있는 최선의 방법이다. 가장 심한 경쟁은 보통 같은 욕망을 가지고
있는 같은 종의 구성원들 사이에 일어난다. 일반적으로 동물의 신호는
정직하다. 만약 자주 속인 것이 들통나면 늑대가 나타났다고 동네 사람
들을 속인 양치기 소년처럼 결과적으로 다른 동물들로부터 무시당하
기 때문이다. 게다가 전투력에 관련된 것이라면 많은 경우 실제로 힘이
있어야 하기 때문에 허세를 부리기 어렵다. 예를 들어 붉은사슴 수컷
중에 작고 약한 수사슴은 굵고 낮은 주파수와 높은 포효소리를 능숙하
게 낼 수 없다(2장, p.58). 그러나 만약 동료를 속일 수 있다면 이득을
얻을 수도 있다.

나는 어느날 탄자니아의 곰베 국립공원의 숲에서 한 무리의 수컷 침
팬지를 따라가고 있었다. 침팬지들은 암컷 중 하나인 그렘린이 발정했
기 때문에 특히 흥분해서 떠들썩하게 소리치고 움직이며 앞뒤로 신호
를 보냈다. 두목인 윌키가 다른 수컷들의 관심으로부터 그렘린을 보호
하면서 가까이 있었지만 그렘린과 짝짓기하려고 기회를 엿보는 침팬
지들이 그 커플에 귀찮게 달라붙어 있었다. 일행은 계곡을 올라가는 동
안 잠시 멈췄고 긴장이 고조되었다. 수컷들의 '침팬지 정치학' (역자 주 :
프랑스 드 발의 저서로 인간 세계의 권력의 장에서 발생하는 현상이 미숙하지만
침팬지의 사회생활에서도 볼 수 있다는 내용으로, 세 마리 수컷 침팬지 사이의 사
랑 증오 관계를 다룬 부분이 가장 인상적)이 가장 적나라하게 제 모습을 드
러내는 시간이었다.

윌키는 그렘린을 지키기 위해 자기 일을 중단하고 계급의 질서를 유
지하기 위해 좌충우돌하면서 그들을 쫓았다. 결국 몇 마리 수컷들이 숲
속으로 흩어지고 윌키와 그렘린은 비탈길을 내려갔다.

동료 연구원인 빌 윌라우어와 나는 윌키를 쫓아갔지만 잠시 후, 경사
면 위에서 베토벤이라는 수컷이 침팬지가 공격을 받을 때 반항하면서
내는 극적인 신호 '와아 바아크스' 를 크게 반복해서 외치는 소리가 들
려왔다. 윌키는 조금도 주저하지 않고 휙 돌아서더니 문제를 해결하기
위해 언덕 위로 돌아갔다. 그때 놀랍게도 베토벤이 덤불에서 침착하게
걸어나왔다. 윌키가 보지 않는 데서 그는 위협하듯이 그렘린이 앉은 나

붉은가슴울새는 새벽에 활기차게
노래한다.

뭇가지를 흔들었다. 그리고 그렘린을 데리고 허둥지둥 언덕을 내려가
서 사라졌다. 빌과 나는 어느 정도 거리를 두고 서둘러 뒤쫓아가서 그
들을 찾아냈다. 두목인 월키가 둘을 부르는 신호소리가 숲속 어디나 울
려퍼졌지만 베토벤과 그렘린은 꿋꿋하게 침묵을 지켰다. 물론 우리는
베토벤이 의도적으로 속였는지 어쩌면 진짜 공격을 받았는지 확인할
길이 없다. 만약 실제 공격을 받았다 해도 별일 아니었을 것이다. 행운
이든 간계에 의한 것이든 성공할 가망성이 없는 상황에서 베토벤은 결
국 그렘린을 자신의 것으로 만들었다.

　침팬지와 같은 대단히 사회적인 종들의 구성원들 간에는 집단의 이

244

익을 추구하는 편과 자신의 이익을 찾는 편 사이에 미묘한 균형이 있다. 또 다른 경우에 나는 한 떼의 침팬지가 순찰하러 나가는 것을 따라간 적이 있었다. 그들은 이웃에 사는 침팬지들이 침입하는 것을 막기 위해 영역의 남쪽 경계선을 순찰하러 가는 길이었다. 이런 임무는 위험할 수 있고, 따라서 수컷이 많을수록 좋다. 침팬지들은 가는 도중에 과일이 많이 달린 나무를 보고 멈춰서 과일을 따먹었는데 거기서 산등성이 하나만 넘으면 경계선이었다. 30분쯤 후, 두목과 고블린이라고 불리는 늙고 경험이 많은 수컷을 포함하여 몇 마리가 원정을 계속하기 위해 나무에서 내려왔다. 그들은 나무 밑에서 기다렸지만 다른 침팬지들이 합류할 기미를 보이지 않자 나를 동료로 삼고 경계선을 향해 다시 출발했다. 일행이 산등성이 위에 가까이 갔을 때 수컷들은 마치 다른 침팬지들이 따라오기를 기다리는 것처럼 우리가 온 길을 자꾸 뒤돌아보았다. 5분쯤 지난 후 고블린은 음식이 있다는 '헐떡거리며 우우하기' 를 크게 외치기 시작했다. 즉시 다른 침팬지들이 고블린의 외침에 따라 음식소리에 흥분해서 꿍꿍거리는 소리가 뒤범벅이 되도록 외쳤다. 나는 당황했다. 근처 어디에도 좋은 먹이는 보이지 않았다. 몇 분 내에 낙오자들이 나타났고 더 이상의 어려움 없이 고블린과 다른 침팬지들은 빠른 속도로 일행을 산등성이 너머 아래쪽 경계선으로 인도했다.

동물들의 신호가 꼭 어떤 다른 것을 의미한다고 보장할 수 없기 때문에 종들 내에 속임수의 증거가 있다고 확신하기는 어렵다. 나는 이전까지는 침팬지가 음식물에 접근하는 상황이 아닌 경우에 그렇게 신호하는 것을 들어본 적이 없지만 그때 그들의 외침이 '음식이다!' 라는 의미 대신 '여기를 넘어가자' 라는 의미가 아니었다고 어떻게 장담할 수 있겠는가? 그럼에도 불구하고 이 경우에 침팬지들이 보여준 행동은 독특했다. 앞에서 이야기한 물떼새의 날개 부러진 듯한 행동과 다른 속임수의 예들은 늘 일어나는 일이고 광범위한 행동 패턴으로 사용된다. 그러나 침팬지들의 속임수의 경우는 분명 자연발생적이었고, 침팬지가 충동적으로 다른 침팬지의 마음을 읽는 능력이 있음을 암시한다.

인간의 언어는 지금까지 우리가 아는 가장 정교한 의사소통 시스템이고 오랫동안 받아들인 지혜는 우리가 효율적으로 협력하기 위해 정보를 전할 수 있도록 발달했다. 그러나 우리가 본 것처럼 집단의 이익

신호의 의미가
일단 확립되면
거짓말을 함으로써
동료들을 속일 수
있으므로, 정보를
좀더 조심스럽게 평가하는
것이 필요하다.

이 항상 개인의 이익과 일치하는 것은 아니다. 더 최근에는 '권모술수를 부리는 지능' 이나 다른 사람에 대한 조종이 언어를 복잡하고 변덕스러운 상태로 몰아가는 또 다른 힘으로 제시되고 있다. 신호의 의미가 일단 확립되면 거짓말로 동료들을 속일 수 있게 되므로 다른 사람들은 정보를 좀더 조심스럽게 평가하는 것이 필요하다. 그럼으로써 사용된 신호의 종류와 신호가 사용된 배경, 그리고 사용된 신호를 어떻게 해석하고 반응하는지에 대한 적응성을 갖게 된다.

그러나 인간이든 동물이든 의사소통은 옳고 그른 정보를 전달하는 데 그치지 않는다. 동물과 인간 모두 정보를 이해하는 데 필요한 것보다 훨씬 많은 시간과 에너지를 의사소통에 쏟아 붓는다. 새벽에 노래하는 붉은가슴울새는 마음과 영혼을 노래에 쏟아 부어 수없이 노래를 되풀이하는 것으로 보인다. 침팬지는 우리들의 사교적인 잡담에 해당하는 몸단장에 시간을 늘여가며 몰두한다. 우리 젊은이들처럼 젊은 동물들은 부모로부터 바람직한 대답을 얻기 위해 같은 소리와 제스처를 열정적으로 되풀이한다. 상대에게 깊은 인상을 주고, 유대관계를 공고히

하고, 설득하는 것이 중요한 목적일 때 이 가외의 투자는 꼭 필요한 것이다. 의사소통은 모든 동물이 자신의 종 내에서 서로 협력하고 자신과 주위의 세계를 연결하기 위해 중요한 것이다. 특히 사회성이 강한 우리 인간은 연결하려는 충동이 너무 강해서 종의 장벽을 넘어서 동물들에게 말을 걸고, 그들의 숨은 신호를 연구하고, 심지어 우리 언어를 그들에게 가르치려고 한다. 어쩌면 이것이 동물들의 언어를 이해하고 그들과 이야기를 나누었던 솔로몬 왕의 반지의 전설을 생각나게 만드는 이유일지도 모른다.

감사의 말

먼저 텔레비전 시리즈 〈동물과의 대화〉를 함께 만든 BBC의 훌륭한 자연사 다큐멘터리 팀에게 감사드린다. 시리즈를 멋진 모험으로 만들었을 뿐 아니라 좋아하는 주제에 관한 책을 쓸 수 있는 기회를 내게 주었다. 특히 시리즈 프로듀서 버나드 왈톤, 두 편의 프로그램을 제작한 리찌 비윅과 스코트 알렉산더, 그리고 유익한 제안과 지원을 아끼지 않은 사라 포드와 케이스 스콜리에게 감사드린다. 프로젝트가 성공하기까지 많은 분들의 도움이 필수적이었으며 그분들과 함께 일하는 것은 큰 즐거움이었다. 브리짓 애플비, 제임스 브리켈, 캐롤린 매리어트, 게이너스 캐터구드, 졸리 브래드필드, 샐리 마크, 그리고 내가 좋아하는 다이빙 동료 다이앤 태너에게 따뜻한 감사의 말을 전하고 싶다. 그 동안 나는 카메라맨 로드 클라크, 마크 예이츠, 피터 스쿤즈, 리처드 컬비, 앤드류 페니케트, 닉 해이워드, 로저 롱, 데이비드 래스무센과 녹음기사 케빈 메레디스, 팀 앨런, 크리스 테일러, 그리고 데이비드 파킨슨과, 테크니컬 오퍼레이터 앤디 밀크를 포함해서 매우 유능한 촬영기사들과 함께 일하는 행운을 누렸으며 책을 이처럼 재미있게 만든 그들에게 감사드린다. 또 야외촬영에서 갑오징어와 돌고래를 멋지게 찍어준 조지트 도우마에게 감사드린다. 소리의 본질을 꿰뚫어보는 대단히 유용한 통찰력과, 동물의 의사소통을 토론하는 열정과, 특히 뛰어난 유머감각을 가진 녹음 기사 크리스 왓슨에게 큰 고마움을 전하고 싶다.

프로젝트는 각 분야 연구원들의 헌신적인 지원에 의지했다. 우리는 촬영하는 동안 그들의 전문적인 의견과 기술의 도움을 받았다. 특히 많은 도움을 준 조이스 풀, 스티브 인슬레이, 닐 크리코리언, 사라 콘디트 험펠드, 안드레이 코클과 메타 바이런트 도버렛, 맥스 이건, 게일 패트리첼리, 스티브 앨름, 토니 브램레이, 션과 잰 엘리스, 조지 우츠, 마르크 댄츠커, 존 바리모, 코리 밀러, 로버트 플랫, 조첸 제일, 캐롤 커티스, 니콜라이 히리스토브, 펭 리, 로버트 힉클링, 크리스 보란드, 자비어 머카도와 콘 슬로보드치코프에게 감사드린다.

동물의 의사소통에 관한 주제는 그 범위가 광대하고 새로운 사실들이 놀라운 속도로 발견되고 있는데 많은 과학자들이 친절하게도 내 원고에 관심을 보이고 의견을 제시해준 것에 진심으로 감사드린다. 특히 전기 물고기에 관해 유용한 내용을 제안해준 플로리다 대학교의 필립 스토다드, 노린재에 관해 안드레이 코클, 미드쉽맨에 관해서는 코넬 대학교의 앤드류 배스, 암보셀리 코끼리 프로젝트의 조이스 풀, 코끼리에 대해서는 스탠포드 대학교의 케이틀린 오코넬 로드웰에게 깊은 감사를 드린다. 새벽의 합창에 대해 브리스톨 대학교의 이네스 커트힐과 로버트 토마스, 새의 노래에 관해서는 런던 대학교의 클리브 캣치폴, 피그미 마모셋에 대해 위스콘신 매디슨 대학교의 마리 엘로우슨과 찰스 스노우던, 긴꼬리마나킨에 대해 와이오밍 대학교의 데이비드 맥도날드, 초당새에 대해 메릴랜드 대학교의 게일 패트리첼리, 산청개구리에 대해 미주리 콜럼비아 대학교의 사라 콘디트 험펠드, 오스트라코드에 대해 코넬 대학교의 짐 모린, 청소물고기에 대해 퀸스랜드 대학교의 저스틴 마샬, 혹등고래의 노래에 대해 시드니 대학교의 마이클 노애드, 사막이구아나에 대해 샌디에이고 소재 캘리포니아 대학교의 앨리슨 앨버트와 샌디에이고 주립대학교의 네일 크리코리안, 그리고 메뚜기에 대해서는 옥스퍼드 대학교의 스티븐 심슨에게 감사드린다.

　이 책을 펼쳐든 사람은 모두 우선 아름다운 사진들에 깊은 인상을 받을 것이다. 이것은 사진의 출전을 밝히고 동물들의 보기 드문 행동이나 잘 알려지지 않은 동물의 삽화를 넣은 호더 & 스타우턴의 줄리엣 브라이트모어가 수고한 덕분이다. 나는 젤리 텔리의 얀 고룬크시의 작업에 감격한다. 그의 재미있는 그래픽은 우리가 지각할 수 없는 동물의 감각을 마음에 그릴 수 있게 했다. 그리고 새의 소노그램을 제공해준 영국 국립음향기록소의 야생생물국 큐레이터 리처드 랜프트, 뛰어난 그래프 작업에 대해 제레미 애슈크로프트에게 감사를 드린다. 호더 & 스타우트의 디자이너들과, 그들의 디자인을 이렇게 재미있고 독특한 책으로 만든 재니트 레빌과 앨러스데어 올리버에게 진심으로 감사드린다. 끝으로 마지막 순간에 합류하여 저서 목록을 타이프로 쳐준 헬렌 버크벡에게 고마움을 전한다.

　우리 가족 모두와 친구들의 인내와 이해와 격려가 큰 도움이 됐으며 여기서 개인적으로 이름을 모두 부를 수 없지만 진심으로 그들 모두에게 감사의 말을 전하고 싶다. 그동안 내내 지원해 주시고 원고에 대해 소중한 의견을 주신 부모님께 특히 감사를 드린다. 생활이 무질서해진 것처럼 보일 때 자주 와서 구해준 마이크 스콧에게, 사랑하는 친구 시빌라 우드에게 고마움을 전한다. 또 다른 친구 콜리종 개 젬은 내가 규칙적으로 산보할 수 있도록 해주었고, 책의 내용에 대해 도움을 주는 토론은 할 수 없었지만 개의 의사소통의 중요한 측면들을 보여줄 준비가 항상 되어 있었다.

나의 대리인으로서 상담과 우정을 나누어 주고, 이 책이 나오도록 도움을 준 쉐일라 에이블맨에게 깊은 감사를 전하고 싶다. 이 책을 성공적으로 만들기 위해 모든 요소를 종합한 사람은 호더 & 스타우트 사의 루퍼트 랜캐스터이다. 그의 전폭적인 지원과 침착함과 훌륭하게 일을 처리해준 것에 따뜻한 감사의 말을 전한다. 원고를 편집하면서 여러 제안과 도움으로 책의 가치를 높여준 캐롤린 타가트에게 진정한 감사를 드린다. 마지막으로 캐롤린 매리어트에게도 진심으로 감사 드린다. 그녀의 도움이 없었다면 나는 책을 내지 못했을 것이다. 모든 일에 열정적이고, 능률적인 도움을 주고, 사실과 인물을 체크하고, 아이디어에 대한 반응을 알아보고, 내가 제대로 하고 있다는 확신을 준 그녀에게 큰 은혜를 입었다.

찾아보기

Acker, S.H., & Slobodchikoff, C N. Communication of stimulus size and shape in alarm calls of Gunnison's prairie dogs. Ethology (1999), Vol. 105, pp.149-162

Adamo, S.A., & Hanlon, R T. Do cuttlefish (Cephalopoda) signal their intentions to conspecifics during agonistic encounters? Animal Behaviour (1996), Vol. 52, pp. 73-81

Agosta, W.C. Chemical Communication: the language of pheromones, Scientific American Library, New York, 1992

Andrew, R.J. The origin and evolution of the calls and facial expressions of the primates. Behaviour (1962), Vol. 20, pp. 1-93

Aubin, T. & Jouventin, P. Cocktail-party effect in king penguin colonies. Proceedings of the Royal Society, London B, 265 (1998), pp. 1665-1673

Barth, F.G. et al. Spiders of the genus Cupiennius Simon 1891 (Aranaea, Ctenidae), Oecologia 77 (1988), 194-201

Benton, T.G. Courtship behaviour of the scorpion, Euscorpius flavicaudis. Bulletin of the British Arachnological Society, 9: 5 (1993), 137-141

Baurecht, D. & Barth, F. Vibratory communication in spiders. Journal of Comparative Physiology A 171 (1992), pp. 231-243

Birch, M.C. & Haynes, K.F., Insect Pheromones, Edward Arnold, London, 1982

Boland, C.R.J., Heinsohn, R., and Cockburn, A. Deception by helpers in cooperatively breeding whithe-winged choughs and its experimental manipulation, Behavioural Ecology & Sociobiology (1997), Vol. 41, no. 4, pp. 251-256

Boswall, J. The Language of Bird, Proceedings of the Royal Insitution (1983), Vol. 5, Science Reviews Ltd, pp. 249-303

Brown, C.H. Ventroloquial and locatable vocalizations in birds. Z. Tierpsychol 1982, Vol. 59, no. 4, pp. 338-350

Byrne, Richard, W. & Whiten, Andrew. Computation and Mindreading in Primate Tactical Deception. Natural Theories of Mind. Evolution, Development & Simulation of Everday Mindreading (Whiten, Andrew ed.), Basil Blackwell, Oxford, 1991

Capra, Fritjof. Knowing that We Know. The Web of Life, Harper Collins, London 1996, pp. 278-288

Carlson, A.D. et al. Flash communication between the sexes of the firefly, Photuris lucicrescens. Physiological Entomology (1982), Vol. 7, pp. 127-132

Cheney, D.L. & Seyfarth, R.M. How Monkeys See the World, University of Chicago Press, Chicago 1990.

Chomsky, N. Language and Mind, Harcourt, Brace, Jovanovich, New York, 1972.

Clark, A.B. Scent marks as social signals in Galago crassicaudatus. II

Discrimination between individuals by scent. Journal of Chemical Ecology (1982), Vol. 8, p. 8

Conner, W.E. Un Chant. D'Appel Amoureux: Acoustic communication in moths. Journal of Experimental Biology (1999), Vol. 202, pp. 1711-1723

Okl, A. et al. The structure and function of songs emitted by southern green stink bugs from Brazil, Florida, Italy and Slovenia. Physiological Entomology (2000), Vol. 25, pp. 196-205

Okl, A. et al. Temporal and spectral properties of the songs of the southern green stink bug Nezara viridula (L) from Slovenia. European Journal of Physiology 439 (2000), pp. 168-170

Converse, L.J. et al. Communication of ovulatory state to mates by female pygmy marmosets, Cebuella pygmaea. Animal Behaviour, 49 (1995), pp. 615-621

Cooper, K. An instance of delayed communication in solitary wasps. Nature, 178 (1956), pp. 601-602

Crook, J.H, On attributing consciousness to animals. Nature 303: 5912 (1983), pp. 11-14

Decker, Denise M. et al. Lipid components in anal scent sacs of three mongoose species, Helogale parvula, Crossarchus obscurus, Suricata suricatta. Journal of Chemical Ecology, 18: 9 (1992)

Eisenberg, J.F. & Kleiman, D.G. Olfactory communication in mammals. Annual Review of Ecology and Systematics, 3 (1972), pp. 1-31

Elowson, A. et al. Ontogeny of trill and J-call vocalizations in the pygmy marmoset, Cebuella pygmaea. Animal Behaviour, 43 (1992), pp. 703-715

Epple, G., Kuederling, I. and Belcher, A. Some communicatory functions of scent marking in the cotton-top tamarin (Saguinus oedipus oedipus). Journal of Chem Ecol 1988, Vol. 14, no. 2, pp. 503-516

Estes, R.D. The Behaviour Guide to African Mammals, University of California Press, Berkeley & Los Angeles, California, USA, 1991

Falls, J.B., et al. Song matching in the great tit (Parus major): the effect of similarity and familiarity. Animal Behaviour, 30 (1982), pp. 997-1009

Fine, M.L. et al. Communication in fishes. How Animals Communicate, Thomas A. Sebeok (ed.), Indiana University Press, Bloomington & London, 1977

Gemeno, C. et al. Aggressive chemical mimicry by the bolas spider Mastophora hutchinsoni: identification and quantification of a major prey's sex pheromone components in the spider's volatile emissions. Journal of Chemical Ecology, 26: 5 (2000)

Gittleman, John L. (ed.), Carnivore behaviour, ecology and evolution, Chapman & Hall, London, 1989

Gonzalez, Guillermo, et al. Immunocompetence and condition-dependent sexual advertisement in male house sparrows (Passer domesticus). Journal of Animal Ecology, 68 (1999), pp. 1225-1234

Goodall, Jane. The Chimpanzees of Gombe. Patterns of Behaviour, Belknap Press, Harvard, 1986.

Gorman, M. and Trowbridge, B. The Role of Odour in the Social Lives of Carnivores. Carnivore behavior, ecology, and evolution, John L. Gittleman (ed), Chapman and Hall, London, 1989

Gray, J.A.B., & Denton, E.J. Fast pressure pulses and communication between fish. Journal of the Marine Biological Association of the United Kingdom, 71 (1991), pp. 83-106

Gray, Patricia M. et al. The music of nature and the nature of music, Science, 291 (2001), 52-54

Griffin, Donald R. Animal Thinking, Harvard University Press, Cambridge, Mass., 1984

Hagen, Heinrich-Otto von. Visual and acoustic display in Uca mordax and Uca burgersi, sibling species of neotropical fiddler crabs. II. Vibration signals. Behaviour, 91: 1-3 (1984), pp. 204-227

Hall, K.C. and Hanlon, R.T., 2001. Principal features of the mating system of a large spawning aggregation of the giant Australian cuttlefish Sepiaapama (Mollusca: Cephalopoda). Marine Biology, 2002, Vol. 140 (3)

Hanlon, R.T. & Messenger, J.B. Cephalopod Behaviour. Cambridge University Press, Cambridge, 1996

Harrington, Fred H. & Mech, L. David. Wolf howling and its role in territory maintenance. Behaviour, LXVIII (1978), 207-221

Harrington, Fred H. & Mech, L. David. Wolf pack spacing: howling as a territory-independent spacing mechanism in a territorial population. Behavioral Ecology and Sociobiology, 12 (1983), pp. 161-168

Harrington, Fred H. Aggressive howling in wolves. Animal Behaviour, Vol. 35 (1987), pp. 7-12

Hauser, Marc D. How infant vervet monkeys learn to recognise starling alarm calls. Behaviour, Vol. 105 (1988a), pp. 187-201

Hauser, Marc D. Ontonogenic changes in the comprehension and production of vervet monkey (Cercopithecus aethiops) vocalisations. Journal of Comparative Psychology, (1989), Vol. 103, pp. 149-158

Hauser, Marc D. The Evolution of Communication, Massachusetts Insitute of Thchnology, Mass., (1993)

Hauser, Marc D. Right hemisphere dominance for the production of facial expression in monkeys. Science, 261 (1993), pp. 475-477

Haynes, Kenneth F. & Yeargan, Kenneth V. Exploitation of Intraspecific Communication Systems: Illicit Signalers and Receivers. Annals of the Entomological Society of America, 92: 6 (1999), pp. 960-970

Hebets, E.A. and Uetz, G.W. Leg ornamentation and the efficacy of courtship display in four species of wolf spider (Araneae: Lycosidae). Behavioral Ecology & Sociobiology, 2000, Vol. 47, no. 4, pp. 280-286

Hebets, E.A. and Uetz, G.W. Female responses to isolated signals from multimodal male courtship displays in the wolf spider genus Schizocosa (Araneae: Lycosidae). Animal Behaviour, 1999, Vol. 57, no. 4, pp. 865-872

Heinrich, B. & Marzluff, J.M. Do common ravens yell because they want to attract others? Behavioral Ecology and Sociobiology, 28 (1991), pp. 13-21

Herring, P.J. Species abundance, sexual encounter and bioluminescent signalling in the deep sea. Phil. Trans. Royal Society, London, B, 355, (2000), pp. 1273-1276

Hinde, R.A. & Rowell, T.E. Communication by postures and facial expressions in the Rhesus Monkey (Macaca mulatta). Proceedings of the Zoological Society of London, 138 (1962), pp. 1-21

Hölldobler, Bert & Wilson, E.O., Journey to the Ants: A Story of Scientific Exploration, Belknap Press, Harvard University Press, Cambridge, Mass., USA 1994

Hölldobler, Bert & Wilson, Edward G. Queen Control in Colonies of Weaver Ants, Hymenoptera: Formicidae. Annals of the Entomological Society of America, 76: 2 (1983)

Holmes, W. The colour changes and colour patterns of Sepia officinalis L. Proceedings of the Zoological Society of London, 1940. A 110, pp. 2-35

Hopkins, Carl D. Electric communication in fish. American Scientist, Vol. 62, (1974a), pp. 426-437

Hudson, Robyn, & Vodermayer, Thomas. Spontaneous and odour-induced chin marking in domestic female rabbits. Animal Behaviour, 43 (1992), pp. 329-336

Insley, Stephen J. Mother-offspring vocal recognition in northern fur seals is mutual but asymmetrical. Animal Behaviour, 60 (2000), 1-9 (Also in: Animal Behaviour, 61 (2001), pp. 129-137

Insley, Stephen J. Long-term vocal recognition in the northern fur seal. Nature, 406 (2000)

Insley, Stephen J. Mother-offspring separation and acoustic stereotypy: a comparison of call morphology in two species of pinnipeds. Behavior, 120: 1-2 (1992), pp. 103-122

Janik, V.M. Whistle matching in wild bottlenose dolphins (Tursiops truncatus). Science, 2000, Vol. 289, pp. 1355-1357

Jouventin, Pierre, et al, Finding a parent in a king penguin colony: the acoustic system of individual recognition. Animal Behaviour, 57 (1999), 1175-1183

Kappeler, P.M. Social status and scent marking in Lemur catta. Animal Behaviour, 40 (1990)

Kimball, Rebecca T. Female choice for Male Morphological Traits in House Sparrows, Passer domesticus. Ethology, 102 (1996), pp. 639-648

Kinyon, D. Badis Badis. Delta Tale (A bi-monthly publication of Potomac Valley Aquarium Society), 30 (2001), 2-3

Kloubec, Bohuslav & Apek, Jr, Miroslav. Diurnal, nocturnal, and seasonal patterns of singing activity in marsh warblers. Biologia, Bratislava, 55: 2 (2000), pp. 185-193

Krebs, John R. The significance of song repertoires: The Beau Geste Hypothesis. Animal Behaviour (1977), Vol. 25: 475-478

Krebs, John R. & Dawkins, Richard. Animal Signals: Information or Manipulation? Behavioural Ecology, Blackwell Scientific Publications, Oxford, (1978)

Krebs, John R. & Kroodsma, Donald E. Repertoires and geographical variation in bird song. Advances in the Study of Behavior, vol. 11, Academic Press, Inc., 1980

Krebs, John R. et al. Song matching in the great tit (Parus major). Animal Behaviour, Vol. 29 (1981), pp. 918-923

Kricher, John. Manakins. A Neotropical Comparison, Princeton University Press, 1997

Kruuk, Hans, et al. Scent-marking withe the subcaudal gland by the European badger, Meles meles L. Animal Behaviour, Vol. 32 (1984), pp. 899-907

Langbauer Jr, William R. et al. Responses of captive African elephants to playback of low-frequency calls. Canadian Journal of Zoology, Vol. 67 (1989), pp. 2604-2607

Lariviere, Serge & Messier, François. Aposematic behaviour in the striped skunk. Ethology, Vol. 102 (1996)

Lengagne, Thierry, et al. How do king penguins (Aptenodytes patagonicus) apply the mathematical theory of information to communicate in windy conditions. Proceedings of the Royal Society, London, B, Vol. 266 (1999), pp. 1623-1628

Lewis, Edwin & Narins, Peter. Do frogs communicate with seismic signals? Science, Vol. 227 (1985)

Losey, George S. et al. Cleaning symbiosis between the wrasse, Thalassoma duperry, and the green turtle, Chelonia mydas. Copeia, Vol. 3 (1994), pp. 684-690

Marler, Peter. Subsong and plastic song: Their role in the vcal learning process. Acoustic Communication in Birds (eds kroodsma, D. Miller, E. Ouellet, H.), Academic Press, New York (1982), pp. 25-50.

Marler, Peter & Evans, Christopher. Bird calls: just emotional displays or something more? IBIS, Vol. 138(1996), pp. 26-33

Marshall, N.J. Cronin T.W. and Osorio, D. Colour comunication and the bright colours of coral reef animals: who sees them and why? 6th International Behavioural Ecology Congress Abstract, Australian National University, Canberra, 1996.

Masters, W. Mitch. Vibrations in the orbwebs of Nuctenea sclopetaria (Araneidae). Behavioral Ecology and Sociobiology, Vol. 15 (1984), pp. 207-215

Maturana, Humberto and Francisco Varela. The Tree of Knowledge. Shambhala, Boston, 1987

Maynard-Smith, J. The evolution of alarm calls. American Naturalist

(1965), Vol. 99, pp. 59-63.

McComb, Karen. Playback as a tool for studying contests between social groups. P.K. McGregor (ed.), Playback and Studies of Animal Communication, Plenum Press, New York, 1992.

McComb, Karen, et al. Unusually extensive networks of vocal recognition in African elephants. Animal Behaviour, 59 (2000), pp. 1103-1109.

McComb, Karen, et al. Matriarchs as repositories of social knowledge in African elephants. Science, 292 (2001), pp. 491-494.

McComb, Karen, et al. Long-distance communication of social identity in African elephants (submitted to Animal Behviour 2002)

McRobert, Scott P. & Bradner, Joshua. The influence of body coloration on shoaling preferences in fish. Animal Behaviour, Vol. 56 (1998), pp. 611-615

Michelson, A. The transfer of information in the dance language of honeybees: progress and problems. Journal of Comparative Physiology A (1993), Vol. 173, pp. 135-141.

Middendorf III, George A. & Sherbrooke, Wade C. Canid elicitation of blood-squirting in a horned lizard (Phrynosoma cornutum). Copeia, 2 (1992)

Mills, M.G.L., & Gorman, M.L. The scent-marking behaviour of the spotted hyaena Crocuta crocuta in the southern Kalahari. Journal of Zoology, London, 212 (1987), pp. 483-497

Minta, Steven C. Sexual differences in spatio-temporal interaction among badgers. Oecologia 96 (1993), pp. 402-409

Moeller, A.P. Badge size in the house sparrow, Passer domesticus. Effects of intra- and inersexual selection. Behavioral Ecology and Sociobiology, 22 (1998), pp. 373-378

Morin, James G. Firefleas of the sea: luminescent signalling in marine ostracode crustaceans. Florida Entomologist, 69: 1 (1986), pp. 105-121

Morton, E. On the occurrence and significance of motivational-structural rules in some bird and mammal sounds. American Naturalist (1977), Vol. 111, pp. 855-869

Neudecker, Stephen. Eye camouflage and false eyespots: chaetodontid responses to predators. Environmental Biology of Fishes, 25: pp. 1-3, (1989)

Noad, M.J., Cato, D.H., Bryden, M.M., Jenner, M.N., Jenner, K.C.S. Cultural revolution in whale songs. Nature, 2000. Vol. 408, no. 6812, p. 537

Osorio-Beristain, Marcela & Drummond, Hugh. Nonaggressive mate guarding by the blue-footed booby: balance of female and male control. Behvioral Ecology and Sociobiology, 43 (1998), pp. 307-315

Payne, Katharin B. et al. Infrasonic calls of the Asian elephant (Elephas maximus). Behavioral Ecology and Sociobiology, 18 (1986), pp. 297-301

Pigozzi, Giorgio. Latrine use and the function of territoriality in the European badger, Meles meles, in a Mediterranean coastal habitat. Animal Behaviour, 39: 5 (1990), pp. 1000-1002

Poole, J.H. Signals and assessment in African elephants: evidence from playback experiments. Animal Behaviour (1999), Vol. 58, no. 1, pp. 185-193

Poole, J.H., Payne, K., Langbauer, W.R., Jr., Moss, C.J. The social contexts of some very low frequency calls of African elephants. Behavioral Ecology & Sociobiology (1998), Vol. 22, no. 6, pp. 385-392

Randall, Jan A. & Matocq, Marjorie D. Why do kangaroo rats (Dipodomys spectabilis) footdrum at snakes? Behavioral Ecology 8: 4 (1996), pp. 404-413

Rich, Tracey J., & Hurst, Jane L. Scent marks as reliable signals of the competitive ability of mates. Animal Behaviour, 56 (1998), pp. 727-735

Richardson, Douglas. Big Cats, Whittet Books, London, 1992

Roces, Flavio, & Hölldobler, Bert. Vibrational communication between hitchhikers and foragers in leaf-cutting ants (Atta cephalotes). Behavioral Ecology and Sociobiology, 37 (1995), pp. 297-302

Roper, T.J., et al. Territorial marking with faeces in badgers (Meles meles). Behaviour, 127: 3-4 (1993)

Rudnai, Judith A., The Social Life of the Lion, Medical and Technical Publishing Co. Ltd, 1968/69

Rumbaugh, Duane M., & Gill, Timothy V. The learning skills of great apes. Journal of Human Evolution 2 (1973), 171-179 (Paper presented at the NATO Advanced Study Institute on comparative Biology of Primates, Turin, Italy, 1972)

Salmon, Michael. Waving display and sound production in the courtship behavior of Uca pugilator, with comparisons to Uca minax and Uca pugnax. Zoologica: New York. Zoological Society, 50: 12 (1965), pp. 123-149

Schneider, D. The sex-attractant receptor in moths. Scientific American, Vol. 231: 1 (1974), pp. 28-35

Schüch, Wolfgang & Barth, Friedrich. Vibratory communication in a spider: female respones to synthetic male vibrations. Journal of Comparative Physiology A 166 (1990), 817-826

Scott, Jonathan & Angela, Mara-Serengeti: a photographer's paradise, Fountain Press, Faringdon, Oxfordshire, 2000

Sebeok, Thomas, A. (ed.) How Animals Communicate, Indiana University Press, Ind. (1977)

Seeley, T.D., Mikheyes, A.S., Pagano. G.J. Dancing bees tune both duration and rate of waggle-run production in relation to nectar-source profitability. Journal of Comparative Physiology A (2000), Vol. 186: pp. 813-819

Seyfarth, Robert, et al. Monkey responses to three different alarm calls: Evidence of predator classification and semantic communication. Science, 210 (1980)

Sillén-Tullberg, B. Higher survival of an aposematic than of a cryptic form of a distasteful bug. Oecologia, 67 (1985), pp. 411-415

Simmons, R.B. and Conner, W.E. Ultrasonic Signals in the Defense and Courtship of Euchaetes egle and E. bolteri (Lepidoptera, Arctiidae). J. Insect Behavior, 1996, Vol. 9, pp. 909-919

Simpson, S.J., et al. Gregarious behavior in desert locusts is evoked by touching their back legs. Proceedings of the National Academy of Science, USA, 98: 7 (2001), pp. 3895-3897

Slobodchikoff, C.N., et al. Semantic information distinguishing individual predators in the alarm calls of Gunnison's prairie dogs. Animal Behaviour, 42 (1991), pp. 713-719

Smith, James L. Dvid, et al. Scent-marking in free-ranging tigers, Panthera tigris. Animal Behaviour, 37 (1989), pp. 1-10

Smolker, Rachel, & Pepper, John W. Whistle convergence among allied male bottlenose dolphins (Delphinidae, Tursiops sp.). Ethology, 105 (1999), pp. 595-617

Snowdon, Charles T., & Pola, Yvonne V. Interspecific and intraspecific responses to synthesized pygmy marmoset vocalizations. Animal Behaviour, 26 (1978), pp. 192-206

Snowdon, Charles T. Language capacities of non-human animals. Yearbook of Physical Anthropology, 33 (1990), pp. 215-243

Sonerud, Geir A. To distract display or not: grouse hens and foxes. OIKOS 51 (1998), pp. 233-237

Stafford, Kathleen, et al. Long-range acoustic detection and localization of blue whale calls in the northeast Pacific Ocean. Journal of the Acoustic Society of America, 104: 6 (1998), pp. 3616-3625

Stirling, Ian, Polar Bears, University of Michigan Press, 1988

Stowe, Mark K., et al. The chemistry of eavesdropping, alarm and deceit. Proceedings of the National Academy of Science, USA, 92 (colloquium paper, 1995), pp. 23-28

Tautz, Jürgen, et al. Use of a sound-based vibratome by leaf-cutting ants. Science 267 (1995), pp. 84-87

Thomas, R.J., Székely, T., Cuthill, I.C., Harper, D.G.C., Newson, S.E., Frayling, T. and Wallis, P. Eye size in birds and the timing of song at dawn. Proceedings of the Royal Society, Series B, in press 2002

Trainer, J.M, McDonald, D.B Singing performance, frequency matching and courtship success of long-tailed manakins (Chiroxiphia linearis). Behavioral Ecology & Sociobiology, 1995, Vol. 37, no. 4, pp. 249-254

Valone, Thomas J. Food-associated calls as public information about patch quality. OIKOS 77 (1996), pp. 153-157

Vince, Margaret A. Tactile communication between ewe and lamb and the onset of suckling. Behaviour, 101 (1987), pp. 156-176

Vincent, Amanda C.J., & Sadler, Laila M. Faithful pair bonds in wild seahorses, Hippocampus whitei. Animal Behaviour, 50 (1995), pp. 1557-1559

Waser, Peter M., & Brown, Charles H. Is there a 'sound window' for primate communication. Behavioral Ecology and Sociobiology, 15 (1984), pp. 73-76

Waser, Peter M., & Brown, Charles H. Habitat acousitics and primate communication. American Journal of Primatology, 10 (1986), pp. 135-154

Watson, Sheree L., et al. Scent-marking and cortisol response in the small-eared bush-baby (Otolemur garnettii). Physiology & Behaviour, 66: 4 (1999), pp. 695-699

Weygoldt, Peter. Mating and spermatophore morphology in whip spiders. Zoologischer Anzeiger 236 (1997/98), pp. 259-276

Wilson, E.O. The insect societies. Cambridge, MA: Harvard University Press, 1971

Wood, William F. The History of Skunk Defensive Secretion Research. The Chemical Educator, 5: 3 (2000)

Woodmansee, Katya B. et al. Scent marking (pasting) in a colony of

immature spotted hyaenas, Crocuta crocuta: a developmental study. Journal of Comparative Psychology, 105: 1 (1991)

Yamagiwa, Juichi. Functional analysis of social staring behavior in an all-male group of mountain gorillas. Primates, 33: 4 (1992), pp. 523-544

Yanagisawa, Yasunobu. Studies on the interspecific relationship between gobiid fish and snapping shrimp. II. Life history and pair formation of snapping shrimp, Alpheus bellulus. Publications of the Seto Marine Biological Laboratory, XXIX: 1-3 (1984), pp. 93-116

Zimmermann, Elke. Aspects of reproduction and behavioral and vocal development in Senegal bush-babies (Galago senegalensis). International Journal of Primatology, 10: 1 (1989)

사진 제공